Instrumentação Industrial

Conceitos, Aplicações e Análises

Eng. Arivelto Bustamante Fialho

Instrumentação Industrial
Conceitos, Aplicações e Análises

7ª Edição Revisada

Av. das Nações Unidas, 7221, 1º Andar, Setor B
Pinheiros – São Paulo – SP – CEP: 05425-902

SAC **0800-0117875**
De 2ª a 6ª, das 8h00 às 18h00
www.editorasaraiva.com.br/contato

DADOS INTERNACIONAIS DE CATALOGAÇÃO NA PUBLICAÇÃO (CIP)
CÂMARA BRASILEIRA DO LIVRO, SP, BRASIL

Fialho, Arivelto Bustamante.
Instrumentação Industrial: Conceitos, Aplicações e Análises / Arivelto Bustamante Fialho. --
7ª ed. -- São Paulo: Érica, 2010.

Bibliografia.
ISBN 978-85-7194-922-5

1. Equipamento industrial 2. Controle de Processos I. Título.

10-11010 CDD 621-0284

Índices para catálogo sistemático:
1. Instrumentação industrial: Tecnologia 621.0284

Vice-presidente Claudio Lensing
Gestora do ensino técnico Alini Dal Magro
Coordenadora editorial Rosiane Ap. Marinho Botelho
Editora de aquisições Rosana Ap. Alves dos Santos
Assistente de aquisições Mônica Gonçalves Dias
Editoras Márcia da Cruz Nóboa Leme
Silvia Campos Ferreira
Assistente editorial Paula Hercy Cardoso Craveiro
Raquel F. Abranches
Rodrigo Novaes de Almeida
Editor de arte Kleber de Messas
Assistente de produção Fabio Augusto Ramos
Valmir da Silva Santos
Produção gráfica Kelly Fraga

Avaliação Técnica Eduardo Cesar A. Cruz
Revisão Marlene T. Santin Alves
Capa Maurício S. de França
Impressão e acabamento Renovagraf

7ª edição
9ª tiragem: 2017

CL 640101 CAE 572096

Dedicatória

A todos aqueles que compartilham e exercitam a cada dia o pensamento e humildade que tivera aquele grande cientista, sábio e filósofo do passado, ao declarar apenas ter colhido um pequenino grão de areia no oceano do conhecimento;

A meus pais e familiares;

A meus amigos cuja presença apenas percebo com o coração.

... Que necessidade tem a natureza de pensamentos e preocupações? Na natureza todas as coisas retornam à origem comum e se distribuem pelos diferentes caminhos. Através de uma ação os frutos de uma centena de pensamentos se realizam. Que necessidade tem a natureza de pensamentos e preocupações?

Quando o Sol se vai, a Lua surge. Quando a Lua se vai, o Sol surge. O Sol e a Lua se alternam, e assim nasce a luz. Quando o frio se vai, surge o calor. Quando o calor se vai, surge o frio. O frio e o calor se alternam, e assim o ano se completa. O passado se contrai. O futuro se expande. A contração e a expansão agem, um sobre o outro, despertando, assim, a manifestação do ser.

A lagarta mede-palmos se contrai quando quer se expandir. Os dragões e as cobras hibernam para preservar a vida. Assim, a entrada de uma ideia em estado ainda germinal, na mente, promove a atividade desta última. Quando o homem torna fecunda sua atividade e traz paz à vida, sua natureza se eleva.

O que quer que vá além disso, ultrapassa todo o conhecimento. Quando um homem apreende o divino e compreende as transformações, ele eleva sua natureza ao nível do miraculoso.

Confúcio

Agradecimentos

Gostaria de expressar meus mais sinceros agradecimentos a toda a equipe de profissionais da Editora Érica, em especial ao corpo diretor e gerencial, pelo reconhecimento e valorização de meu trabalho, permitindo-me assim, mais uma vez, colaborar com a difusão do conhecimento técnico que tão necessário se faz em nosso país.

Agradecimento ao amigo Júlio Nelson Scussel, pesquisador do LEPTEN - Laboratório de Engenharia de Processos de Conversão e Tecnologia de Energia da Universidade Federal de Santa Catarina, por sua colaboração na mais recente revisão desta obra para sua reedição no ano de 2010.

Especialmente à Rosana Arruda, à Graziela Gonçalves De Filippis, à Rosana Aparecida e ao Maurício S. de França, também profissionais da Editora Érica, que estiveram diretamente envolvidos na organização e finalização deste trabalho.

Ao meu caro e estimado amigo professor doutor Milton Antonio Zaro, da UFRGS, do qual tive a grata oportunidade de ter sido aluno, e em cujas aulas pude perceber o quão vasto e infindável é o universo do conhecimento aplicado.

E, finalmente, meu agradecimento mais do que especial a Deus, pai de todas as ciências e de todo o conhecimento, o qual o homem percebe e compreende a cada pequeno passo de sua evolução.

O conhecimento dos mandamentos do Senhor é
uma instrução de vida; os que fazem o que a Ele
agrada colherão da árvore da imortalidade.

Eclo 19, 19

Sumário

Sobre o Material Disponível na Internet

O material disponível no site da Editora Érica (www.editoraerica.com.br) contém as respostas dos exercícios do livro no formato RTF.

Para visualizar o arquivo, é necessário ter um editor de texto instalado em seu equipamento.

Respostas_7ed.EXE - 554 KB

Procedimento para Download

Acesse o site da Editora Érica Ltda.: www.editoraerica.com.br. A transferência do arquivo disponível pode ser feita de duas formas:

- **Por meio do módulo pesquisa**. Localize o livro desejado, digitando palavras-chave (nome do livro ou do autor). Aparecem os dados do livro e o arquivo para download. Com um clique sobre o arquivo executável é transferido.
- **Por meio do botão "Download".** Na página principal do site, clique no item "Download". É exibido um campo no qual *devem* ser digitadas palavras-chave (nome do livro ou do autor). Aparecem o nome do livro e o arquivo para download. Com um clique sobre o arquivo executável é transferido.

Procedimento para Descompactação

Primeiro passo: após ter transferido o arquivo, verifique o diretório em que se encontra e dê um duplo-clique nele. Aparece uma tela do programa WINZIP SELF-EXTRACTOR que conduz ao processo de descompactação. Abaixo do Unzip To Folder há um campo que indica o destino dos arquivos que serão copiados para o disco rígido do seu computador.

C:\Instrumentação - 7ª edição

Segundo passo: prossiga a instalação, clicando no botão Unzip, o qual se encarrega de descompactar o arquivo. Logo abaixo dessa tela, aparece a barra de status que monitora o processo para que você acompanhe. Após o término, outra tela de informação surge, indicando que o arquivo foi descompactado com sucesso e está no diretório criado. Para sair dessa tela, clique no botão OK. Para finalizar o programa WINZIP SELF-EXTRACTOR, clique no botão Close.

Introdução

É imprescindível que o técnico de nível médio e o acadêmico, ao ingressarem na indústria, principalmente como estagiários, enquanto ainda realizam seus estudos, tenham conhecimento, no mínimo, básico dos temas abordados no livro. É certo que, durante o exercício profissional, vão se deparar com situações que digam respeito à medição e ao controle de variáveis industriais, sejam de temperatura, pressão, força, nível, ruído etc., temas tratados no estudo da instrumentação industrial.

O termo "instrumentação", de acordo com a engenharia, está associado ao estudo teórico e prático dos instrumentos e seus princípios científicos. São utilizados para monitorar de forma contínua ou discreta o comportamento de variáveis de controle que, de alguma forma, venham interessar ao homem nas diversas áreas do conhecimento humano aplicado, ou seja, não apenas nos processos produtivos industriais.

Apesar das infindáveis variáveis de controle existentes nos processos industriais e passíveis de controle ou monitoramento, não é escopo desta obra discorrer sobre todas ou mesmo grande parte delas, mas, pelo menos, sobre as cinco mais conhecidas (temperatura, pressão, força, nível, e vazão).

Os tópicos são explicados de forma clara, didática e ricamente ilustrados por figuras bem detalhadas, que facilitam a compreensão, bem como, quando necessário, há alguns equacionamentos que demonstram a fenomenologia do instrumento. O livro conta ainda com uma série de exercícios ao final de cada capítulo cujas respostas podem ser obtidas por download no site da Editora, além de um apêndice com excelentes informações de grande utilidade.

Na nova edição fizemos a inserção de um novo tópico no capítulo 7 que trata da medição de nível por pá rotativa, equipamento destinado ao controle de detecção de nível de granulados, minérios etc. Assim, com algumas alterações de textos e figuras, esta edição é apresentada ao público com melhorias em diversos tópicos a fim de que, de forma mais eficaz, possa contemplar com maior propriedade suas aplicações nos meios acadêmicos e industriais.

Sobre o Autor

Eng. Arivelto Bustamante Fialho

Graduado em Engenharia Mecânica pela UNISINOS em São Leopoldo, RS.

Especialista em Mecânica dos Sólidos pela PROMEC/UFRGS em Porto Alegre, RS.

Especialista em Educação Profissionalizante pelo Senac-EAD, RS.

Ex-professor do curso de Automação Industrial da Escola Técnica Mesquita em Porto Alegre, RS.

Instrutor de AutoCAD 2D/3D no Senac-SL/RS.

Autor dos livros publicados pela Editora Érica:

- Automação Hidráulica - Projetos, Dimensionamento e Análises de Circuitos, 2002
- Instrumentação Industrial - Conceitos, Aplicações e Análises, 2002
- Automação Pneumática - Projetos, Dimensionamento e Análises de Circuitos, 2003
- AutoCAD 2004 - Teoria e Prática 3D no Desenvolvimento de Produtos Industriais, 2004
- Pro/Engineer Wildfire 3.0 - Teoria e Prática 3D no Desenvolvimento de Produtos Industriais, 2007
- COSMOS - Plataforma CAE do SolidWorks 2008
- SolidWorks Office Premium 2008 - Teoria e Prática no Desenvolvimento de Produtos Industriais - Plataforma para Projetos CAD/CAE/CAM
- SolidWorks Premium 2009 - Teoria e Prática no Desenvolvimento de Produtos Industriais - Plataforma para Projetos CAD/CAE/CAM
- SolidWorks Premium 2012 - Teoria e Prática no Desenvolvimento de Produtos Industriais - Plataforma para Projetos CAD/CAE/CAM
- SolidWorks Premium 2013 Plataforma CAD/CAE/CAM para projeto, desenvolvimento e validação de produtos industriais, 2013.

e-mail: emepht@gmail.com.br

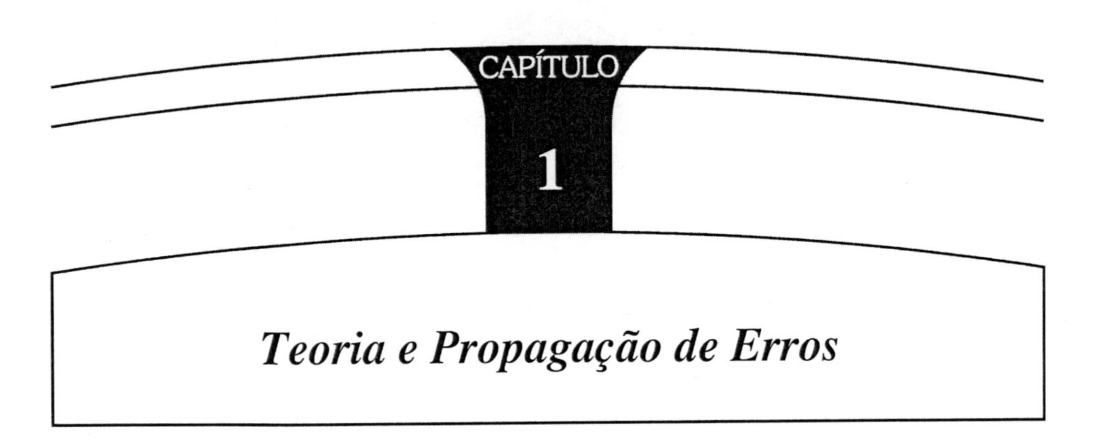

Teoria e Propagação de Erros

1.1. Introdução

A física e a engenharia baseiam-se fundamentalmente em relações entre quantidades mensuráveis, contudo qualquer medida ou valor experimental tem pouco valor (significado), a não ser que se tenha uma estimativa do seu erro ou incerteza e o valor medido reflita a precisão com que foi mensurado. Assim, verifica-se que a quase totalidade das grandezas físicas possui as seguintes características:

a) Um valor numérico;

b) Uma indeterminação;

c) Uma unidade (normalmente, pois algumas grandezas são adimensionais).

Exemplificando

1) Temperatura indicada pelo termômetro de um forno: 500°C;

2) Pressão indicada pelo pressostato de uma caldeira: 200 bar;

3) Resistência elétrica de um condutor indicada por um multímetro: 300 ohms.

Desta forma, no caso dos exemplos citados, considerando o erro dos sensores, cabos e todo o tipo de componente situado entre o ponto de tomada da medição e o que a apresenta, bem como o próprio ambiente em que é feita a medição em si, poder-se-ia chegar a informações como as seguintes:

1) Temperatura indicada pelo termômetro de um forno: (500 ±3)°C;

2) Pressão indicada pelo pressostato de uma caldeira: (200±2) bar;

3) Resistência elétrica indicada por um multímetro: (300±0,5) ohms.

É bem verdade que em grande parte das situações que se apresentam no dia a dia da indústria, de um modo geral, a precisão requerida é facilmente obtida pelos equipamentos normais de produção. Somente casos bem específicos requerem equipamentos especiais, pois com os avanços das tecnologias modernas, nos dias atuais, ganhou-se em eficiência e produtividade, diferentemente do passado, quando a garantia da precisão era um processo extremamente demorado e dispendioso.

O profissional deve ter em conta, sempre que for possível, buscar empregar o método mais simples e menos dispendioso para o monitoramento de suas variáveis de controle. Em outras palavras, buscar apenas o método que lhe forneça a informação (digital ou analógica) com a precisão necessária ao processo, e nada mais que isso.

1.2. Ferramentas de Estudo dos Erros

De um modo geral, a maioria das situações que envolvem medidas pode ser dividida em duas famílias. São elas:

a) **Medidas diretas:** medidas tomadas com um tipo específico de instrumento, como paquímetro, micrômetro, medidor de perfil etc. (exemplo: medição do diâmetro de um eixo, aspereza de uma superfície, perfil de uma rosca).

b) **Medidas indiretas:** o valor da grandeza é determinado a partir da medição direta de outras grandezas (exemplo: ensaio de fratura, torção, tração).

Com relação ao primeiro item, sua ocorrência é muito comum em laboratórios de Metrologia e Controle Dimensional, e está normalmente associado ao controle estatístico de produto e processo, dentro de uma fábrica, não fazendo parte do escopo desta obra. Se for do interesse do leitor, encontra-se literatura técnica disponível no mercado.

O propósito desta obra fica centrado no segundo item (medições indiretas), situações nas quais a grandeza de interesse é obtida em função de relações algébricas de outras grandezas e afetada por seus respectivos erros. Ou ainda em situações em que não é possível que o experimento seja repetido com o mesmo corpo de prova e condições de variáveis exatamente iguais ao do primeiro experimento (porque o corpo de prova foi inutilizado na sua realização, por exemplo), situações que envolvam transientes (de temperatura ou pressão, por exemplo) ou mesmo situações dinâmicas periódicas, o que nos remete exatamente à segunda família.

1.3. Propagação de Erros

A maior parte das quantidades ou relações que pretendemos obter não são dadas por leitura direta, mas calculadas a partir dos valores experimentais e de uma equação de definição. Como exemplo podemos dizer que a frequência é dada pela equação de definição (1.1), e o volume de um cilindro pela equação (1.2):

$$f = \frac{1}{T} \tag{1.1}$$

$$Vol = \pi \cdot h \cdot \frac{D^2}{4} \tag{1.2}$$

O erro que vem para a frequência ou para o volume depende do erro determinado para T ou para D e h. O que pretendemos determinar é como os erros em T, h e D se propagam a f e *V* a partir da sua equação de definição.

De um modo geral, a equação de definição da grandeza Z como função das grandezas medidas (A, B, C,...) pode ser expressa por:

$$Z = f(A, B, C, ...) \tag{1.3}$$

1.3.1. Método de Kleine e McClintock

Qualquer método realista de medida deve estar *baseado* e fundamentado em aspectos estatísticos. O método mais utilizado e aceito na bibliografia especializada é o conhecido *Método de Kleine e McClintock*.

Segundo seus autores, o resultado do cálculo do erro é uma função das variáveis independentes X_1, X_2, X_3,...X_n. Ou seja,

$$\Delta Z = f(X_1, X_2, X_3, ..., X_n) \tag{1.4}$$

Chamando de ΔZ o erro do resultado (sendo ΔX_1, ΔX_2, ΔX_3,... ΔX_n os erros das variáveis independentes), tem-se:

$$\Delta Z = \sqrt{\left(\frac{\partial Z}{\partial X_1} \cdot \Delta X_1\right)^2 + \left(\frac{\partial Z}{\partial X_2} \cdot \Delta X_2\right)^2 + \cdots + \left(\frac{\partial Z}{\partial X_n} \cdot \Delta X_n\right)^2} \tag{1.5}$$

Ou ainda:

$$\Delta Z = \sqrt{\sum_{n=1}^{q}\left(\frac{\partial Z}{\partial X_n}\cdot \Delta X_n\right)^2} \tag{1.6}$$

Exemplo 1

Aplicando, pois, essa expressão geral nos dois exemplos citados, da frequência (f) de um sistema e do volume (Vol) de um cilindro, e sabendo que as grandezas T, h e D com seus respectivos erros são T = 50s ±5%, (h = 50 ± 0,2)cm e (D = 10 ± 0,2)cm, teremos:

Erro da frequência do sistema

Frequência f do sistema:

$$f = \frac{1}{T} = \frac{1}{50s} = 0{,}02Hz \tag{1.7}$$

Deriva-se a função f em relação ao período T.

$$f = \frac{1}{T} \rightarrow \frac{\partial f}{\partial T} = -\frac{1}{T^2} \tag{1.8}$$

sendo

$$\Delta X_1 = \Delta T = 5\% \text{ de } 50s \rightarrow 2{,}5s \tag{1.9}$$

Aplica-se a equação do método substituindo as variáveis:

$$\Delta Z = \sqrt{\left(-\frac{1}{T^2}\cdot \Delta T\right)^2} \tag{1.10}$$

$$\Delta Z = \sqrt{\left(-\frac{1}{(50s)^2}\cdot (2{,}5s)\right)^2} \tag{1.11}$$

$$\Delta Z = 0{,}001Hz \tag{1.12}$$

A frequência f do sistema com seu respectivo erro será então:

$$f = (0{,}02 \pm 0{,}001)Hz \tag{1.13}$$

Erro do volume do cilindro

Volume do cilindro:

$$\text{Vol} = \pi \cdot h \cdot \frac{D^2}{4} = \pi \cdot 50\text{cm} \cdot \frac{(10\text{cm})^2}{4} = 3.927\text{cm}^3 \tag{1.14}$$

Deriva-se a função Vol em relação à altura h.

$$\text{Vol} = \pi \cdot h \cdot \frac{D^2}{4} \rightarrow \frac{\partial \text{Vol}}{\partial h} = \frac{1}{4} \cdot \pi \cdot D^2 \tag{1.15}$$

sendo

$$\Delta X1 = \Delta h = 0{,}2\text{cm} \tag{1.16}$$

Deriva-se a função Vol em relação ao diâmetro D.

$$\text{Vol} = \pi \cdot h \cdot \frac{D^2}{4} \rightarrow \frac{\partial \text{Vol}}{\partial D} = \frac{1}{2} \cdot \pi \cdot h \cdot D \tag{1.17}$$

sendo

$$\Delta X2 = \Delta D = 0{,}2\text{cm} \tag{1.18}$$

Aplica-se a equação do método substituindo as variáveis:

$$\Delta Z = \sqrt{\left(\frac{\partial \text{Vol}}{\partial h} \cdot \Delta h\right)^2 + \left(\frac{\partial \text{Vol}}{\partial D} \cdot \Delta D\right)^2} \tag{1.19}$$

$$\Delta Z = \sqrt{\left(\frac{1}{4} \cdot \pi \cdot (10\text{cm})^2 \cdot 0{,}2\text{cm}\right)^2 + \left(\frac{1}{2} \cdot \pi \cdot 50\text{cm} \cdot 10\text{cm} \cdot 0{,}2\text{cm}\right)^2} \tag{1.20}$$

$$\Delta Z = 157{,}86\text{cm}^3 \tag{1.21}$$

O volume do cilindro com seu respectivo erro será então:

$$\text{Vol} = (3927 \pm 157{,}86)\text{cm}^3 \tag{1.22}$$

Exemplo 2

Para realizar o tratamento de têmpera em uma determinada peça mecânica, é preciso mantê-la aquecida durante certo período de tempo em um forno elétrico a temperatura de 550°C. Sabendo que o erro (imprecisão) do termopar utilizado é de ±0,75% para essa faixa de temperatura, e seus cabos de compensação produzem um erro de ±1°C, e além disso um termômetro de mercúrio monitora a temperatura ambiente (erro de ±0,5°C), o erro do instrumento digital de leitura é de ±1°C. Qual será o erro final na temperatura do forno? (Observação: 0,75% de 550 é aproximadamente 4°C.)

Observação

0,75% de 550 é aproximadamente 4°C.

Solução

Aplicando o Método de Kleine e McClintock.

$$\Delta Z = \sqrt{(4)^2 + (1)^2 + (0,5)^2 + (1)^2} \quad (1.23)$$

$$\Delta Z \approx 4°C \quad (1.24)$$

Observação

A análise da solução do exemplo 2 permite tecer a seguinte consideração:
"O maior erro presente em um processo de medição contribui mais significativamente para o resultado final."

Esta observação é de grande importância na determinação do processo e escolha dos equipamentos. É fácil observar que se ganha pouco tentando reduzir imprecisões (erros) que já são pequenas, já que as grandes predominam devido à sua propagação quadrática, como observado na equação (1.23).

Exemplo 3

Aplica-se um ddp de 220V±1% em um resistor, Figura 1.1, de resistência R=50±2%, sendo a corrente medida I=4,4A±1%. Deseja-se calcular a potência dissipada de dois modos diferentes:

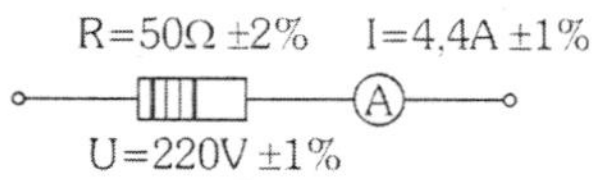

Figura 1.1 - Resistor.

a) $$P = \frac{U^2}{R} \quad (1.25)$$

b) $$P = U \cdot I \quad (1.26)$$

Solução do 1º modo

Deriva-se a função (a) em relação a U:

$$\frac{\partial Z}{\partial X_1} = \frac{\partial P}{\partial U} = \frac{2 \cdot U}{R} \tag{1.27}$$

sendo

$$\Delta X_1 = \Delta U = \pm 1\% = \pm 0,2V \tag{1.28}$$

Deriva-se a função (a) em relação a R:

$$\frac{\partial Z}{\partial X_2} = \frac{\partial P}{\partial R} = -\frac{U^2}{R^2} \tag{1.29}$$

sendo

$$\Delta X_2 = \Delta R = \pm 2\% = \pm 1\Omega \tag{1.30}$$

Aplica-se a equação do método substituindo as variáveis:

$$\Delta Z = \sqrt{\left(\frac{2 \cdot U}{R} \cdot \Delta U\right)^2 + \left(-\frac{U^2}{R^2} \cdot \Delta R\right)^2} \tag{1.31}$$

$$\Delta Z = \sqrt{\left(\frac{2 \cdot (220V)}{50\Omega} \cdot 0,2V\right)^2 + \left(-\frac{(220V)^2}{(50\Omega)^2} \cdot 1\Omega\right)^2} \tag{1.32}$$

$$\Delta Z \cong 27,38W$$

Solução do 2º modo

Deriva-se a função (b) em relação a U:

$$\frac{\partial Z}{\partial X_1} = \frac{\partial P}{\partial U} = I \tag{1.33}$$

sendo

$$\Delta X_1 = \Delta U = \pm 1\% = \pm 2,2V \tag{1.34}$$

Deriva-se a função (a) em relação a I:

$$\frac{\partial R}{\partial X_2} = \frac{\partial P}{\partial I} = U \tag{1.35}$$

sendo

$$\Delta X_2 = \Delta I = \pm 1\% = \pm 0,044A \quad (1.36)$$

Aplica-se a equação do método substituindo as variáveis:

$$\Delta Z = \sqrt{(I \cdot \Delta U)^2 + (U \cdot \Delta I)^2} \quad (1.37)$$

$$\Delta Z = \sqrt{(4,4 \cdot 2.2)^2 + (220 \cdot 0,044)^2} \quad (1.38)$$

$$\Delta Z \cong 13,69W$$

Considerações

A potência calculada pelo modo (a) será:

$$P = \frac{U^2}{R} = \frac{(220V)^2}{50A} \cong (968 \pm 27,38)W \text{ ou } 968W \pm 2,83\% \quad (1.39)$$

A potência calculada pelo modo (b) será:

$$P = U \cdot I = 220V \cdot 4,4A = (968 \pm 13,69)W \text{ ou } 968W \pm 1,41\% \quad (1.40)$$

Desta forma pode-se concluir que o modo (b) é o mais indicado para o cálculo da potência, pois o erro é metade daquele produzido pelo modo (a).

Exemplo 4

A deformação ε máxima na extremidade de uma barra retangular, engastada, Figura 1.2, de comprimento L=(1000±2)mm, espessura a = (20±1)mm e largura b = (200±2)mm, quando submetida à flexão devido à atuação de uma força F = 1000N±2%, em sua extremidade, pode ser obtida pela seguinte expressão:

$$\varepsilon = \frac{F \cdot L^3}{3 \cdot E \cdot I} \quad (1.41)$$

em que:

$$E = 210000N/mm^2 \pm 10\% \text{ (Módulo de Young)} \quad (1.42)$$

$$I = \frac{b \cdot a^3}{12}, \text{ (Momento de Inércia da seção transversal)} \quad (1.43)$$

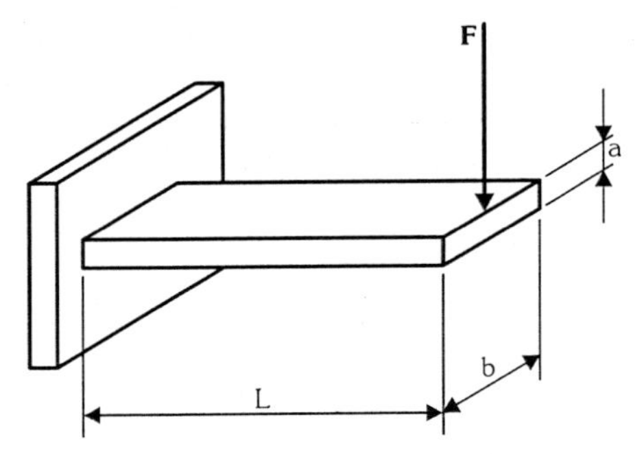

Figura 1.2 - Viga engastada.

Determine a deformação máxima e seu respectivo erro:

Solução

1) Cálculo da deformação

1.1) Obtenção do Momento de Inércia (I): insere as dimensões referentes às variáveis a, b na equação 1.43 conforme mostrada na página anterior.

$$I = \frac{200mm \cdot (20mm)^3}{12} = 133333{,}33mm^4 \quad (1.44)$$

1.2) Obtenção da Deformação (ε): insere as dimensões referentes a F, L, E e I na equação 1.41 conforme mostrada na página anterior.

$$\varepsilon = \frac{(1000N)\cdot(1000mm)^3}{3\cdot\left(\frac{210000N}{mm^2}\right)\cdot\left(133.333{,}33mm^4\right)} \cong 12mm \quad (1.45)$$

2) Cálculo do erro (ΔZ)

2.1) Obtenção das derivadas

Observação

Como o erro relativo ao momento de inércia não é conhecido no problema, em primeiro lugar é preciso encontrá-lo.

Assim:

Derivada de I em relação a **b**.

$$\frac{\partial Z}{\partial X_1} = \frac{\partial I}{\partial b} = \frac{a^3}{12} \quad (1.46)$$

sendo

$$\Delta X_1 = \Delta b = \pm 2mm \tag{1.47}$$

Derivada de I em relação a **a**:

$$\frac{\partial Z}{\partial X_2} = \frac{\partial I}{\partial a} = \frac{b \cdot a^2}{4} \tag{1.48}$$

sendo

$$\Delta X_2 = \Delta a = \pm 1mm \tag{1.49}$$

Erro (ΔZ):

Aplica-se a equação do método, substituindo as variáveis:

$$\Delta Z = \sqrt{\left(\frac{a^3}{12} \cdot \Delta b\right)^2 + \left(\frac{b \cdot a^2}{4} \cdot \Delta a\right)^2} \tag{1.50}$$

$$\Delta Z = \sqrt{\left(\frac{(20mm)^3}{12} \cdot 2mm\right)^2 + \left(\frac{200mm \cdot (20mm)^2}{4} \cdot 1mm\right)^2} \tag{1.51}$$

$$\Delta Z \cong 20.011mm^4 \tag{1.52}$$

ou seja:

$$I = (133333{,}33 \pm 20011)mm^4 \text{ ou } 133333{,}33mm^4 \pm 15\% \tag{1.53}$$

Derivadas da função E

Derivada de ε em relação a F:

$$\frac{\partial Z}{\partial Z_q} = \frac{\partial \varepsilon}{\partial F} = \frac{L^3}{3 \cdot E \cdot I} \tag{1.54}$$

sendo

$$\Delta X_1 = \Delta F = \pm 2\% = \pm 20N \tag{1.55}$$

Derivada de ε em relação a L:

$$\frac{\partial Z}{\partial X_q} = \frac{\partial \varepsilon}{\partial L} = \frac{F \cdot L^2}{E \cdot I} \tag{1.56}$$

sendo

$$\Delta Z_2 = \Delta L = \pm 2\text{mm} \tag{1.57}$$

Derivada de ε em relação a E:

$$\frac{\partial Z}{\partial X_3} = \frac{\partial \varepsilon}{\partial E} = \frac{F \cdot L^3}{3 \cdot E^2 \cdot I} \tag{1.58}$$

sendo

$$\Delta X_3 = \Delta E = \pm 10\% = 21000\text{N} \tag{1.59}$$

Derivada de ε em relação a I:

$$\frac{\partial Z}{\partial X_4} = \frac{\partial \varepsilon}{\partial I} = \frac{F \cdot L^3}{E \cdot I^2} \tag{1.60}$$

sendo

$$\Delta x_4 = \Delta I = \pm 20011\text{mm}^4 \tag{1.61}$$

Erro final (ΔZ)

$$\Delta Z = \sqrt{\left(\frac{\partial \varepsilon}{\partial F} \cdot \Delta F\right)^2 + \left(\frac{\partial \varepsilon}{\partial L} \cdot \Delta L\right)^2 + \left(\frac{\partial \varepsilon}{\partial E} \cdot \Delta E\right)^2 + \left(\frac{\partial \varepsilon}{\partial I} \cdot \Delta I\right)^2} \tag{1.62}$$

$$\Delta Z = \sqrt{\left(\frac{L^3}{3EI} \Delta F\right)^2 + \left(\frac{FL^2}{EI} \Delta L\right)^2 + \left(\frac{FL^3}{3E^2 I} \Delta E\right)^2 + \left(\frac{FL^3}{EI^2} \Delta I\right)^2} \tag{1.63}$$

Substituindo os valores na função e resolvendo:

$$\Delta Z \cong 0{,}24\text{mm} \tag{1.64}$$

Assim, a deformação final será:

$$\varepsilon = (12 \pm 0{,}24)\text{mm} \quad \text{ou} \quad 12\text{mm} \pm 2\% \tag{1.65}$$

Exemplo 5

Dados dois resistores R_1=20 Ω ± 2% e R_2=300 Ω ± 2%, determine a resistência equivalente e seu respectivo erro quando:

a) Associados em série;

b) Associados em paralelo.

Solução

Resistência equivalente para associação em série, Figura 1.3.

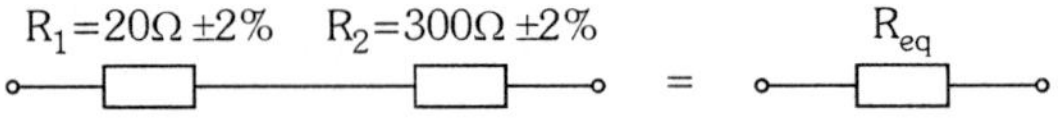

$R_1 = 20\Omega \pm 2\%$ $R_2 = 300\Omega \pm 2\%$ = R_{eq}

Figura 1.3 - Associação em série.

1) Cálculo da resistência equivalente

$$R_{eq} = R_1 + R_2 \quad (1.66)$$

$$R_{eq} = 20\Omega + 300\Omega = 320\Omega \quad (1.67)$$

2) Cálculo do erro (ΔZ)

2.1) Obtenção das derivadas

Derivada de R_{eq} em relação a R_1

$$\frac{\partial R}{\partial x_1} = \frac{\partial R_{eq}}{\partial R_1} = 1 \quad (1.68)$$

sendo

$$\Delta X_1 = \Delta R_1 \Rightarrow 2\% = 0{,}4\Omega \quad (1.69)$$

Derivada de R_{eq} em relação a R_2

$$\frac{\partial R}{\partial x_1} = \frac{\partial R_{eq}}{\partial R_2} = 1 \quad (1.70)$$

sendo

$$\Delta X_2 = \Delta R_2 \Rightarrow 2\% = 6\Omega \quad (1.71)$$

Erro (ΔZ):

Aplica-se a equação do método, substituindo as variáveis:

$$\Delta Z = \sqrt{\left(\frac{\partial R_{eq}}{\partial R_1} \cdot \Delta R_1\right)^2 + \left(\frac{\partial R_{eq}}{\partial R_2} \cdot \Delta R_2\right)^2} \quad (1.72)$$

$$\Delta Z = \sqrt{(1 \cdot 0{,}4\Omega)^2 + (1 \cdot 6\Omega)^2} \quad (1.73)$$

$$\Delta Z \cong \pm 1{,}65\Omega \quad (1.74)$$

Assim, para a associação em série proposta, a resistência equivalente com seu respectivo erro será:

$$R_{eq} = (320 \pm 1{,}62\Omega) \text{ ou } 320\Omega \pm 0{,}5\% \quad (1.75)$$

Resistência equivalente para associação em paralelo, Figura 1.4.

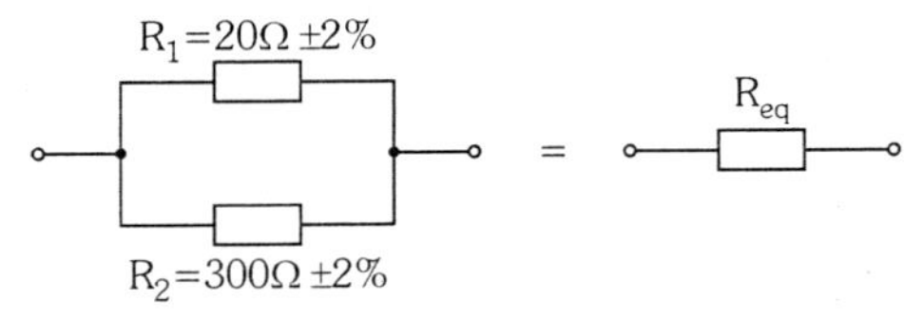

Figura 1.4 - Associação em paralelo.

1) Cálculo da resistência equivalente:

$$R_{eq} = \left[\frac{1}{\frac{1}{R_1} + \frac{1}{R_2}}\right] \quad (1.76)$$

$$R_{eq} = \left[\frac{1}{\frac{1}{20\Omega} + \frac{1}{300\Omega}}\right] = 18{,}75\Omega \quad (1.77)$$

2) Cálculo do erro (ΔZ)

2.1) Obtenção das derivadas

Derivada de R_{eq} em relação a R_1

$$\frac{\partial Z}{\partial R_1} = \frac{\partial R_{eq}}{\partial R_1} = \left[\frac{1}{\left(\frac{1}{R_1} + \frac{1}{R_2} \right)^2 \cdot R_1^2} \right] \quad (1.78)$$

sendo

$$\Delta X_1 = \Delta R_1 \Rightarrow 2\% = 0{,}4\Omega \quad (1.79)$$

Derivada de Req em relação a R2

$$\frac{\partial Z}{\partial R_2} = \frac{\partial R_{eq}}{\partial R_2} = \left[\frac{1}{\left(\frac{1}{R_1} + \frac{1}{R_2} \right)^2 \cdot R_2^2} \right] \quad (1.80)$$

sendo

$$\Delta X_2 = \Delta R_2 \Rightarrow 2\% = 6\Omega \quad (1.81)$$

Erro (ΔZ):

Aplica-se a equação do método, substituindo as variáveis:

$$\Delta Z = \sqrt{\left(\frac{\partial R_{eq}}{\partial R_1} \cdot \Delta R_1 \right)^2 + \left(\frac{\partial R_{eq}}{\partial R_2} \cdot \Delta R_2 \right)^2} \quad (1.82)$$

Resolvendo em partes:

$$\frac{\partial R_{eq}}{\partial R_1} = \left[\frac{1}{\left(\frac{1}{R_1} + \frac{1}{R_2} \right)^2 \cdot R_1^2} \right] = \left[\frac{1}{\left(\frac{1}{20\Omega} + \frac{1}{300\Omega} \right)^2 \cdot (20\Omega)^2} \right] = 0{,}879 \quad (1.83)$$

$$\frac{\partial R_{eq}}{\partial R_2} = \left[\frac{1}{\left(\frac{1}{R_1} + \frac{1}{R_2}\right)^2 \cdot R_2^2} \right] = \left[\frac{1}{\left(\frac{1}{20\Omega} + \frac{1}{300\Omega}\right)^2 \cdot (300\Omega)^2} \right] = 0{,}0039 \quad (1.84)$$

$$\Delta Z = \sqrt{(0{,}879 \cdot 0{,}4\Omega)^2 + (0{,}0039 \cdot 6\Omega)^2} \quad (1.85)$$

$$\Delta Z \cong \pm 0{,}35\Omega$$

Assim, para a associação em paralelo proposta, a resistência equivalente com seu respectivo erro será:

$$R_{eq} = (18{,}75 \pm 0{,}35)\Omega \text{ ou } 18{,}75 \pm 1{,}9\%$$

1.4. Exercícios Propostos

1) O volume de um tanque cilíndrico de combustível foi calculado a partir das dimensões medidas tomadas com uma trena cujo erro sabe-se ser de 2mm/m. Determine o erro final obtido na capacidade total do tanque, sabendo que suas dimensões e a equação de cálculo são respectivamente:

Diâmetro da base (D = 6m);

Altura do tanque (h = 9m);

Equação:

$$V = \pi \cdot h \cdot D^2/4 \quad (1.86)$$

2) A resistência elétrica de um fio de cobre em função da temperatura é dada por:

$$R = R_0[1 + \alpha(T - T_0)] \quad (1.87)$$

Sendo:

- $R_0 = 8\Omega \pm 2\%$ (na temperatura T_0)
- $\alpha = 0{,}0004°C^{-1} \pm 5\%$
- $T_0 = (20 \pm 2)$ °C
- $T = (40 \pm 2)$°C

Determine o valor da resistência a temperatura de 40°C e seu respectivo erro.

1.5. Erro em Instrumentos Analógicos

Nos instrumentos analógicos (instrumentos a ponteiro), o erro geralmente aparece em termos de fundo de escala, ou seja, o valor de corrente que origina a deflexão total do ponteiro, levando-o até o fim da escala. Sua precisão é normalmente expressa em percentual. Por exemplo, um aparelho de medida com uma incerteza de 1% indica que a grandeza medida não difere mais do que 1% do valor indicado pelo aparelho.

Exemplo 6

Um voltímetro que possui erro de 5% de fundo de escala está sendo utilizado na escala de 1000 volts, para medir uma tensão de 220V. Qual é o erro da medida?

Solução

5% do fundo de escala = 5% de 1000V = ±50V. Logo, a medida será U = (220±50V) ou ainda U = 220V±23%.

1.5.1. Erro de Paralaxe

Outro erro comum, porém resultante de um incorreto posicionamento do usuário em relação ao instrumento, é o conhecido ERRO DE PARALAXE ou erro de falsa leitura, originado em função de formar-se um ângulo θ entre a linha de visão do usuário e uma reta perpendicular à escala de medição do instrumento. Quanto maior for o ângulo, maior será o erro de leitura.

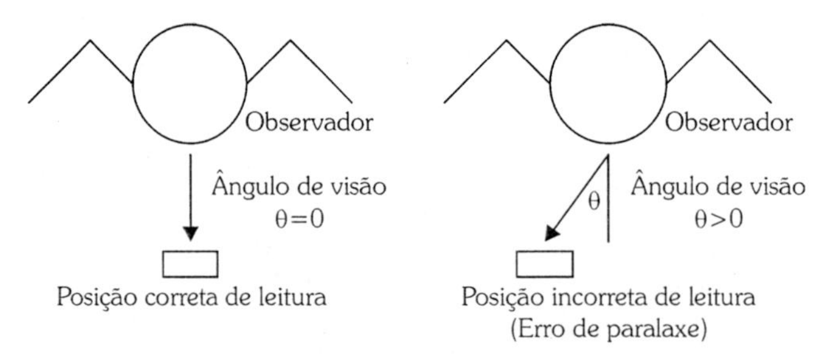

Figura 1.5 - Erro de paralaxe.

1.5.2. Erro de Interpolação

Além da possibilidade do erro de paralaxe, os instrumentos analógicos podem apresentar erro de interpolação. Esse erro se origina em função do posicionamento do ponteiro em relação à escala de medida do instrumento, Figura 1.6.

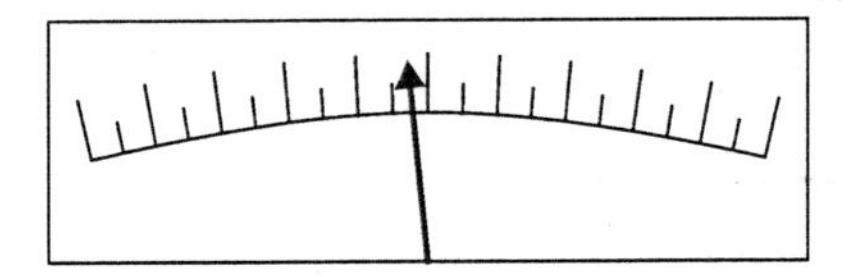

Figura 1.6 - Ponteiro marcando posição incerta na escala.

No caso o ponteiro acusa uma posição incerta entre dois valores conhecidos, a qual necessariamente não é o ponto médio destes, ficando a critério do observador, em função da proximidade, definir o valor correspondente ao traço da esquerda ou da direita. Quaisquer dos infinitos valores possíveis entre os dois conhecidos não têm significado prático e, nesse caso, o valor assumido é função de um erro de interpolação.

1.6. Erro em Instrumentos Digitais

Todo indicador digital proporciona uma leitura numérica que elimina o erro do operador em termos de paralaxe e interpolação. Os valores lidos normalmente são expressos entre 3½ e 8½ dígitos; o ½ dígito se usa na especificação porque o dígito mais significativo pode assumir valores de 0 a 9.

A resolução desses instrumentos é mudança de tensão que faz variar o bit menos significativo no display do medidor. Não confundir resolução com erro de medida. Um instrumento pode ser sensível a 0.01V. Exemplo: um instrumento pode mostrar 23,48V. Isso não significa que a leitura será (23,48 ±0,01)V. Na realidade o erro desses instrumentos é mais complexo de ser calculado e normalmente é uma combinação de fatores. Exemplo: o multímetro Metex m4600(B).

Esse instrumento, na escala de 20DCV, tem erro = 0,05% de 100,00m V = 0,05mV + 3 dígitos = 0,03mV. O erro combinado seria $[(0{,}05)^2+(0{,}03)^2]^{½}\approx$ 0,06mV (alguns autores preferem somar dois a dois algebricamente). Sempre é importante consultar o manual do fabricante, porque o erro combinado pode mudar em função da escala ou do tipo de variável a ser medido. O mesmo instrumento (Metex), na escala de corrente AC 200mA, teria um erro combinado de = ±1,0% da medida + 10 dígitos.

Exemplo 7

Um instrumento digital está sendo usado numa escala de 20V e mede uma tensão AC, e o valor indicado é 8,00V. A especificação de erro é ±(0,8%Leit.+3 dígitos). Como se interpreta a informação e como se calcula o erro?

Solução

Resolvendo por partes:

a) Erro de 0,8% da leitura → 0,8% de 8,00V = 0,064V

b) 3 dígitos → 3 unidades da última casa = 0,003V

Erro combinado:

$$\Delta Z = \sqrt{(0{,}064)^2 + (0{,}003)^2} \tag{1.88}$$

$\Delta R \cong \pm 0{,}06V$ (arredondando, já que não se pode escrever a terceira casa depois da vírgula por não ser significativa).

> *Na seção de apêndices ao final do livro, o leitor encontra uma lista de todas as derivadas fundamentais.*

1.7. Exercícios Propostos

1) Calcular o erro final em m^3 obtido no volume de um tanque de combustível cilíndrico, em pé, sabendo que seu diâmetro é de 4m, sua altura 7m e o erro da trena utilizada para medição é de ±0,01m.

2) Refaça o exercício do exemplo 2, considerando, entretanto, dois resistores em série com o mesmo valor e o erro citado no exemplo.

3) Refaça o exercício do exemplo 5, considerando um erro de 5% para ambos os resistores.

4) Um pêndulo cônico (centrífugo), Figura 1.7, tem seu período dado pela expressão 1.91 apresentada em seguida. Determine o erro em número de oscilações para um período de 24 horas.

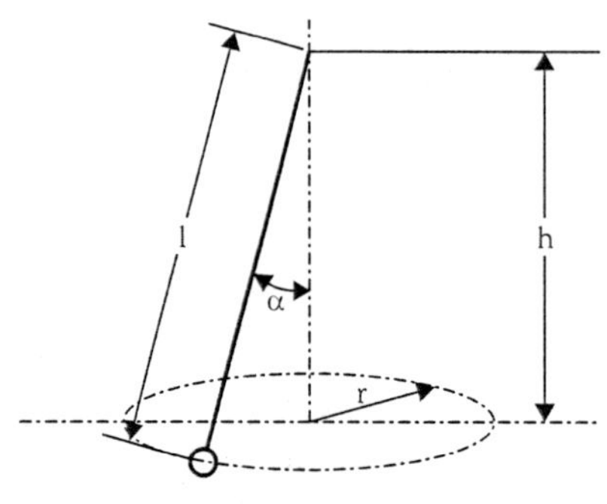

Figura 1.7 - Pêndulo cônico.

$$T = 2 \cdot \pi \sqrt{\frac{h}{g}} = 2 \cdot \pi \sqrt{\frac{l \cdot \cos\alpha}{g}} \tag{1.89}$$

em que:

- T: período [s];
- h: 2m±5%
- l: 2,128m±5%
- α: 20°±5%
- g: $9{,}81 m/s^2 \pm 2\%$

5) Um recipiente de mercúrio cujo volume ocupa exatamente $1m^3$ a uma temperatura de 15°C é aquecido a 80°C. Calcule o volume final ocupado pelo mercúrio no recipiente, sabendo que as variáveis possuem os seguintes erros:

Função:

$$V_2 = V_1 \cdot [1 + \beta \cdot (T_2 - T_1)] \qquad (1.90)$$

em que:

- V_1: $1m^3 \pm 1\%$
- β: 0,00018 1/K±2%=$1,893 \times 10^{-4}$ 1/°C±2%
- T_1: (15°±0,5)°C
- T_2: (80°±0,5)°C

6) Um instrumento digital está sendo usado numa escala de 100V, mede uma voltagem ACV e o valor indicado é 25,00V. A especificação de erro é ±(0,8%Leit.+3 dígitos). Como se interpreta a informação e como se calcula o erro?

7) Explique como se origina o erro de interpolação.

8) Em um instrumento digital que possui um display de leitura de $4^1/_2$ dígitos, o que significa o ½ dígito?

9) Um voltímetro que possui erro de 0,3% de fundo de escala está sendo utilizado na escala de 1000 volts para medir uma voltagem de 127V. Qual é o erro da medida?

10) Argumente com relação à seguinte afirmação:

"Erros relativamente pequenos em um processo geralmente têm pouco ou nenhum significado no resultado final do processo."

CAPÍTULO

2

Medição de Temperatura I
Conceitos Fundamentais

2.1. Matéria e Energia

A mesa, a cadeira, os vidros, o giz, a pedra, o ar, enfim, todos os corpos existentes na natureza são formados de matéria.

Mas, o que é a matéria?

Em termos científicos, não há uma definição exata de matéria, pois tudo o que existe na natureza, tanto em termos macroscópico como microscópico, constitui matéria. Mas é possível associá-la a uma ideia, e de uma forma geral e bastante simples emitir o seguinte conceito:

"MATÉRIA é tudo aquilo que ocupa lugar no espaço e possui massa."

Normalmente consideramos porções limitadas da matéria, como um litro d'água, um metro cúbico de ar, uma barra de aço etc., que chamamos de corpos.

Assim:

"CORPOS são porções limitadas da matéria."

Um prego, um parafuso, uma barra de aço são corpos constituídos de um mesmo material, que é o aço.

Deste modo:

"MATERIAL é toda espécie de matéria."

Os materiais são o ar, o aço, o ouro, a água etc.

Os materiais podem ser constituídos de uma única substância, como a água pura, o oxigênio, o ouro, ou de substâncias diferentes, como o ar, a água do mar etc.

Conceitua-se então que:

> *"SUBSTÂNCIA é toda espécie química a que corresponde uma composição constante."*

As transformações químicas das substâncias sempre vêm acompanhadas de variações de energia.

A energia se apresenta na natureza em forma de energia elétrica, energia térmica, energia luminosa, energia química etc.

As transformações químicas, reações e mudanças de estado físico da matéria estão associadas à liberação ou absorção de calor.

Assim,

> *"ENERGIA é a capacidade de produzir trabalho."*

E por sua vez,

> *"CALOR é a energia térmica em trânsito que é transferida por meio da fronteira de um sistema termodinâmico em virtude de uma diferença de temperatura."*

Mas o que é sistema termodinâmico? E fronteira de um sistema?

> *"SISTEMA TERMODINÂMICO é uma quantidade de matéria de massa e identidade fixas para as quais nosso estudo é dirigido. Tudo o mais externo ao sistema é chamado de vizinhança ou exterior."*
>
> *"FRONTEIRA DE UM SISTEMA é a interface que delimita o espaço denominado SISTEMA, separando-o da vizinhança."*

As Figuras 2.1a e 2.1b apresentadas em seguida permitem visualizar alguns dos conceitos citados.

A Figura 2.1a apresenta um sistema termodinâmico formado por um recipiente contendo gás, cuja temperatura é (T_1=20°C). O recipiente é fechado por um êmbolo sobre o qual se encontram alguns pesos.

A linha pontilhada indica a fronteira do sistema.

Na Figura 2.1b transfere-se energia térmica ao sistema na forma de calor por meio da fronteira do sistema. O crescimento da quantidade de energia térmica transferida causa uma diferença de temperatura ΔT cada vez maior e que, consequentemente, gera uma expansão térmica no gás, elevando assim o êmbolo com os pesos, de sua posição inicial à posição final. Para esta situação, diz-se que a energia térmica transferida ao gás produziu um trabalho mecânico (elevação do êmbolo com os pesos).

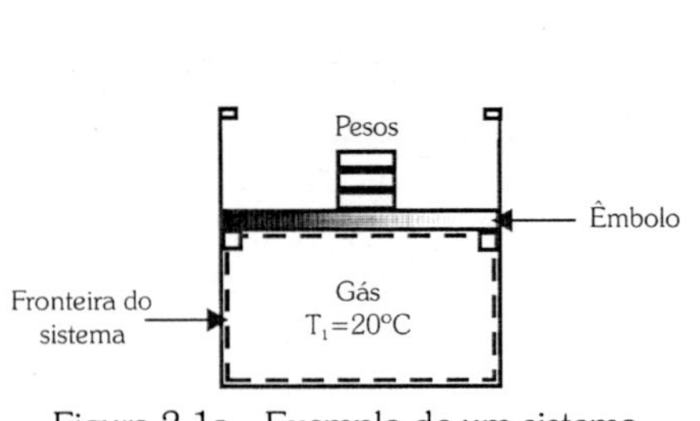

Figura 2.1a - Exemplo de um sistema térmico em condição inicial.

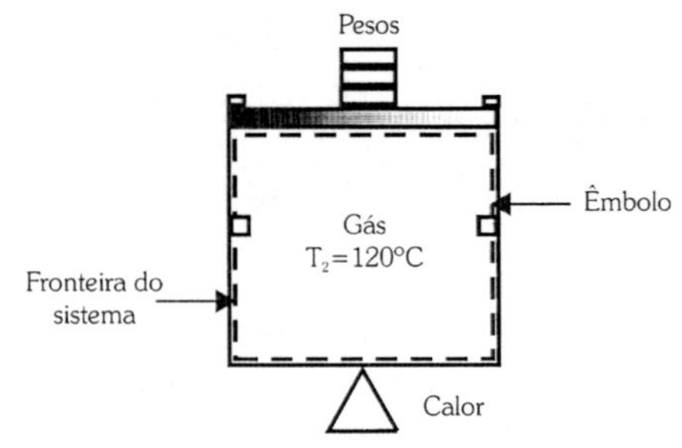

Figura 2.1b - Exemplo de um sistema térmico em condição final.

2.1.1. Fenômeno Físico e Fenômeno Químico

A matéria que existe na natureza sofre transformações. O gelo derrete com a ação do calor. O ferro combina com o oxigênio do ar, cobrindo-se de ferrugem.

Assim, a partir desta consideração, é possível elaborar os seguintes conceitos:

"FENÔMENO é toda a transformação que sofre a matéria."

"FENÔMENO FÍSICO é o fenômeno no qual não se altera a natureza química da substância."

"FENÔMENO QUÍMICO é toda a transformação na qual se altera a natureza das substâncias participantes, formando novas substâncias com propriedades diferentes."

2.2. Propriedades da Matéria

2.2.1. Estados Físicos

As substâncias, em condições normais de temperatura e pressão, se apresentam na natureza em um dos seguintes estados físicos:

- Sólido
- Líquido
- Gasoso
- Plasma

Os sólidos, como o ferro, o zinco, o carbono etc., apresentam forma e volume próprios e são virtualmente incompressíveis.

Os líquidos, como a água, o mercúrio e o álcool, têm volume próprio, não têm forma própria, tomando sempre a forma do recipiente que os contém. Os líquidos são pouco compressíveis.

Em Física, os gases são considerados fluidos aeriformes elásticos (comportamento similar ao ar), não têm forma nem volume definido e consistem em uma coleção de partículas (átomos, íons, elétrons etc.) cujos movimentos são aproximadamente aleatórios.

O plasma é considerado o quarto estado da matéria. Difere-se dos sólidos, líquidos e gasosos por ser um gás ionizado, constituído de átomos ionizados e elétrons em uma distribuição quase neutra (concentrações de íons positivos e negativos praticamente iguais), os quais possuem comportamento coletivo. A pequena diferença de cargas torna o plasma eletricamente condutível, fazendo com que ele tenha uma forte resposta a campos eletromagnéticos.

2.2.2. Mudanças de Estado Físico da Matéria

Fusão é a passagem do estado sólido ao líquido. Nas fundições preparam-se peças metálicas derramando o metal fundido em fôrmas especiais.

Os sólidos podem ser de origem orgânica, como, por exemplo, a madeira e o plástico, possuindo, portanto, estrutura molecular; ou de origem inorgânica (mineral), como, por exemplo, o aço e o alumínio, possuindo, portanto, estrutura cristalina.

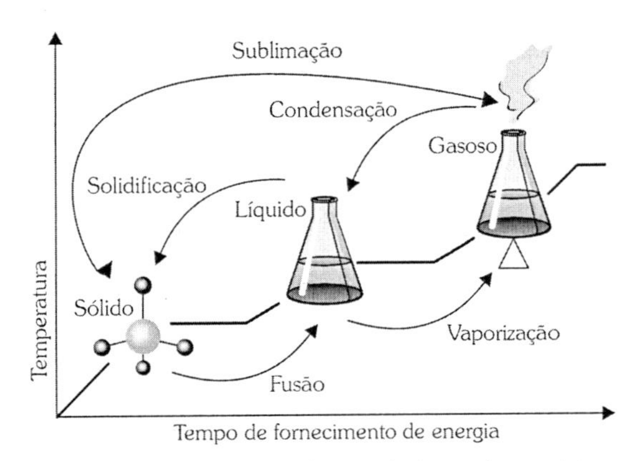

Figura 2.2 - Mudanças de estado físico da matéria.

Vaporização é a passagem do estado líquido ao estado gasoso. Essa passagem se realiza por dois métodos: evaporação, quando por efeito do calor as partículas (moléculas) da superfície do líquido passam ao estado gasoso; ebulição, quando, além das moléculas da superfície livre, as moléculas de toda a massa líquida passam ao estado gasoso.

Solidificação é a passagem do estado líquido ao sólido

Sublimação é a passagem direta, sem passar pelo estado líquido, de um sólido ao estado gasoso, bem com do estado gasoso ao sólido.
O iodo e o cloreto de amônia sublimam.

A passagem direta dos vapores ao estado sólido chama-se condensação.

2.3. Modos de Transferência da Energia Térmica

A energia térmica é transferida de um sistema a outro de três formas possíveis.

2.3.1. Condução

A condução é um processo pelo qual o calor flui de uma região de alta temperatura para outra de temperatura mais baixa, dentro de um sólido, líquido ou gasoso, ou entre meios diferentes em contato físico direto.

2.3.2. Radiação

A radiação é um processo pelo qual o calor flui de um corpo de alta temperatura para um de baixa, quando estão separados no espaço, ainda que exista vácuo entre eles.

2.3.3. Convecção

A convecção é um processo de transporte de energia pela ação combinada da condução de calor, armazenamento de energia e movimento da mistura. A convecção é mais importante como mecanismo de transferência de energia (calor) entre uma superfície sólida e um líquido ou gás.

As Figuras 2.3, 2.4 e 2.5 ilustram o que foi afirmado anteriormente.

A Figura 2.3 apresenta dois sólidos em contato superficial, estando inicialmente em temperaturas diferentes. O sólido inferior a 300°C e o sólido superior a 25°C. A energia térmica contida pelo sólido inferior, em função de sua elevada temperatura, será, em parte, absorvida pelo sólido superior em forma de calor, até que o sistema formado por ambos os blocos entre em equilíbrio térmico.

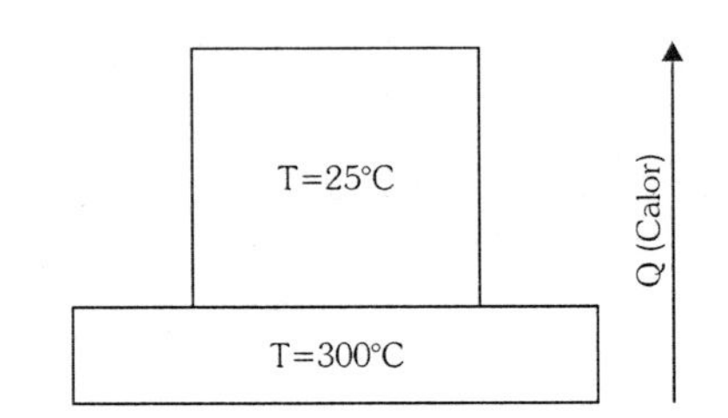

Figura 2.3 - Energia térmica propagando-se pelo fenômeno da condução.

A Figura 2.4 mostra duas fontes emissoras de energia térmica. 1- O Sol. 2- Uma lâmpada de 150 watts de potência. É claro que se levarmos em conta que o ar atmosférico é um fluido em movimento, em ambas as situações, na Terra e nos arredores da lâmpada, não estando esta dentro de uma câmara de vácuo. Há também o fenômeno da convecção.

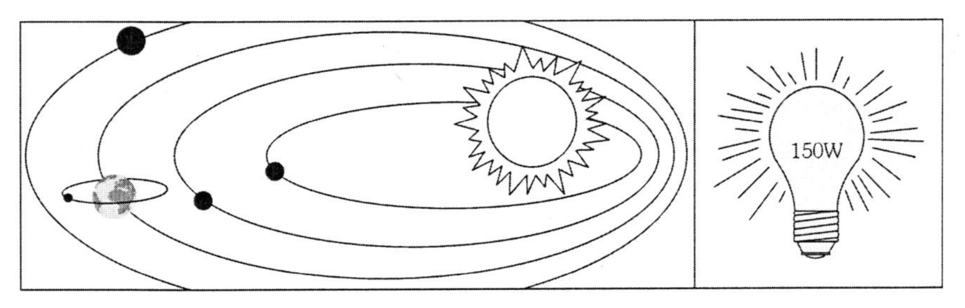

Figura 2.4 - Energia térmica propagada pelo fenômeno da radiação.

A Figura 2.5 apresenta um detalhe de um sistema formado por um canal de refrigeração cuja temperatura é 300°C, pelo qual flui água a temperatura de 20°C. Seu objetivo é promover a transferência da energia térmica, fazendo com que ele volte à temperatura normal em um curto período de tempo. Nesse sistema a retirada de calor se dá pelo fenômeno da convecção.

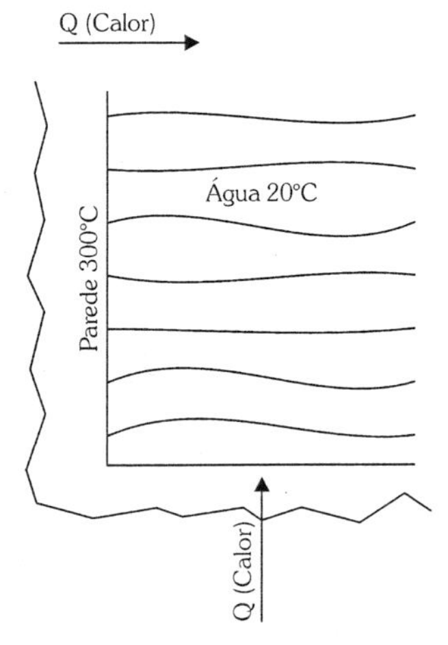

Figura 2.5 - Vista parcial de um canal de refrigeração, fenômeno da convecção.

2.4. Termometria

Termometria significa "medição de temperatura". Eventualmente o termo pirometria é também aplicado com o mesmo significado, porém baseando-se na etimologia das palavras, podemos definir:

- Pirometria: medição de altas temperaturas, na faixa em que os efeitos de radiação térmica passam a se manifestar.
- Criometria: medição de baixas temperaturas, ou seja, aquelas próximas ao zero absoluto de temperatura.
- Termometria: termo mais abrangente que incluiria tanto a pirometria, como a criometria que seriam casos particulares de medição.

Temperatura é a medida da energia cinética das partículas em uma determinada substância. Historicamente, dois conceitos de temperatura foram desenvolvidos: a descrição termodinâmica e uma descrição microscópica feita pela física estatística baseada na energia cinética das partículas. Segundo a termodinâmica, que se baseia inteiramente em medidas macroscópicas de variáveis, de forma totalmente empírica, a temperatura é um parâmetro físico (uma variável termodinâmica) descritivo de um sistema que vulgarmente se associa às noções de frio e calor, bem como às transferências de energia térmica. A física estatística provê um entendimento mais profundo da termodinâmica, descrevendo a matéria como uma coleção de um grande número de partículas, e deriva as variáveis termodinâmicas (escala macroscópica) como as médias estatísticas das variáveis microscópicas das partículas.

2.5. Escalas de Temperatura

2.5.1. Escala Fahrenheit

A primeira escala de temperatura foi a de Fahrenheit em 1714, em que se convencionou 32°F para a temperatura de congelamento de uma mistura entre gelo e amônia e 212°F para a temperatura de ebulição da água. A diferença entre estes pontos foi dividida em 180 partes iguais, e cada uma recebeu o nome de grau Fahrenheit.

2.5.2. Escala Celsius

A escala Celsius de temperatura nasceu centígrada por definição, já que havia cem graus entre os pontos de gelo e o vapor da água. Tomaram-se arbitrariamente como referência os valores zero para o gelo e cem para o vapor d'água. Seu criador foi Anders Celsius (1701-1744), físico e astrônomo sueco, que participou da expedição francesa às regiões polares para a medição do meridiano, estudou a declinação magnética (variações diurnas, perturbações devido às auroras boreais) e foi o primeiro a comparar o brilho luminoso das estrelas. Em 1742, criou a escala termométrica centesimal que tem seu nome.

2.5.3. Escala Kelvin

Físico escocês (1824-1907). Willian Thomson é o criador da escala de temperatura absoluta Kelvin. O nome da escala deriva do seu título de barão Kelvin Oflargs, outorgado pelo governo inglês em 1892. Filho de um matemático, forma-se em Cambridge e dedica-se à ciência experimental. Em 1832, descobriu que a descompressão dos gases provoca esfriamento e cria a escala de temperaturas absolutas. O valor da temperatura em Kelvin é igual ao grau Celsius mais 273,16.

Entre 1846 e 1899, trabalhou como professor na universidade de Glasgow. Interessado no aperfeiçoamento da física experimental, projetou e desenvolveu vários equipamentos, entre eles um aparelho usado na primeira transmissão telegráfica por cabo submarino transatlântico. Com a participação no projeto de transmissão telegráfica por cabo, acumulou grande fortuna pessoal. Em 1852, observou o que é hoje chamado de efeito Joule-Thomson, que é a redução da temperatura de um gás em expansão no vácuo.

2.5.4. Escala Rankine

A escala Rankine possui o mesmo zero da escala Kelvin, porém sua divisão é idêntica à da escala Fahrenheit. A representação das escalas absolutas é análoga às escalas relativas: Kelvin → 400K (sem o símbolo de grau "°"), Rankine → 785R.

2.5.5. Escalas de Temperatura e Conversão

Tanto a escala Celsius como a Fahrenheit são escalas relativas, ou seja, os seus valores numéricos de referência são totalmente arbitrários.

Existe uma outra escala relativa, a Reamur, hoje praticamente em desuso, que adota como zero o ponto de fusão do gelo e 80 o ponto de ebulição da água. O intervalo é dividido em oitenta partes iguais (Representação - °Re).

Analisando em nível microscópico, ou seja, atômico, se abaixarmos a temperatura continuamente de uma substância, atingimos um ponto limite além do qual é impossível ultrapassar, pela própria definição de temperatura. Esse ponto, em que cessa praticamente todo movimento atômico, é o zero absoluto de temperatura.

Por meio da extrapolação das leituras do termômetro a gás, pois os gases se liquefazem antes de atingir o zero absoluto, calculou-se a temperatura desse ponto na escala Celsius em –273,15°C.

Desta forma, e como estudado anteriormente, é fácil concluir que as escalas Kelvin e Rankine são absolutas de temperatura, assim chamadas porque o zero delas é fixado no zero absoluto de temperatura (cessação de agitação molecular).

A escala Kelvin possui a mesma divisão da Celsius, isto é, um Kelvin é igual a um grau Celsius, porém o seu zero se inicia no ponto de temperatura mais baixa possível, 273,15 graus negativos na escala Celsius.

A escala Rankine possui obviamente o mesmo zero da escala Kelvin, mas sua divisão é idêntica à da escala Fahrenheit. A representação das escalas absolutas é análoga às escalas relativas: Kelvin → 400K (sem o símbolo de grau "°"), Rankine → 785R.

A escala Fahrenheit é usada principalmente na Inglaterra e nos Estados Unidos da América, porém seu uso tem declinado a favor da escala Celsius de aceitação universal.

A escala Kelvin é utilizada nos meios científicos no mundo inteiro e deve substituir no futuro a escala Rankine quando estiver em desuso a Fahrenheit.

O quadro seguinte compara as escalas de temperaturas existentes.

Tabela 2.1 - Quadro comparativo de escalas.

	Escalas Absolutas		**Escalas Relativas**	
	°R (Rankine)	K (Kelvin)	°C (Celsius)	°F (Fahrenheit)
Ponto de ebulição da água	671,67	373.15	100	32
Ponto de fusão do gelo	491,67	213,15	0	212
Zero absoluto	0	0	–273,15	–459,67

Desta comparação podemos retirar as seguintes relações básicas entre as escalas:

2.5.5.1. Conversão para Escala Celsius

$$T_C = \frac{5}{9}(T_F - 32) \tag{2.1}$$

$$T_C = T_K - 273{,}15 \tag{2.2}$$

2.5.5.2. Conversão para Escala Kelvin

$$T_K = T_C + 273{,}15 \tag{2.3}$$

$$T_K = \frac{5}{9} T_R \tag{2.4}$$

2.5.5.3. Conversão para Escala Fahrenheit

$$T_F = 1{,}8 \cdot T_C + 32 \tag{2.5}$$

$$T_F = T_R - 459{,}67 \quad (2.6)$$

2.5.5.4. Conversão para Escala Rankine

$$T_R = 459{,}67 + T_F \quad (2.7)$$

$$T_F = 1{,}8 \cdot T_K \quad (2.8)$$

2.6. Escala Internacional de Temperaturas (ITS - 90)

Para melhor expressar as leis da termodinâmica, foi criada uma escala baseada em fenômeno de mudança de estado físico de substâncias puras, que ocorre em condições únicas de temperatura e pressão. São chamados de pontos fixos de temperatura. Chama-se Escala Prática Internacional de Temperatura (IPTS).

A primeira escala prática internacional de temperatura surgiu em 1920, modificada em 1948 (IPTS-48). Em 1960, mais modificações foram feitas e em 1968, uma nova Escala Prática Internacional de Temperatura foi publicada (IPTS-68).

A ainda atual IPTS-68 cobre uma faixa de –259,34 a 1064,34°C, baseada em pontos de fusão, ebulição e pontos triplos de certas substâncias puras, como, por exemplo, o ponto de fusão de alguns metais puros.

Hoje já existe a ITS-90, Escala Internacional de Temperatura, definida em fenômenos determinísticos de temperatura, e que estipulou alguns novos pontos fixos de temperatura.

Tabela 2.2 - Estados de equilíbrio segundo IPTS-68.

Estado de Equilíbrio	Temperatura (°C)
Ponto triplo do hidrogênio	–259,34
Ponto de ebulição do hidrogênio	–252,87
Ponto de ebulição do neônio	–246,048
Ponto triplo do oxigênio	–218,789
Ponto de ebulição do oxigênio[1]	–182,962
Ponto triplo da água	0,01
Ponto de ebulição da água	100,00
Ponto de solidificação do zinco	419,58
Ponto de solidificação da prata	916,93

1 Na CNTP, Ponto de ebulição do oxigênio é o ponto onde este se torna líquido.

Estado de Equilíbrio	Temperatura (°C)
Ponto de solidificação do ouro	1064,43

Tabela 2.3 - Pontos fixos de temperatura.

Pontos Fixos	IPTS-60	ITS-90
Ebulição do oxigênio	–182,93°C	–182,954°C
Ponto triplo[2] da água	+0,010°C	+0,010°C
Solidificação do estanho	+231,968°C	+231,928°C
Solidificação do zinco	+419,580°C	+419,527°C
Solidificação da prata	+961,960°C	+961,780°C
Solidificação do ouro	+1064,430°C	+1064,180°C

2.7. *Normas e Padrões Internacionais*

Com o desenvolvimento tecnológico diferente em diversos países, criou-se uma série de normas e padronizações, cada uma atendendo a uma dada região.

As mais importantes são as descritas na Tabela 2.4.

Tabela 2.4 - Normas e padrões internacionais.

ISA	AMERICANA
DIN	ALEMÃ
JIS	JAPONESA
BS	INGLESA
UNI	ITALIANA

Para atender às diferentes especificações técnicas na área da termometria, cada vez mais se somam os esforços com o objetivo de unificar essas normas. Para tanto, a Comissão Internacional Eletrotécnica (IEC) vem desenvolvendo um trabalho com os países envolvidos nesse processo normativo, não somente para obter normas mais completas e aperfeiçoadas, mas também para prover meios para a internacionalização do mercado de instrumentação relativo a termopares.

Como um dos participantes dessa comissão, o Brasil, por meio da Associação Brasileira de Normas Técnicas (ABNT), está também diretamente interessado no desdobramento deste assunto e vem adotando tais especificações como Normas Técnicas Brasileiras.

2 Ponto triplo é o ponto em que as fases sólida, líquida e gasosa encontram-se em equilíbrio.

2.8. Exercícios Propostos

1) Identifique as alternativas incorretas:

a) As transformações químicas das substâncias nem sempre vêm acompanhadas de variações de energia.

b) Pirometria é a medição de altas temperaturas na faixa em que os efeitos de radiação térmica passam a se manifestar.

c) A condução é um processo pelo qual o calor flui para regiões de baixa temperatura, vindo de regiões de alta de temperatura, dentro de um meio sólido, líquido ou gasoso ou entre meios diferentes em contato físico direto.

d) Ponto triplo é o ponto em que a fase sólida, a líquida e a gasosa encontram-se em total desequilíbrio.

2) A quantos graus Rankine corresponde a temperatura de 120°C?

3) O operador de uma caldeira a vapor, a dois metros dela, encosta um termômetro no rosto e verifica que a temperatura na superfície de sua pele é de 45°C. Pode-se afirmar que nesta situação a transferência de energia térmica se dá por:

a) Condução e radiação;

b) Condução e convecção;

c) Radiação e convecção;

d) Somente por convecção.

4) Marque V para verdadeiro e F para falso:

( ) Todos os sólidos possuem estrutura molecular.

( ) A água do mar é um material orgânico.

( ) O ato de fundir o ouro é classificado como um fenômeno químico.

( ) A escala de temperaturas Fahrenheit é baseada no movimento vibratório das partículas.

5) Defina sistema termodinâmico.

6) Identifique e sublinhe os erros das seguintes afirmações:

- Ao aquecer um bloco de alumínio, sua estrutura molecular passa por mudanças de fases até fundir-se totalmente.
- A atual ITS-90 é baseada em fenômenos aleatórios de temperatura.
- A escala Kelvin de temperatura tem sua referência zero no ponto de congelamento da água.

7) Complete as sentenças:

a) CRIOMETRIA é a medição de ________ temperaturas, ou seja, aquelas próximas ao ________________________ de temperatura.

b) A ______________ é um processo pelo qual o calor flui de uma região de ________ temperatura para outra de temperatura mais __________, dentro de um sólido, líquido ou gasoso, ou entre meios diferentes em ____________________ direto.

c) Os ___________ podem ser de origem orgânica, como, por exemplo, a madeira e o plástico, possuindo, portanto, __________________; ou de origem inorgânica (mineral), como, por exemplo, o aço e o alumínio, possuindo, portanto, ________________________.

d) FRONTEIRA DE UM SISTEMA é a ____________ que delimita o espaço denominado ______________, separando-o da vizinhança.

8) Preencha o seguinte quadro de conversões de temperatura:

Celsius	Rankine	Kelvin	Fahrenheit
100			
	0		
		–75	
	–10		
			750

9) Assinale a alternativa incorreta:

a) As transformações químicas das substâncias algumas vezes vêm acompanhadas de variações de energia.

b) A energia se apresenta na natureza na forma de energia elétrica, energia térmica, energia luminosa, energia química etc.

c) As transformações químicas, reações e mudanças de estado físico da matéria estão associadas à liberação ou absorção de calor.

10) Qual é a diferença entre a escala Kelvin e a Celsius?

CAPÍTULO

3

Medição de Temperatura II
Termômetros

3.1. Termômetro à Dilatação de Líquidos

3.1.1. Características

Os materiais líquidos se dilatam com o aquecimento e contraem-se com o esfriamento, segundo uma lei de expansão volumétrica a qual relaciona seu volume com a temperatura e um coeficiente de expansão que é próprio de cada material. Os termômetros usam esse fenômeno para mostrar, por meio de uma escala, o nível da temperatura.

A equação que rege essa relação é:

$$V_T = V_o \cdot [\, 1 + \gamma_1 \cdot (\Delta T) + \gamma_2 \cdot (\Delta T)^2 + \gamma_3 \cdot (\Delta T)^3] \qquad (3.1)$$

em que:

- T: Temperatura do líquido em °C
- V_o: Volume do líquido a temperatura inicial de referência T_o
- V_T: Volume do líquido a temperatura T
- β1, β2, β3: Coeficiente de expansão do líquido $°C^{-1}$
- ΔT: $T - T_o$

Como pode ser visto, essa relação não é linear, porém como os termos de segunda e terceira ordem, dependendo do processo, podem ser desprezados em função de seus valores serem relativamente pequenos, na prática a consideramos linear. E daí:

$$V_t = V_o \cdot (1 + \beta \cdot \Delta t) \qquad (3.2)$$

Os tipos de termômetro de líquido podem variar conforme sua construção:

- Recipiente de vidro transparente;
- Recipiente metálico.

3.1.2. Termômetros à Dilatação de Líquido em Recipiente de Vidro Transparente

Os termômetros de líquido em vidro são compostos por um recipiente (bulbo) contendo o líquido de dilatação e um capilar de vidro, acoplado ao recipiente, Figura 3.1. Com o aumento da temperatura o líquido sofre uma dilatação, fazendo com que ele suba dentro do capilar. O inverso do processo ocorre quando acontece o resfriamento.

Atualmente os líquidos mais usados nos termômetros são álcool, querosene, tolueno e mercúrio, Tabela 3.1. A expansão ou contração do líquido em um espaço determinado é resultado da relação entre o diâmetro do furo do capilar e o volume do bulbo do termômetro. Para elaborar uma escala de termômetros é necessário definir no mínimo dois pontos de temperatura no capilar.

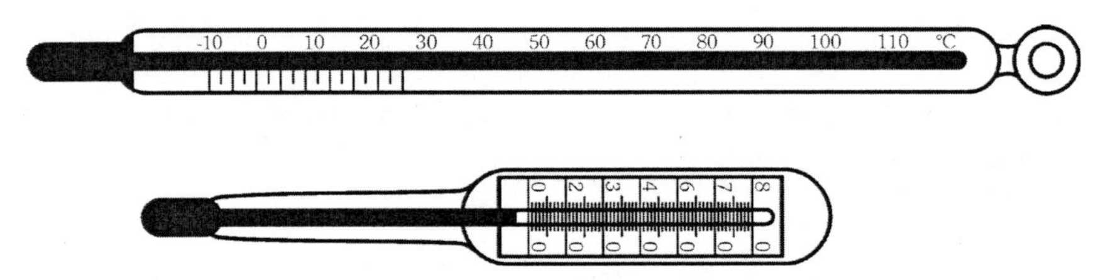

Figura 3.1 - Termômetros de vidro mais comuns.

Nos termômetros industriais, o bulbo de vidro é protegido por um poço metálico e o tubo capilar por um invólucro metálico, Figura 3.2.

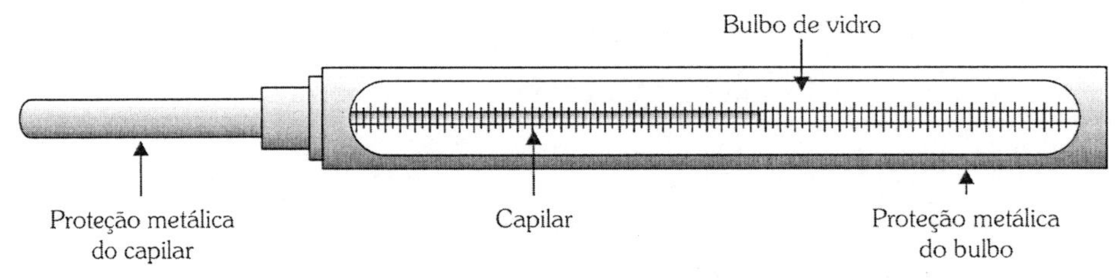

Figura 3.2 - Termômetros de vidro indicados para uso industrial.

Tabela 3.1 - Líquidos utilizados em termômetros de vidro.

Líquido	Ponto de Solidificação [°C]	Ponto de Ebulição [°C]	Faixa de Uso [°C]
Mercúrio	-39	+357	-38 a +550
Álcool Etílico	-115	+78	-100 a +70
Tolueno	-92	+110	-80 a +100

No termômetro de mercúrio, pode-se elevar o limite máximo até 550°C, injetando gás inerte sob pressão, evitando a vaporização do mercúrio.

Por ser frágil e impossível registrar sua indicação ou transmiti-la a distância, o uso desse termômetro é mais comum em laboratórios ou em indústrias, com a utilização de uma proteção metálica.

3.1.2.1. Processo Fabril

O instrumento mais conhecido e difundido é o termômetro clínico, destinado a verificar a temperatura do corpo humano e determinar o estado febril ou não da pessoa. Existem, porém, termômetros para fins industriais, laboratoriais, ambientais etc. Termômetros para indústrias e laboratórios são em grande parte regidos por normas ou portarias específicas, editadas por organismos internacionais e nacionais, como:

ASTM	American Society for Testing and Materials
ISO	International Organization for Standarization
DIN	Deutshe Normen
INMETRO	Instituto Nacional de Metrologia, Normalização e Qualidade Industrial
ABNT	Associação Brasileira de Normas Técnicas

Os termômetros regidos por normas específicas são fabricados rigoro-samente dentro dos critérios por elas estabelecidos. A confirmação é obtida por meio da utilização de padrões rastreáveis a órgãos de reconhecimento internacional.

Os termômetros de vidro podem ser de dois tipos, a saber:

- Termômetro de escala externa;
- Termômetro de escala interna.

Os termômetros de escala externa são fabricados em vidro maciço, tendo, entretanto, internamente, um pequeno capilar contendo o fluido de medição. São normalmente em formato circular ou prismático. A impressão da escala é feita na superfície do vidro.

Os termômetros de escala interna são constituídos de tubo invólucro que faz com que a escala, que pode ser de vidro ou metal, fique em seu interior.

Durante o processo de sopro do vidro, são necessariamente submetidos a um "chanframento", que tem por finalidade evitar que ocorram trincas no vidro, à medida que ele for sendo trabalhado e também como prevenção de acidentes.

"Chanfrar", nesse processo, significa aquecer no fogo a extremidade do vidro, que conserva a aspereza devido ao corte pela serra, de modo que a parte cortante seja eliminada e resulte um pequeno reforço na extremidade.

A "sopração" consiste principalmente em emendar os vidros do capilar com o bulbo e o tubo quando pertinente, com a utilização de maçaricos e do sopro, e fazer alargamento nos furos dos capilares a fim de que eles se tornem câmaras de retenção ou expansão do líquido condutor. As câmaras de retenção são necessárias quando a escala não inicia em 0°C (zero grau Celsius) e sim em pontos superiores, tais como 50°C, 100°C etc. Se não fosse adotado esse procedimento, o comprimento desses instrumentos seria exagerado.

Câmaras de expansão são sopradas em quase todos os termômetros de líquido em vidro. Sua principal finalidade é permitir que o líquido possa ultrapassar o limite superior da escala graduada sem que o bulbo estoure. Serve também para juntar fracionamentos que podem ocorrer na coluna de líquido.

Após a conclusão do processo de sopração, o vidro, para retornar ao seu estado de equilíbrio, necessita de um recozimento, assim o instrumento é submetido a um tratamento térmico por aproximadamente 60 horas, em um forno, a uma temperatura predeterminada por modelo de vidro.

A fase seguinte é o enchimento. Por um sistema de vácuo, o líquido é colocado dentro do termômetro de forma que o bulbo e o orifício do capilar fiquem totalmente preenchidos. O excesso é retirado a uma determinada altura, que é definida pela localização da escala, e a extremidade superior do capilar é fechada.

Após a conclusão dessa operação, o termômetro é encaminhado para o laboratório em que é executada a calibração, isto é, por meio de banhos, cada um específico para oscilar a uma determinada temperatura, e com o auxílio de padrões, os pontos são assinalados no capilar ou tubo de vidro por um risquinho. Os pontos de calibração servem de parâmetro para definir a localização e o tamanho da escala. O processo de calibração é fator de grande importância na incerteza dos termômetros.

Padrões são instrumentos que exigem calibrações periódicas, normalmente realizadas por órgãos ligados à Rede Brasileira de Calibração (RBC) ou órgãos certificadores internacionalmente acreditados.

O setor de gravação faz a impressão da escala no vidro, que só acontece depois que o trabalho todo for executado na cera, isto é, traçado e números são marcados na cera, e o instrumento mergulhado no ácido fluorídrico que ataca o vidro, formando um baixo-relevo. A cera é retirada e posteriormente é passada uma camada de tinta, que fica retida nas cavidades, fazendo com que a escala fique estampada nitidamente.

A impressão da escala é feita em pantógrafos e é automatizada. A numeração nos termômetros de escala externa é feita com normógrafos manuais, chamados internamente de numeradoras.

As escalas de vidro são numeradas com a utilização de carimbos. Em termômetros com temperaturas até 150°C, também utilizamos o processo de impressão por meio de serigrafia.

Em termômetros de escala interna é necessário que a escala seja afixada em seu interior de forma que ela não sofra deslocamento. Para isso são utilizados vários métodos, presilhas metálicas, cortiças ou arames.

A etapa fabril é concluída na inspeção final. Então são realizados testes dimensionais, visuais, de resistência e temperatura. Em termômetros regidos por normas específicas, são feitas avaliações e registros individuais. Nos termômetros de incerteza menos acentuada, os testes são realizados por amostragem e o registro feito por lote. Esses registros são mantidos em arquivo por um determinado período.

Os termômetros não regidos por normas específicas são enquadrados dimensionalmente conforme especificações de catálogo do fabricante, com uma margem de tolerância de ±5mm no comprimento e 0,5mm no diâmetro. Quanto ao limite de erro permitido na leitura desses instrumentos, nesse caso, geralmente é utilizada a norma alemã "EICHORDNUNG EO 14-1."

Tabela 3.2 - Limites de erro por divisão segundo norma alemã EICHORDNUNGEO 14-1.

Para termômetros de imersão total com enchimento a tolueno, pentano e petróleo				
Intervalo de temperatura °C/ por °C	**Limite de erro por divisão**			
-	0,5°C	1°C	2°C	5°C
–200/ –110	-	±3°C	±4°C	±5°C
–110/ –10	±1°C	±2°C	±4°C	±5°C
–10/ 110	±1°C	±2°C	±3°C	±5°C
+110/ +210	-	±3°C	±4°C	±5°C

Tabela 3.3 - Limites de erro por divisão segundo norma alemã EICHORDNUNGEO 14-1.

Para termômetros de imersão total com enchimento de mercúrio e possíveis composições							
Intervalo de temperatura °C/ por °C	**Limite de erro por divisão**						
	0,05°C	0,1°C	0,2°C	0,5°C	1°C	2°C	5°C
–58/ –10	-	±0,3°C	±0,4°C	±0,5°C	±1°C	±2°C	±5°C
–10/ +110	±0,1°C	±0,2°C	±0,3°C	±0,5°C	±1°C	±2°C	±5°C
+110/ +210	-	-	±0,4°C	±0,5°C	±1°C	±2°C	±5°C
+210/ +410	-	-	-	±1°C	±2°C	±2°C	±5°C
+410/ +610	-	-	-	-	±3°C	±4°C	±5°C

3.1.2.2. Correção da Coluna Emersa

Os termômetros descritos são projetados para serem utilizados com imersão total ou parcial. É importante que sejam colocados em uso nas mesmas condições em que foram calibrados; caso contrário, os erros podem ultrapassar os limites estabelecidos.

Os termômetros com imersão parcial são identificados por uma marcação no capilar em forma de traço, círculo, anel de vidro ou uma inscrição no verso, ou ainda quando o instrumento for constituído de uma haste mais fina que o corpo.

Esses termômetros devem ser imersos no banho na altura indicada; caso contrário, são calibrados em "imersão total". Isso significa que o menisco da coluna de mercúrio deve estar no mesmo nível que a superfície do líquido a ser medido. Se uma parte da coluna de mercúrio é visível acima da superfície do líquido, uma correção pode ser necessária. A correção pode ser obtida pela seguinte equação de aproximação:

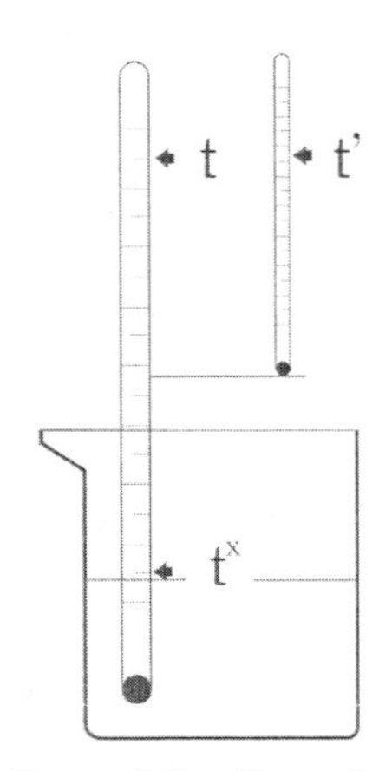

Figura 3.3 - Correção de temperatura.

$$t_k = t + \frac{(t - t')n}{6000} \qquad (3.3)$$

- tk: temperatura corrigida
- tx: temperatura no ponto de imersão
- t': temperatura de referência
- t: temperatura lida
- n: (t – tx)

Exemplo

Um termômetro de imersão total, cujo líquido de enchimento é Hg, com temperatura lida de +160°C, é usado em um banho, em que a temperatura do ponto de imersão atinge o valor de +85°C na escala. A temperatura média (de referência) acima do banho é 32°C. Fazer a correção de temperatura lida:

$$t_k = t + \frac{(t - t')n}{6000}$$

$$t_k = 160 + \frac{(160 - 32)(160 - 85)}{6000}$$

$$t_k = 161{,}6°C$$

O termômetro registrará 1,6°C a mais.

> *A aplicação da fórmula é de fundamental importância principalmente nos termômetros de máxima com trava cuja temperatura só é lida após o esfriamento do termômetro. A temperatura média acima do banho deve ser substituída pela temperatura ambiente. Em temperaturas mais elevadas são encontrados valores bastante expressivos.*

3.1.3. Termômetro à Dilatação de Líquido em Recipiente Metálico

Nesse termômetro, o líquido preenche todo o recipiente e sob o efeito de um aumento de temperatura se dilata, deformando um elemento extensível (sensor volumétrico).

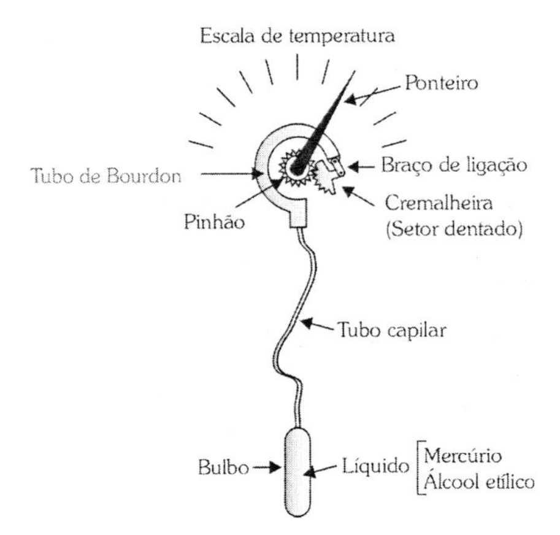

Figura 3.4 - Termômetro de dilatação de líquido em recipiente metálico.

Características dos elementos básicos desse termômetro:

Bulbo

Suas dimensões variam de acordo com o tipo de líquido e principalmente com a sensibilidade desejada.

A tabela seguinte mostra os líquidos mais usados e sua faixa de utilização.

Tabela 3.4 - Líquidos mais usados nos termômetros de recipientes metálicos.

Líquido	Faixa de utilização [ºC]
Mercúrio	–35 a +550
Xileno	–40 a +400
Tolueno	–80 a +100
Álcool	50 a +150

Capilar

Suas dimensões são variáveis. O diâmetro interno deve ser o menor possível, a fim de evitar a influência da temperatura ambiente, todavia não deve oferecer resistência à passagem do líquido em expansão.

Elemento de Medição

O elemento usado é o Tubo de Bourdon que pode ser:

A. Tipo C

B. Tipo Helicoidal

C. Tipo Espiral

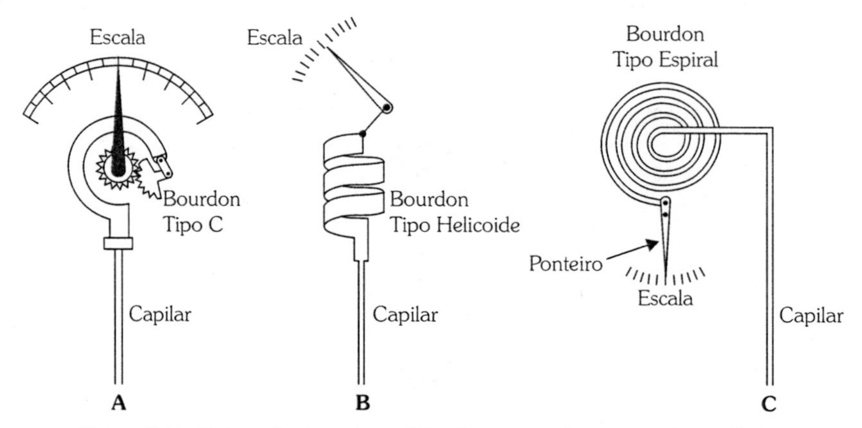

Figura 3.5 - Tubos de Bourdon utilizados como elementos de medição.

Os materiais mais usados na confecção desse tipo de termômetro são:

- Bronze fosforoso;
- Cobre;
- Cobre berílio;
- Alumibras[3];
- Aço inox;
- Liga de aço.

Pelo fato de esse sistema utilizar líquido inserido num recipiente e a distância entre o elemento sensor e o bulbo ser considerável, as variações na temperatura ambiente afetam não somente o líquido no bulbo, mas todo o sistema (bulbo + capilar + sensor), causando erro de indicação na leitura. Esse efeito da temperatura ambiente é compensado de duas maneiras que são denominadas classe 1A e classe 1B.

- **Compensação classe 1B:** nesse sistema a compensação é feita somente no sensor por uma lâmina bimetálica. Esse sistema é normalmente preferido por ser mais simples, porém o comprimento máximo do capilar é de aproximadamente seis metros.
- **Compensação classe 1A:** esse sistema de compensação é usado quando essa distância for maior que seis metros. A compensação é feita no sensor e no capilar, por meio de um segundo capilar ligado a um elemento de compensação idêntico ao de medição, sendo os dois ligados em oposição. O segundo capilar tem comprimento idêntico ao capilar de medição, porém não está ligado a um bulbo.

3.1.3.1. Aplicação

Esse tipo de termômetro é geralmente aplicado na indústria para indicação e registro, pois permite leituras remotas e por ser o mais preciso dos sistemas mecânicos de medição de temperatura, entretanto, por ter um tempo de resposta relativamente grande, não é recomendável para controle (mesmo usando fluido trocador de calor entre bulbo e poço de proteção para diminuir esse atraso). O poço de proteção permite manutenção do termômetro com o processo em operação.

> *Recomenda-se não dobrar o capilar com curvatura acentuada para que não se forme restrição que prejudique o movimento do líquido em seu interior, causando problemas de medição.*

[3] Alumibras é uma liga (Cu 76, Zn 22, Al 12) desenvolvida pela indústria brasileira.

3.2. Termômetros à Pressão de Gás

3.2.1. Princípio de Funcionamento

Fisicamente idêntico ao termômetro de dilatação de líquido, sendo composto de um bulbo, elemento de medição e capilar de ligação entre esses dois elementos, Figura 3.5.

Nesse termômetro o volume do conjunto é constante e preenchido com um gás a alta pressão. Com a variação da temperatura o gás sofre uma expansão ou contração térmica, resultando assim em uma variação da pressão.

O que fora exposto pode ser representado de forma aproximada pela lei dos gases ideais, com o elemento de medição operando como medidor de pressão, porém sendo a escala calibrada para temperaturas.

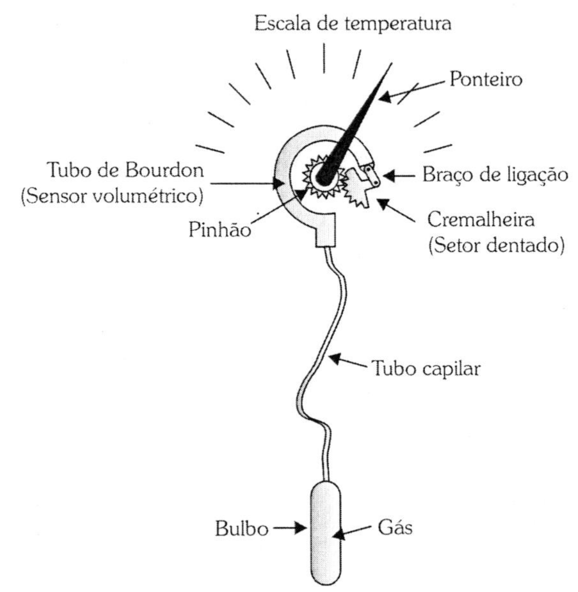

Figura 3.6 - Termômetro de pressão a gás.

A *Lei de Gay-Lussac* expressa matematicamente este conceito.

$$\frac{P_1}{T_1} = \frac{P_2}{T_2} \cdots \frac{P_n}{T_n} = Cte \quad (3.4)$$

Observação

As variações de pressão são linearmente dependentes da temperatura, sendo o volume constante.

3.2.2. Características

O gás mais utilizado é o N_2 e geralmente é confinado no termômetro a uma pressão de 20 a 50 atmosferas. A utilização do nitrogênio permite medir uma faixa de temperatura de –100 a 600°C, sendo o limite inferior devido à própria temperatura crítica do gás e o superior proveniente de o recipiente apresentar maior permeabilidade ao gás nesta temperatura, o que acarretaria sua perda, inutilizando o termômetro.

A tabela seguinte apresenta os gases possíveis de serem utilizados para esse tipo de termômetro, e suas respectivas temperaturas críticas.

Tabela 3.5 - Tipos de gases aplicáveis a termômetros à pressão de gás.

Gás	Temperatura Crítica
Hélio (He)	-267,8°C
Hidrogênio (H_2)	-239,9°C
Nitrogênio (N_2)	-147,1°C
Dióxido de Carbono (CO_2)	-31,1°C

3.3. Termômetro à Pressão de Vapor

3.3.1. Princípio de Funcionamento

Esse termômetro, assim como o anterior, também possui uma construção muito semelhante ao termômetro de dilatação de líquidos, cujo funcionamento é baseado na Lei de Dalton, Figura 3.6:

> *"A pressão de vapor saturado depende somente de sua temperatura e não de seu volume."*

Para qualquer variação de temperatura haverá uma variação na pressão de vapor do gás liquefeito colocado no bulbo do termômetro e, em consequência disso, uma variação na pressão dentro do capilar.

A relação existente entre pressão de vapor de um líquido e sua temperatura é do tipo logarítmica e pode ser simplificada para pequenos intervalos de temperatura em:

$$\frac{P_1}{P_2} = \frac{Ce \cdot \left[\frac{1}{T_1} - \frac{1}{T_2}\right]}{4{,}58} \qquad (3.5)$$

em que:

- **P_1 e P_2:** pressões absolutas referentes às temperaturas
- **T_1 e T_2:** temperaturas absolutas
- **Ce:** calor latente de evaporação do líquido em questão

A tabela seguinte mostra os líquidos mais utilizados e seus pontos de fusão e ebulição.

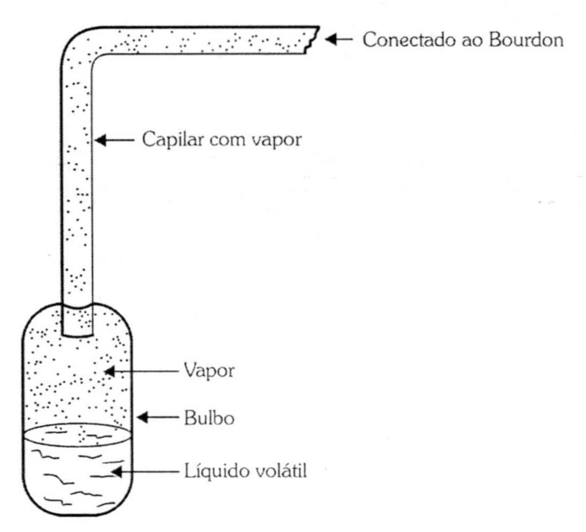

Figura 3.7 - Termômetro de pressão a vapor.

Tabela 3.6 - Líquidos mais utilizados e suas características.

Líquido	Ponto de Fusão (°C)	Ponto de ebulição (°C)
Cloreto de metila	-139	-24
Butano	-135	-0,5
Éter etílico	-119	34
Tolueno	-95	110
Dióxido de enxofre	-73	-10
Propano	-190	-42

3.4. Termômetros à Dilatação de Sólidos (Termômetro Bimetálico)

3.4.1. Princípio de Funcionamento

Esse tipo de termômetro é baseado no efeito da flexão por temperatura. Uma flexão por temperatura ocorre sempre que se justapõem duas lâminas metálicas de materiais diferentes, portanto de coeficientes de dilatação por temperatura diferentes, fixando-as uma a outra, Figura 3.8. A flexão dar-se-á para o lado do metal que tiver o menor coeficiente de dilatação. Chamando a "flexão térmica específica" de $f\varepsilon$ (valores numéricos para α_t, na DIN 1715), teremos seu valor dado por:

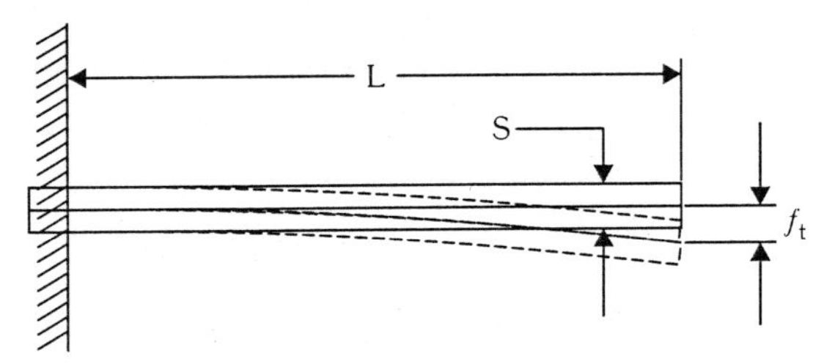

Figura 3.8 - Par bimetálico.

$$f_t = \frac{\alpha_t \cdot L^2 \cdot (\Delta T)}{s} \qquad (3.6)$$

em que:

- F_t: flecha (flexão por temperatura)
- α_t: coeficiente de flexão térmica do par bimetálico (DIN 1715)
- L: comprimento do par bimetálico
- ΔT: diferencial de temperatura
- s: espessura do par bimetálico

3.4.2. Características Construtivas

Na prática o par bimetálico é enrolado em forma de espiral ou hélice, o que aumenta bastante a sensibilidade, Figura 3.9. Sua extremidade superior é fixa a um eixo o qual possui na ponta um ponteiro que gira sobre uma escala de temperatura.

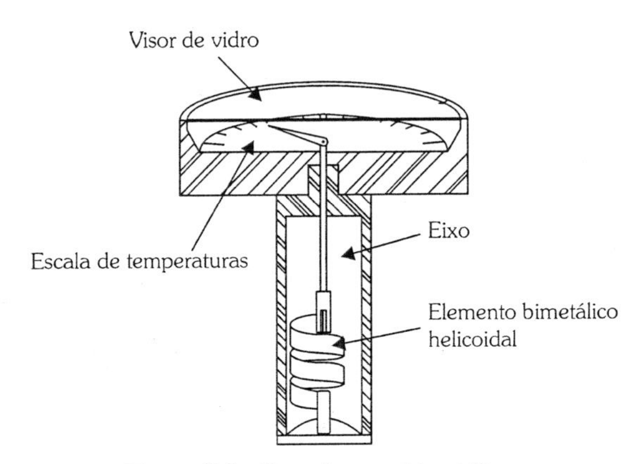

Figura 3.8 - Termômetro bimetálico.

Tabela 3.7 - Lâminas componentes do par bimetálico.

Material do par bimetálico	Faixa de medição [°C]	Coef. dilatação linear α [10^{-6} 1/°C]
Invar (64%Fe + 36%Ni)	0 a +100	1,5
Latão	+100 a +390	18

Observação

Esse termômetro possui escala bastante linear com exatidão na ordem de ±1%.

3.5. Exercícios Propostos

1) Sabendo que o mercúrio tem um coeficiente de expansão volumétrica (β=0,00018 1/K) a uma temperatura T_1= 15°C, e dentro de um termômetro ocupa a essa temperatura um volume de V_0= 193mm^3. Qual será a temperatura acusada pelo termômetro quando a coluna de mercúrio tiver se elevado mais 50mm (considerar o diâmetro do capilar como sendo 1mm)?

2) *Chanframento e sopração* são operações, respectivamente, de:

a) Executar um ângulo na extremidade do tubo do termômetro e em seguida resfriá-lo por sopro.

b) Eliminar a aresta cortante por meio de chama e depois emendar o capilar no bulbo, assim como também alongá-los.

c) Eliminar a aresta cortante por meio de chama e depois resfriá-lo por meio de sopro.

3) Qual é o objetivo da câmara de expansão nos termômetros de vidro?

4) Se um termômetro de imersão total ou parcial for utilizado de maneira adversa da especificada, deve-se adotar como procedimento:

a) Resfriar a extremidade oposta do termômetro.

b) Não fazer a medição.

c) Proceder a uma correção da coluna emersa.

5) Suponha um termômetro de imersão total, cujo líquido de enchimento é tolueno. A leitura indica +110°C. É usado em um banho de pouca profundidade, porém a parte imersa só atinge +30°C e a temperatura média acima do banho é +40°C. Calcule a correção da coluna emersa.

6) Quanto ao sistema de compensação classe 1B, utilizado nos termômetros de líquidos em recipientes metálicos, pode-se afirmar que:

a) É aplicado a termômetros cujo capilar excede os seis metros de comprimento.

b) Deve ser aplicado ao elemento sensor e ao capilar.

c) Trata-se de par bimetálico usado somente no sensor cujo capilar tem menos que seis metros de comprimento.

7) Em termômetros à pressão de gás é correto afirmar que:

a) A variação da temperatura causa uma expansão ou contração do gás, variando assim seu volume.

b) A variação da pressão causa uma variação do volume do gás.

c) A razão entre a pressão e a temperatura não é uma constante.

d) A temperatura e a pressão variam enquanto o volume permanece constante.

8) A lei de Dalton expressa que:

a) A variação da pressão é uma função da temperatura e do volume.

b) A pressão do vapor saturado é uma função da temperatura.

c) A pressão do vapor saturado varia com a variação do volume.

9) Considere o par bimetálico apresentado na Figura 3.8 e suponha que as variáveis da equação 3.6 possuam os seguintes valores: f_t= 3mm, L= 100 mm, s =1mm e $\alpha_t = 1{,}5 \times 10^{-6}$ 1/°C. Calcule o diferencial de temperatura ΔT em °C.

10) Como é possível reduzir o tempo de resposta dos termômetros de líquido em recipientes metálicos?

CAPÍTULO

4

Medição de Temperatura III Termômetros Elétricos de Contato e Pirômetros de Radiação

Os termômetros elétricos de contato classificam-se em dois tipos, a saber:

- Termômetros de resistência ou termorresistências;
- Termoelementos ou termopares.

4.1. Termômetros de Resistência

4.1.1. Princípio de Funcionamento

O princípio de medição de temperatura utilizando termômetros de resistência se baseia na variação do valor da resistência elétrica de um condutor metálico em função da temperatura. A equação 4.1 representa com excelente aproximação a variação da resistência elétrica em função da temperatura:

$$R_{(T)} = R_0(1 + \alpha \cdot T) \qquad (4.1)$$

Sendo:

- $R_{(T)}$: Resistência elétrica a temperatura "T"
- R_0: Resistência elétrica a temperatura de 0°C
- α: Coeficiente de variação da resistência elétrica em função da temperatura medida em °C
- T: Temperatura medida em °C

Um estudo mais detalhado mostra que o coeficiente "α" varia em função da temperatura, e esse fato deve ser considerado nos termômetros de resistência, principalmente quando eles são utilizados para medição em um intervalo de temperatura acima de 100°C.

Dentre os metais, aqueles que se mostraram mais adequados para a utilização na termometria de resistência são:

- **Liga de Rh99,5%xFe0,5%:** utilizado para medição de temperatura na faixa de 0,5K a 25K (–272,65°C a –248,15°C).
- **Cobre:** utilizado para medição de temperatura na faixa de 193,15K a 533,15K (–80°C a 260°C). Possui uma linearidade de 0,1°C em um intervalo de temperatura de 200°C, entretanto sua baixa resistência à oxidação limita a sua faixa de temperatura de utilização.
- **Níquel:** para medição de temperatura na faixa de 213,15K a 453,15K (–60°C a 180°C). Os principais atrativos na sua utilização são baixo custo e alta sensibilidade. Sua principal desvantagem é a baixa linearidade.
- **Platina:** para medição de temperatura na faixa de 25K a 1235K (–248°C a 962°C). É o metal mais utilizado na construção de termômetros de resistência, pela sua ampla faixa de utilização, boa linearidade e melhor resistência à oxidação. Suas características são apresentadas com mais detalhes em seguida.

4.1.2. Termômetro de Resistência de Platina

Além das características da platina mencionadas anteriormente, ela atende também a dois aspectos muito importantes: possui uma grande estabilidade química e é relativamente fácil de obter na forma pura. Os termômetros de resistência de platina apresentam duas configurações básicas, a saber: termômetro de resistência de platina padrão e termômetro de resistência de platina industrial.

4.1.3. Termômetro de Resistência de Platina Padrão (TRPP)

Essa configuração é adotada nos termômetros que são utilizados como padrão de interpolação na Escala Internacional de temperatura de 1990 (ITS-90) na faixa de temperatura de –248°C a 962°C. O comportamento da variação da resistência em função da temperatura é dado pelas seguintes expressões:

- Para faixas de –248 a 0°C

$$R_{(T)} = R_0\left[1 + A \cdot T + B \cdot T^2 + C \cdot (100 - T) \cdot T^3\right] \qquad (4.2)$$

- Para faixas de 0°C a 962°C

$$R_{(T)} = R_0\left[1 + A \cdot T + B \cdot T^2\right] \qquad (4.3)$$

Os valores típicos das constantes do termômetro de platina padrão são:

- **R_0:** 25,5 ohms
- **A:** $3{,}985 \times 10^{-3}$ °C^{-1}
- **B:** $-5{,}85 \times 10^{-7}$ °C^{-2}
- **C:** $4{,}2735 \times 10^{-12}$ °C^{-4} para $t < 0$°C e zero para $t > 0$°C

Suas principais características construtivas são:

a) O elemento sensor é feito de platina com pureza maior que 99,999%;

b) Sua montagem é feita de modo que a platina não fique submetida a tensões mecânicas;

c) São utilizados materiais de alta pureza e inércia química, tais como quartzo na fabricação do tubo e mica na confecção do suporte do sensor de platina.

A justificativa para sua utilização como padrão de interpolação da ITS-90 é a grande estabilidade do termômetro com capacidade de medições, com valores de ±0,0006°C a 0,01°C e ±0,002°C a 420°C.

4.1.4. Termômetro de Resistência de Platina Industrial (TRPI)

As diversas configurações de montagem desse tipo de termômetro visam adequá-lo à grande variedade de possibilidades de utilização em uma planta industrial, na qual inevitavelmente haverá desde condições simples de operação até as mais agressivas. Nesse tipo de termômetro o comportamento da variável resistência - $R_{(T)}$ - em função da temperatura é descrito também pelas expressões (4.1) e (4.2), sendo seus valores típicos de constantes A, B e C os mesmos, excetuando a resistência inicial que será (R_0 = 100 ohms).

A diferença entre o valor da constante (R_0) do TRPI em relação à do TRPP é porque o TRPI utiliza platina com teor de pureza menor, da ordem de 99,99%, devido à contaminação prévia feita com o objetivo de reduzir contaminações posteriores durante sua utilização. Entretanto, sua faixa de utilização é menor que a do TRPP, tendo como limite superior de utilização 850°C, devido à forte contaminação que ele passa a sofrer.

A principal qualidade do TRPI é sua excelente precisão, sendo disponíveis modelos com precisão de 0,1% a 0,5% na sua faixa de utilização. É possível chegar a ± 0,015°C, quando ele é calibrado e utilizado com instrumentos e meios termostáticos adequados, o que lhe confere o "status" de padrão secundário de temperatura.

4.1.5. Resistências e Erro Permitido em TRPI e TRN

A tolerância de um TRPI e de um TRN (termômetro de resistência de níquel) é o desvio máximo permitido expresso em graus Celsius a partir da relação de temperatura e resistência nominal.

Para resistências de medição de Pt e Ni, a relação entre a temperatura e a resistência é fixada por meio da série de valores básicos (DIN 43760), Tabela 4.1. As resistências são ajustadas à temperatura de 0°C ao valor de 100Ω±0,1Ω. Para temperaturas de até 150°C também podem ser usadas resistências de medição de cobre. Usando circuitos especiais, a série de valores básicos de resistência de medição de cobre pode ser ajustada à série de valores básicos de Pt.

Para medições muito exatas, podem ser usadas resistências especialmente selecionadas, com erros menores, ou sensores com certificado de teste da fábrica. Em medições precisas, deve-se dar atenção especial à resistência de isolação do equipamento de medição.

Tabela 4.1 - Valores básicos de resistências de medição para termômetros de resistência conforme DIN 43760. (continua)

Material do resistor	Níquel			Platina		
Valor médio do coeficiente entre 0 e 100°C - Unidade [1/K]	Valor nominal	0,00617		Valor nominal	0,003850	
	Valor mínimo	0,00610		Valor mínimo	0,003838	
	Valor máximo	0,00624		Valor máximo	0,003862	
Campo de aplicação	–60 a +180°C[4]			–220 a +850°C[5]		
Temperatura de medição	Resistência e erro permitido					
	Valor básico	Erro permitido		Valor típico	Erro permitido	
°C	Ω	Ω	K	Ω	Ω	K
–220				10,41	±0,7	±1,8
–200				18,53	±0,5	±1,2

[4] Para medições contínuas, no máximo de 150°C; para temperaturas mais elevadas somente pode ser utilizado durante pouco tempo.

[5] Resistor de medição de platina, cujo enrolamento de medição é fundido em vidro, Figura 4.1; é apropriado para medições contínuas até no máximo 500°C; para temperaturas mais elevadas (máximo 550°C) somente pode ser usado por pouco tempo. Resistores de platina, cuja bobina é recoberta de pó de óxido de alumínio, podem ser usados para temperaturas de até 750°C (850°C).

Material do resistor	Níquel			Platina		
–100				60,20	±0,3	±0,7
–60	69,5	±1,0	±2,1	-	-	-

Tabela 4.1 - Valores básicos de resistências de medição para termômetros de resistência conforme DIN 43760. (continuação)

Material do resistor	Níquel			Platina		
0	100,0	±0,1	±0,2	100,00	±0,1	±0,3
100	161,7	±0,8	±1,1	138,50	±0,25	±0,6
180	223,1	±1,3	±1,5	-	-	-
200				175,84	±0,45	±1,2
300				212,03	±0,65	±1,8
400				247,06	±0,85	±2,4
500				280,93	±1,0	±3,0
600				313,65	±1,2	±3,6
700				345,21	±1,35	±4,2
750				360,55	±1,4	±4,5

4.1.6. Termorresistências Pt-100

As termorresistências Pt-100 são as mais utilizadas industrialmente, devido à sua grande estabilidade, larga faixa de utilização e alta precisão. Devido à alta estabilidade das termorresistências de platina, elas são utilizadas como padrão de temperatura na faixa de –270°C a +660°C.

A estabilidade é um fator de grande importância na indústria, pois é a capacidade de o sensor manter e repetir suas características (resistência x temperatura) dentro da faixa especificada de operação.

Outro fator importante num sensor Pt-100 é sua capacidade de ser repetitivo, que é a característica de confiabilidade das termorresistências. Essa capacidade deve ser medida com leitura de temperaturas consecutivas, verificando-se a variação encontrada quando de medição novamente na mesma temperatura.

O tempo de resposta é importante em aplicações cuja temperatura do meio em que se realiza a medição está sujeita a mudanças bruscas.

Considera-se constante de tempo como tempo necessário para o sensor reagir a uma mudança de temperatura e atingir 63,2% da variação da temperatura.

Para medições industriais, a resistência de medição é instalada em um tubo especial, o qual é montado em um suporte próprio para instalação, Figuras 4.2 e 4.3.

Na montagem do tipo isolação mineral, Figura 4.1, tem-se o sensor montado em um tubo metálico (bainha de aço inox) com uma extremidade fechada, e preenchidos todos os espaços com óxido de magnésio, permitindo uma boa troca térmica e protegendo o sensor de choques mecânicos. A ligação do bulbo é feita com fios de cobre, prata ou níquel isolados entre si, sendo a extremidade aberta, selada com resina epóxi, vedando o sensor do ambiente em que vai atuar.

Esse tipo de montagem permite a redução do diâmetro e apresenta rápida velocidade de resposta.

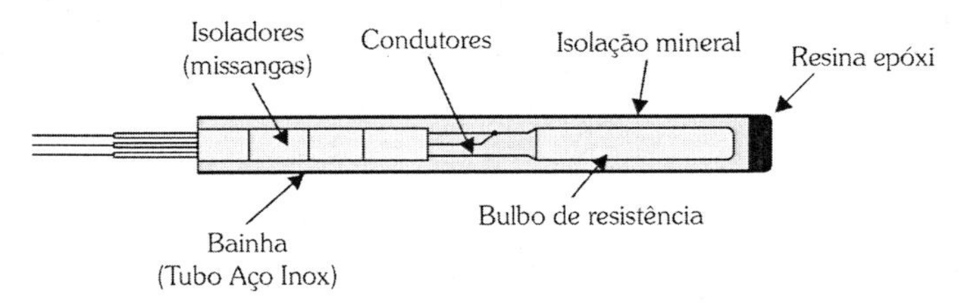

Figura 4.1 - Montagem de isolação mineral.

Vantagens

1) Possui maior precisão dentro da faixa de utilização do que outros tipos de sensor.

2) Com as devidas interligações aos equipamentos, não existe limitação para distância de operação.

3) Dispensa utilização de fiação especial para ligação.

4) Se adequadamente protegido, permite utilização em qualquer ambiente.

5) Tem boa reprodutibilidade.

6) Em alguns casos substitui o termopar com grande vantagem.

Desvantagens

1) É mais caro do que os sensores utilizados nessa mesma faixa de temperatura.

2) Deteriora-se com mais facilidade, caso haja excesso na sua temperatura máxima de utilização.

3) Temperatura máxima de utilização 630°C.

4) É necessário que todo o corpo do bulbo esteja com a temperatura equilibrada para indicar corretamente.

5) Alto tempo de resposta.

Ao final do livro o leitor encontra na seção de anexos uma tabela de resistências em função de temperatura, baseada nas equações 4.2 e 4.3, para utilização com termorresistências PT-100.

4.1.7. Tipos de Bulbo

- **Bulbos cerâmicos:** o fio é bobinado na forma helicoidal e encapsulado em um invólucro cerâmico. Entre todos os tipos de bulbo é o que permite utilização em toda faixa de temperatura, proporcionando maior estabilidade, e tem versões para utilização com aplicações sujeitas a choque mecânico e vibração.
- **Bulbos de vidro:** o fio é bobinado na forma bifilar diretamente sobre uma base de vidro, posteriormente revestido também com vidro. Essa montagem permite a utilização em condições severas de choque mecânico e vibração, e o encapsulamento de vidro permite a utilização direta em soluções ácidas, alcalinas e líquidos orgânicos.

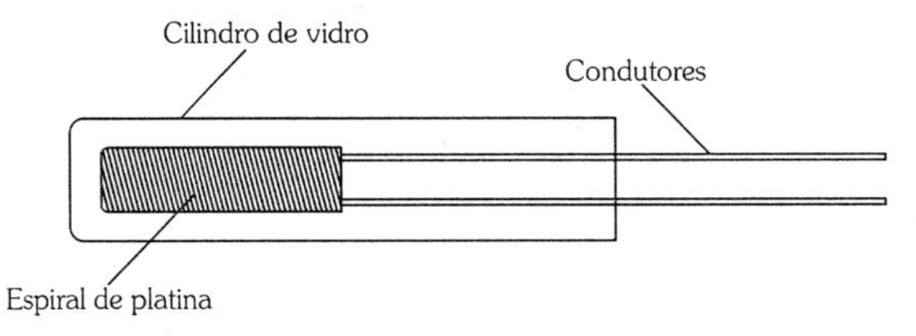

Figura 4.2 - Resistor de medição de platina fundido em vidro.

- **Bulbos de Filme Fino:** nesse tipo de bulbo a platina é depositada em um substrato cerâmico proporcionando a fabricação de bulbos de dimensões reduzidas tanto na versão plana como na cilíndrica.

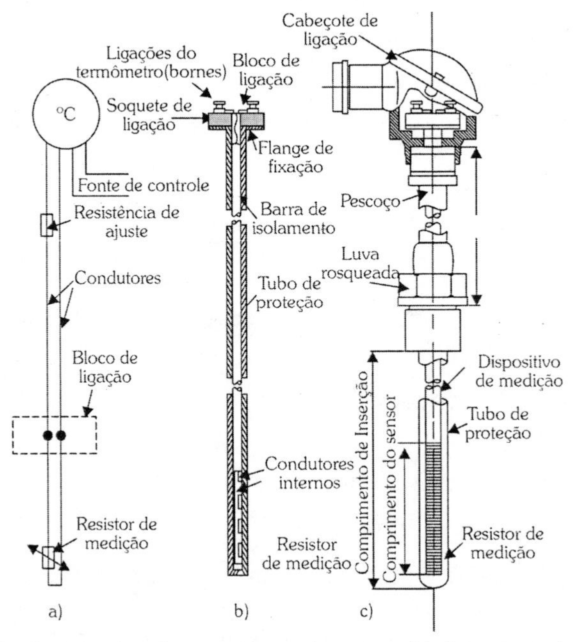

Figura 4.3 - Termômetro de resistência; a) circuito, b) dispositivo de medição, c) corte do termômetro de resistência completo.

4.1.8. Histerese

Histerese é a tendência de um material ou sistema conservar suas propriedades na ausência do estímulo que as gerou. É comum na maioria dos metais e demais substâncias, quando condicionados por alguma energia de ativação, e após o término desta, manterem uma mínima quantidade de energia residual.

Em função das diferentes características construtivas dos bulbos cerâmico, vidro e filme fino, esse efeito apresenta-se conforme a Tabela 4.2.

Tabela 4.2 - Histerese típica em função dos bulbos.

Bulbo	Histerese Típica (% do Span)
Cerâmico	0,004
Filme fino	0.04
Vidro	0,08

4.1.9. Ligação de um Termômetro de Resistência

Para circuitos de medição com termômetros de resistência sempre se faz necessária uma fonte de tensão. A tensão de alimentação normalmente é de 6V. Utilizam-se circuitos de ponte, bem como circuitos de compensação de tensão.

4.1.9.1. Circuitos em Ponte Balanceados e Autobalanceados

Pelo método de pontes balanceadas ou autobalanceadas é possível realizar medições de resistências de forma rigorosa. O circuito em ponte mais conhecido e utilizado industrialmente é a **Ponte de Wheatstone** cuja operação é baseada no método de comparação de resistências, Figura 4.4.

R_x é a resistência a ser medida; R_1, R_2 e R_3 são reostatos calibrados; G é um galvanômetro sensível colocado entre os pontos A e B.

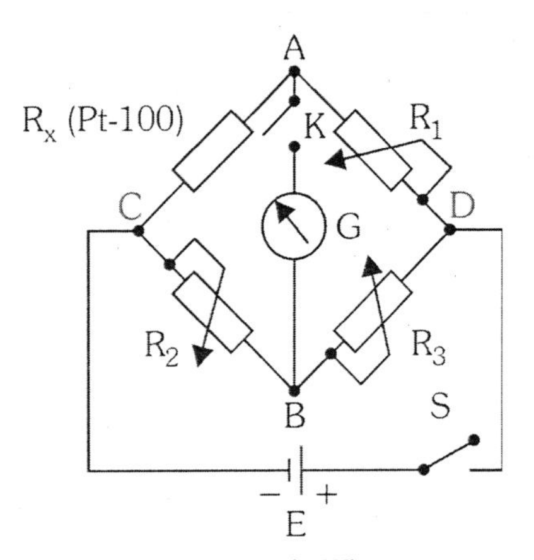

Figura 4.4 - Ponte de Wheatstone.

Estabelecidos S e K (S primeiro que K) os potenciômetros R_1, R_2 e R_3 são regulados de forma que o aparelho de medida marque ZERO. Nestas circunstâncias C e D estão no mesmo potencial, e a ponte diz-se BALANCEADA ou EQUILIBRADA.

Pelo ramo R_x e R_1 passa uma determinada corrente I_1 e pelo ramo inferior R_2 e R_3 passa outra corrente I_2, dependendo dos valores das relações $R_x + R_1$ e $R_2 + R_3$.

Como C e D estão no mesmo potencial, ter-se-á:

$$R_x \cdot I_1 = R_2 \cdot I_2 \tag{4.4}$$

$$R_1 \cdot I_1 = R_3 \cdot I_3 \tag{4.5}$$

que dividindo dá:

$$\frac{R_x}{R_1} = \frac{R_2}{R_3} \tag{4.6}$$

$$\frac{R_x}{R_2} = \frac{R_1}{R_3} \tag{4.7}$$

de onde se tira:

$$R_x = \frac{R_1}{R_3} \cdot R_2 \tag{4.8}$$

E assim é possível saber o valor de qualquer resistência pelo método de comparação direto ou indireto a partir do valor conhecido de três resistências calibradas usando o processo da ponte de Wheatstone.

4.1.9.2. Circuito em Pontes de Dois e Três Fios

De acordo com o comprimento dos condutores entre o sensor e o aparelho indicador, e de acordo com a aplicação desejada, serão usados circuitos de dois, três ou quatro condutores.

- **Circuito ponte a dois fios:** essa configuração é adotada quando não se necessita elevada precisão na medida, pois embora a resistência dos fios condutores não tenha nenhuma alteração significativa em função do comprimento, normalmente alguns metros, as variações de temperatura ambiente sobre os condutores podem introduzir uma fonte de erro. Desse modo é conveniente que essa disposição seja utilizada quando a distância entre os pontos de medição e leitura (comprimento dos condutores de ligação) não supere os três metros.

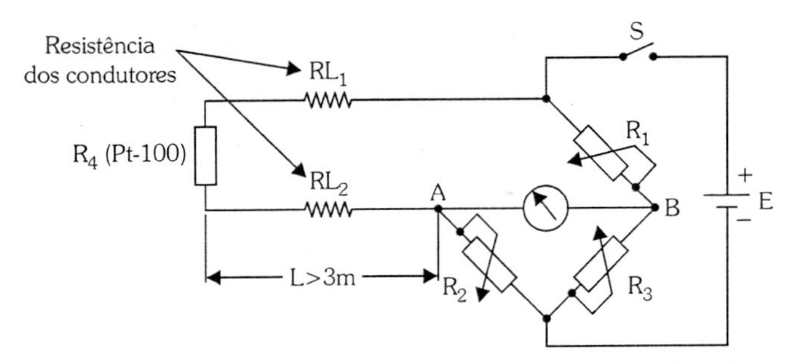

Figura 4.5 - Termômetro de resistência em circuito de dois fios.

- **Circuito ponte a três fios:** é o método mais utilizado dentro da indústria. A configuração elétrica nessa montagem permite que a fonte fique o mais próximo possível do sensor. Desse modo a resistência RL_1 oferecida pelo condutor central irá balancear o circuito, podendo então essa configuração ser utilizada em instalações de comprimentos superiores a três metros.

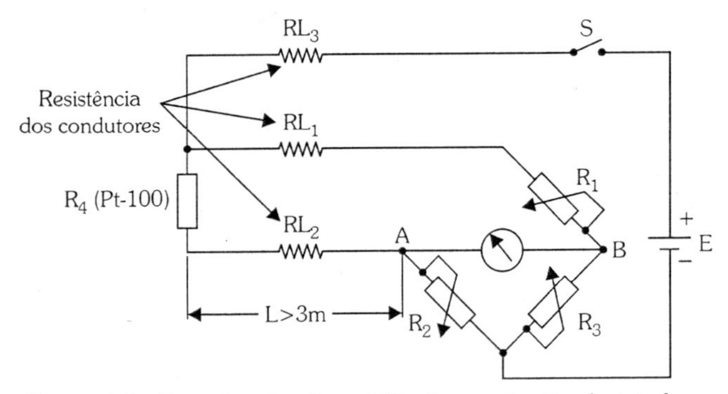

Figura 4.6 - Termômetro de resistência em circuito de três fios.

- **Circuito ponte a quatro fios:** a montagem a quatro fios, entretanto, é a mais precisa para termorresistências; com duas ligações em cada terminal do bulbo, ocorre um balanceamento total das resistências dos fios, de modo que, quando são interligadas adequadamente ao instrumento de indicação, essas resistências adicionais praticamente tornam-se desprezíveis. Esse tipo de ligação é mais usado em laboratórios de calibração; é pouco usada industrialmente porque sua montagem é mais trabalhosa e complexa.

Para medição rigorosa de resistências e ampliação das possibilidades de medida, a ponte de Wheatstone aparece habitualmente na forma apresentada na Figura 4.7.

O galvanômetro é usado com um shunt de proteção utilizado quando a ponte está consideravelmente desequilibrada ou quando se usam altas voltagens.

O shunt torna o galvanômetro menos sensível, portanto para máximo rigor ele deve ser desligado na fase final do balanceamento (equilíbrio da ponte).

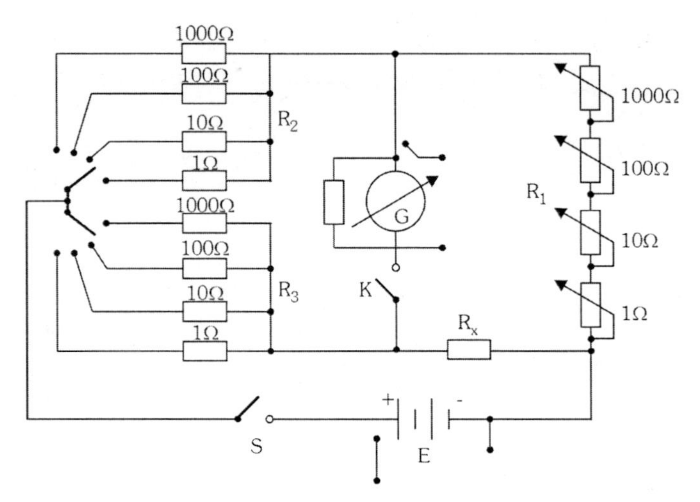

Figura 4.7 - Aspecto prático da ponte de Wheatstone.

Coloca-se a seguir uma relação R_2/R_3 e faz-se variar R_1 de forma que o galvanômetro agora já sem o shunt marque zero. Se não for possível conseguir tal, deve-se mudar aquela razão R_2/R_3 e tentar de novo o equilíbrio com R_1.

A bateria deve ser utilizada por períodos curtos de forma a evitar erros devido ao calor nas resistências calibradas e na resistência R_x.

Nas Figuras 4.8, 4.9 e 4.10 é apresentado um projeto completo de uma ponte de Whatstone de fácil fabricação e custo relativamente baixo, incluindo sua lista de material e desenho de placa, sendo seu componente mais caro o microamperímetro M_1, que não deve ultrapassar R$ 70,00. Os demais componentes custam centavos.

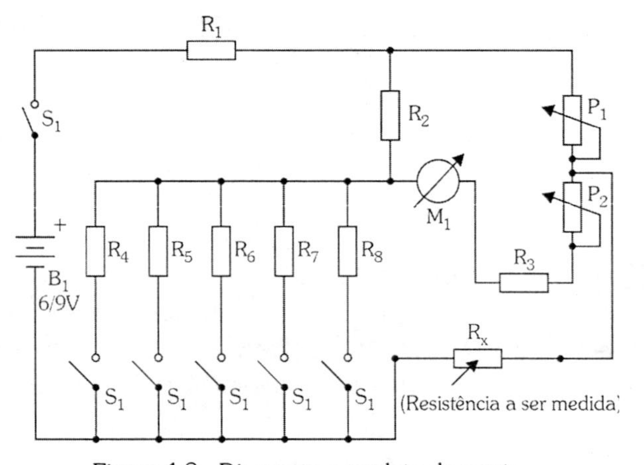

Figura 4.8 - Diagrama completo da ponte.

Tabela 4.3 - Lista de material para confecção da ponte.

Lista de Material	
Resistores 1/8W, 5%	S_1 - interruptor simples
R_1, R_6 - 1 KΩ	
R_2, R_6 - 10 KΩ	M_1 - microamperímetro
R_3, R_4 - 100 Ω	
R_7 - 100 KΩ	B_1 - 6 ou 9 V - pilhas ou bateria
R_8 - 1 MΩ	
P_1 - 10 KΩ - potenciômetro linear	Placa de circuito impresso
P_2 - 1 KΩ a 10 KΩ - potenciômetro ou trimpot	Borne, botão com escala para potenciômetro e caixa.

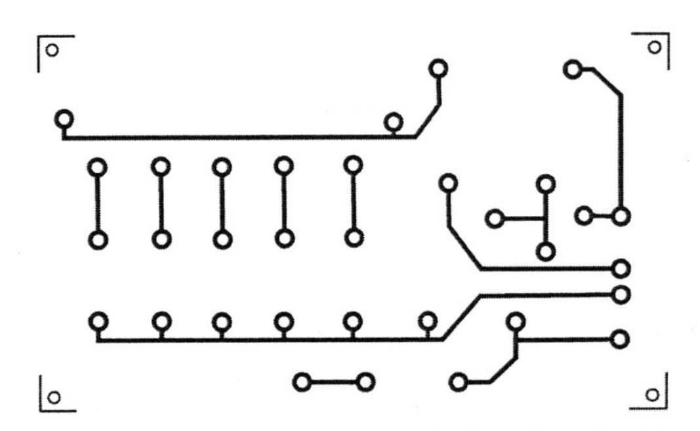

Figura 4.9 - Placa de circuito da ponte - lado cobreado (Escala 1:1).

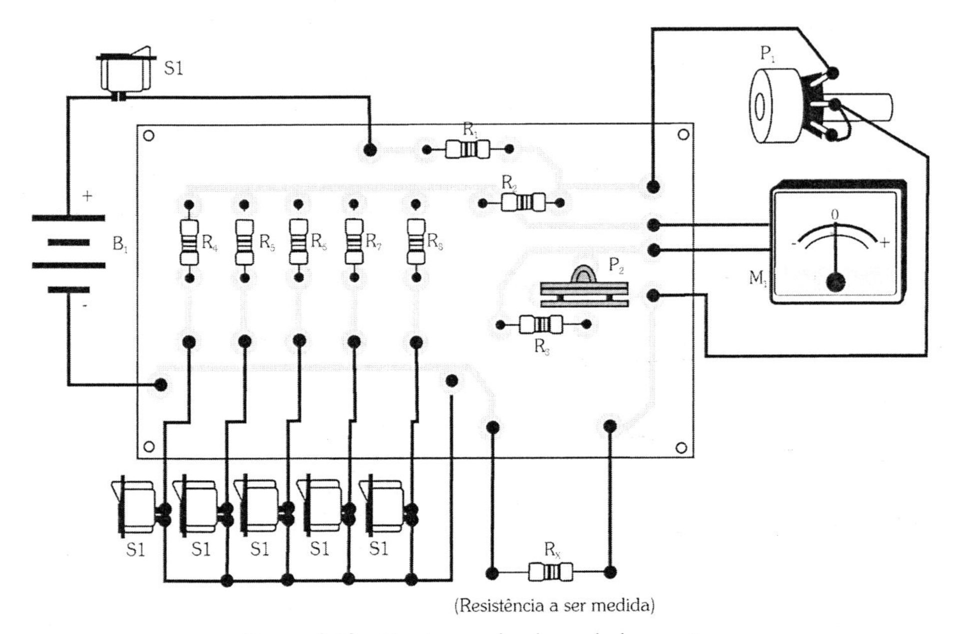

Figura 4.10 - Montagem da placa - lado oposto.

Pontes ***autobalanceadas***, pelo método do balanceamento automático com registrador Kompensograph, são montadas com circuitos de quatro condutores, Figura 4.11. Para medições muito precisas (por exemplo, testes de recepção) usa-se o método da compensação de tensão, em circuitos de quatro condutores. Nesse circuito, não existe a influência das resistências dos condutores de entrada na medição.

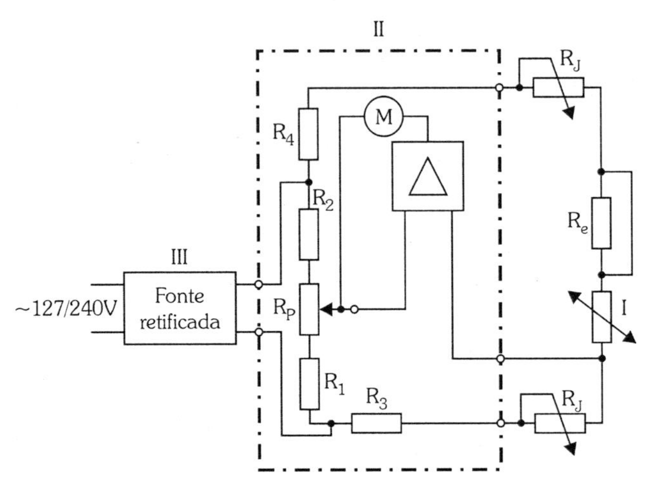

Figura 4.11 - Termômetro de resistência em circuito de três condutores com Kompensograph.

Sendo:

I - Termômetro de resistência	R_P - Potenciômetro de medição
II - Kompensograph	
III - Fonte de alimentação (retificador)	R_J - Resistência de ajuste
	R_e - Resistência sobressalente
M - Motor de medição	R_1 a R_4 - Resistências da ponte

4.1.10. Limites de Erros e Grandezas de Influência

Os erros, originados em medições com termorresistências, têm basicamente as seguintes origens:

- **Erro de aquecimento:** é proporcional ao quadrado da corrente do termômetro e proporcional ao valor da resistência do termômetro, a qual também é dependente da temperatura. Além disso, ele é dependente da construção do termômetro de resistência e da transmissão de calor entre o termômetro e o meio. Em circuitos de deflexão, com resistência de 100Ω, essa corrente não deve ultrapassar os 10mA.

O erro de aquecimento para um termômetro de resistência com tubo de proteção pode atingir valores de 0,02°C a 1,5°C, de acordo com o tipo de construção e as condições de medição. Se a resistência de medição, no entanto, for medida pelo método de ponte, ou da compensação de tensão, o erro de aquecimento pode ser desprezado, pois nesse caso só existem correntes de 1 a 2mA.

- **Erro devido à resistência do condutor de entrada:** em circuitos de dois condutores a resistência máxima permitida do condutor (para dois condutores) é de 10Ω. Em caso de alteração da temperatura dos condutores, o erro f, em termômetros de resistência de platina, é dado pela equação:

$$f \approx \Delta T \cdot \frac{R_{Cu}}{R_0} \tag{4.9}$$

em que:

- ΔT é a diferença entre a temperatura média dos condutores em funcionamento por ocasião do ajuste.
- R_{Cu} é a resistência dos condutores de cobre.
- R_0 é a resistência nominal do termômetro de resistência.

- **Erro devido à resistência interna do condutor:** em termômetros que podem ser usados para temperaturas de até 300°C, o condutor interno é feito de um fio de cobre-prata e, para temperaturas de 550°C, de um fio de cobre-níquel. Para temperaturas acima de 550°C, o condutor é feito de cromo-níquel. Resistências internas de condutores maiores que 0,2Ω são marcadas no canto inferior do bloco de ligação. Para medições de precisão, também se deve levar em consideração a resistência interna do condutor abaixo de 0,2Ω, no ajuste dos condutores de entrada.

4.2. Termoelementos ou Termopares

4.2.1. Princípio de Funcionamento

Quando dois metais diferentes são unidos de modo a formar uma junção, algumas propriedades elétricas se manifestam em função da temperatura.

Ligando o dispositivo formado por dois metais unidos da forma indicada na Figura 4.12, observamos por meio de um milivoltímetro o aparecimento de uma tensão (FEM), que é explicada pelo efeito Seebeck, conforme será estudado em maiores detalhes no item 4.2.3.1 em seguida.

Na prática, para medição de temperaturas o efeito termoelétrico é utilizado como segue:

Interligam-se os fios em um dos extremos (ponto de medição), levam-se os outros dois extremos a uma temperatura constante (ponto de referência) e fecha-se o circuito por meio de um aparelho indicador. A tensão medida é relacionada com a diferença de temperatura entre o ponto de medição e o de referência.

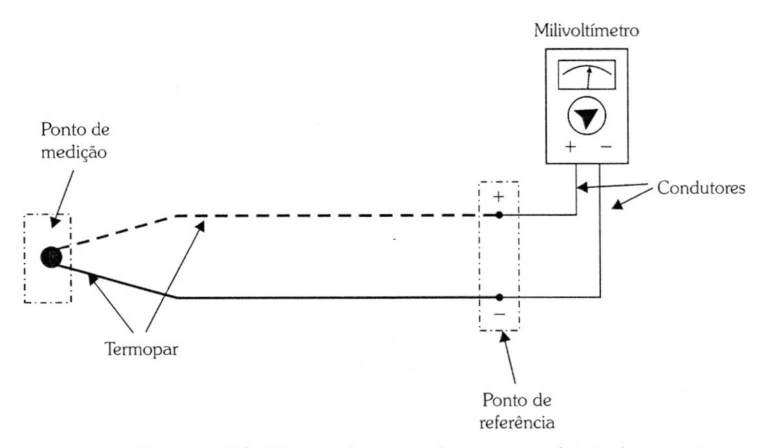

Figura 4.12 - Termoelemento (montagem básica).

O ponto de referência situa-se geralmente em um local com temperatura constante conhecida, e ligado no ponto de medição por meio de um fio de compensação.

4.2.2. Fios de Compensação e de Extensão

Na maioria das aplicações industriais de medição de temperatura, por meio de termopares, o elemento sensor não se encontra junto com o instrumento receptor.

Nesses casos é necessário que o instrumento seja ligado ao termopar por meio de fios que sejam capazes de compensar as possíveis perdas em função da distância do ponto de leitura até o ponto de medição, bem como a ação da temperatura e interferências eletromagnéticas existentes no meio. Sua mais importante característica necessária é que possuam uma curva de força eletromotriz em função da temperatura similar àquela do termopar, a fim de que no instrumento possa ser efetuada a correção na junta de referência, Figura 4.13.

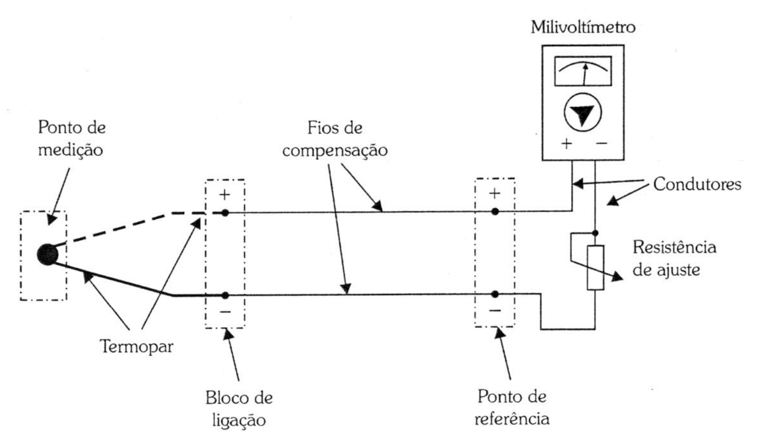

Figura 4.13 - Termoelemento com fios de compensação.

Definições

- Convenciona-se chamar de fios aqueles condutores constituídos de um núcleo sólido e de cabos aqueles formados por um feixe de condutores de bitola menor, formando um condutor flexível.
- Chamam-se fios ou cabos de extensão aqueles fabricados com as mesmas ligas dos termopares a que se destinam. Exemplo: tipo TX, JX, EX e KX.
- Chamam-se fios ou cabos de compensação aqueles fabricados com ligas diferentes das dos termopares a que se destinam, porém que forneçam, na faixa de utilização recomendada, uma curva da força eletromotriz em função da temperatura idêntica a desses termopares. Exemplo: tipo SX e BX.

Os fios e cabos de extensão e de compensação fabricados em ligas diferentes das dos termopares são recomendados na maioria dos casos para utilização desde a temperatura ambiente até um limite máximo de 200°C.

A influência de alterações de temperatura no ponto de referência pode ser praticamente eliminada por meio de um circuito de compensação, com uma resistência dependente de temperatura (caixa de compensação), Figura 4.14. A temperatura do ponto de referência também pode ser mantida constante com um termostato, até, por exemplo, 50°C, ou - para medições de laboratório - com uma mistura de água e gelo, a 0°C, com uma margem de erro < 0,1°C. Para medir temperaturas mais elevadas, ou quando se necessita pouca precisão, é suficiente expor o ponto de referência ao ambiente.

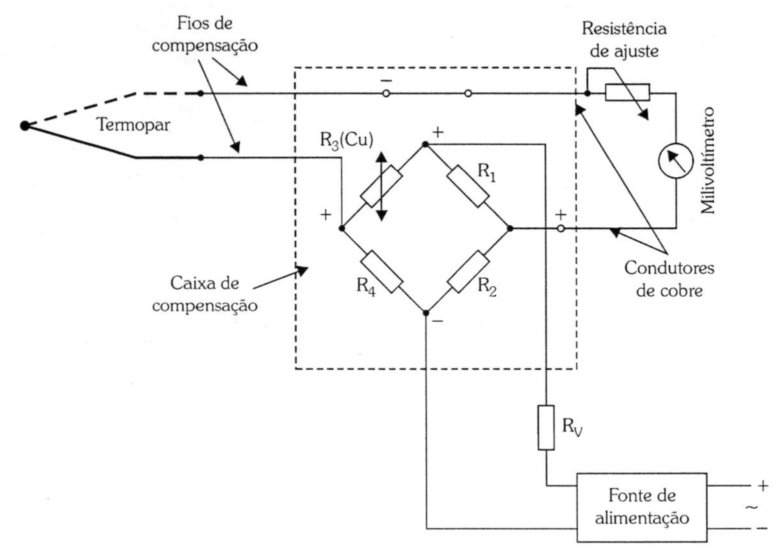

Figura 4.14 - Interligação de termoelemento, caixa de compensação e fonte de alimentação.

sendo:

- R_1, R_2 e R_4: resistências em ponte
- R_3: resistência em ponte, dependente da temperatura
- R_V: resistência série, de acordo com o tipo de termopar

4.2.3. Efeitos Termoelétricos

Quando dois metais ou semicondutores dissimilares são conectados e as junções mantidas a diferentes temperaturas, quatro fenômenos ocorrem simultaneamente: o efeito Seebeck, o efeito Peltier, o efeito Thomson e o efeito Volta.

A aplicação científica e tecnológica dos efeitos termoelétricos é muito importante e sua utilização no futuro é cada vez mais promissora. Os estudos das propriedades termoelétricas dos semicondutores e dos metais levam, na prática, à aplicação dos processos de medições na geração de energia elétrica (bateria solar) e na produção de calor e frio. O controle de temperatura feito por pares termoelétricos é uma das importantes aplicações do efeito Seebeck.

4.2.3.1. Efeito Termoelétrico de Seebeck

O efeito Seebeck é a produção de uma diferença de potencial (tensão elétrica) entre duas junções de condutores (ou semicondutores) de materiais diferentes quando elas estão a diferentes temperaturas (força eletromotriz térmica).

Em termos microscópicos, o efeito Seebeck tem origem em dois fenômenos: a difusão de portadores de carga e o arrastamento fônon[6].

O efeito Seebeck foi observado pela primeira vez em 1821, quando o físico Thomas Johann Seebeck estudava fenômenos termoelétricos.

Para melhor entendimento, observemos a Figura 4.15a. Sabemos que o princípio termoelétrico dos termopares deriva de uma propriedade física dos condutores metálicos submetidos a um gradiente térmico em suas extremidades: a extremidade mais quente faz com que os elétrons dessa região tenham maior energia cinética e se acumulem no lado mais frio, gerando uma diferença de potencial elétrico entre as extremidades do condutor na ordem de alguns milivolts (mV).

Na figura referida, o valor da força eletromotriz ΔE depende da natureza dos materiais e do gradiente de temperatura neles. Quando o gradiente de temperatura é linear, a diferença de potencial elétrico $\Delta E = E_2 - E_1 > 0$ depende apenas do material e das temperaturas T_1 e T_2, $(T_2 > T_1)$, formalmente representados pela equação $S = \Delta E / \Delta T$, sendo S o coeficiente termodinâmico de Seebeck, ΔT a diferença de temperatura $\Delta T = T_2 - T_1$ e ΔE a diferença de potencial elétrico usualmente medido em milivolts em função da diferença de temperatura (mV/°C).

Quando dois condutores metálicos A e B de diferentes naturezas são acoplados e submetidos em sua junta de medição a um gradiente de temperatura T_2, os elétrons de um metal tendem a migrar de um condutor para o outro, gerando uma diferença de potencial elétrico num efeito semelhante a uma pilha eletroquímica, o *Efeito Seebeck*, sendo capaz de gerar energia elétrica com base numa fonte de calor mediante propriedades físicas dos metais.

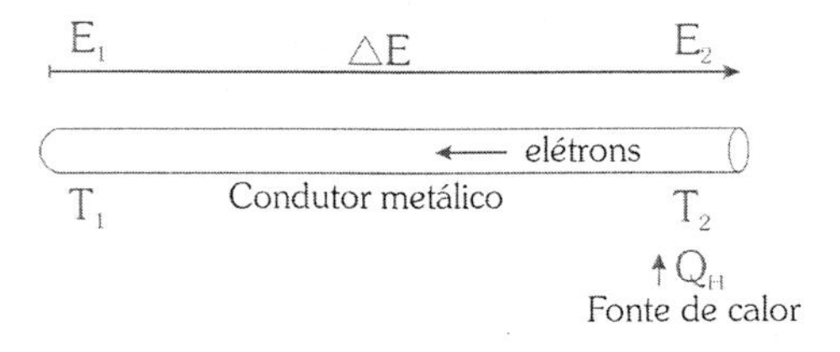

Figura 4.15a - Força eletromotriz em um condutor gerada a partir da diferença T2-T1.

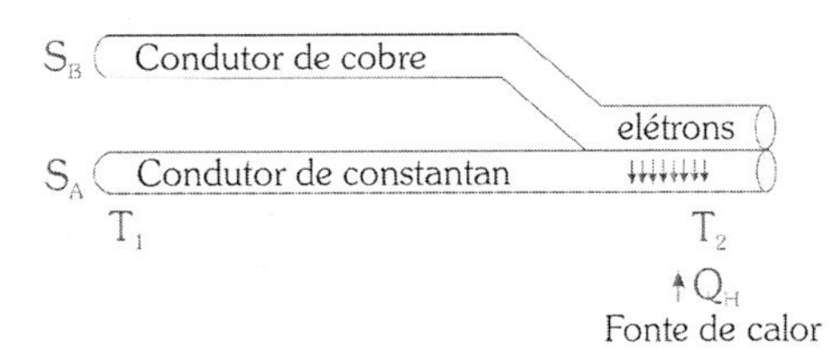

Figura 4.15b - Termopar do tipo T (Cobre - Contantan).

A força eletromotriz E ocorrerá no circuito enquanto existir uma diferença de temperatura $(T_2 - T_1)$ entre as suas junções. Denominamos a junta de medição de T_2; a outra, junta de referência, de T_1.

---

6 Um **fônon** ou **fonão**, na física da matéria condensada, é uma quase partícula que designa um quantum de vibração em um retículo cristalino rígido.

Assim, a força eletromotriz gerada em um termopar pode ser equacionada por:

$$E = \int_{T_1}^{T_2} [S_B(T) - S_A(T)] dT \qquad (4.10)$$

Sendo S_A e S_B os coeficientes de Seebeck dos metais A e B, T_1 e T_2 a diferença de temperatura na junção dos materiais. Os coeficientes de Seebeck são não lineares e dependem da temperatura absoluta, material, e de seu retículo cristalino.

A unidade do coeficiente de Seebeck é mV/°C, e a informação que ele fornece se refere à sensibilidade do termopar, isto é, qual o valor da variação da força eletromotriz de um termopar quando o gradiente de temperatura ao qual ele está submetido varia.

Posteriormente, foi descoberto que essa FEM tinha origem em dois fenômenos separados (efeito Peltier e efeito Thomson), que também receberam o nome de seus descobridores.

4.2.3.2. Efeito Termoelétrico de Peltier

O *efeito Peltier* foi observado em 1834 por Jean Charles Athanase Peltier, 13 anos após o físico Thomas Johann Seebeck ter descoberto o efeito Seebeck em 1821.

Peltier verificou que se uma corrente elétrica I flui na junção entre dois metais diferentes, o calor é gerado ou absorvido nesse local numa quantidade proporcional à intensidade da corrente. Se o calor vai ser gerado ou absorvido, depende do sentido da corrente, o que quer dizer que podemos fazer com que a junção gere ou absorva calor simplesmente invertendo o sentido da corrente, conforme ilustra a Figura 4.16.

Na prática, os dispositivos de efeito Peltier podem ser usados justamente para resfriar um local, pela circulação de uma corrente em sentido apropriado na junção, embora esse procedimento não seja muito viável tecnicamente dado o baixo rendimento que apresenta.

Por outro lado, observa-se também que o efeito inverso ocorre quando esfriamos ou aquecemos a junção. Uma corrente cujo sentido depende justamente do fato de esfriarmos ou aquecermos é gerada pelo mesmo efeito, Figura 4.17.

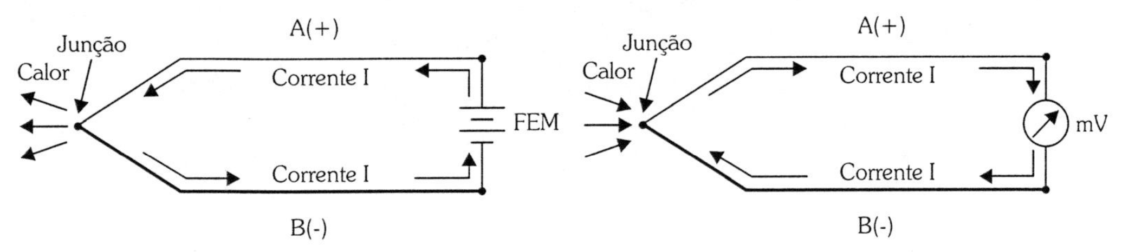

Figura 4.16 - Efeito Peltier - calor gerado devido à aplicação de uma FEM.

Figura 4.17 - Efeito Peltier - tensão gerada devido ao aquecimento da junção.

O principal dado na interpretação do efeito Peltier é a diferença entre o número de elétrons livres por unidade de volume nos vários metais. Quando se introduz um gerador num circuito formado por um par termoelétrico, circula uma corrente elétrica por ele, que pela lei de Ohm será dada por:

$$I = \frac{U}{R} \qquad (4.11)$$

em que:

- I: intensidade da corrente elétrica
- U: diferença de tensão nos terminais do gerador
- R: resistência elétrica do par termoelétrico

A intensidade de corrente elétrica é definida como a quantidade de carga elétrica que passa por uma seção do condutor por unidade de tempo, ou seja:

$$I = \frac{\Delta Q}{\Delta t} \equiv \frac{N \cdot e}{\Delta t} \qquad (4.12)$$

em que:

- N: número de elétrons que atravessa uma seção do condutor
- e: carga elétrica do elétron ($1{,}6 \times 10^{-19}$ coulomb)
- Δt: intervalo de tempo

Considere agora a Figura 4.18 e observe que mostra uma pequena parte de dois condutores aqui referenciados pelas letras A e B, de materiais diferentes, e sua junção. Note que os condutores A e B são de mesma seção transversal S (mesmo diâmetro) e que quando percorridos por uma corrente elétrica I, registrarão, cada um deles, velocidades de deslocamento dos elétrons diferentes.

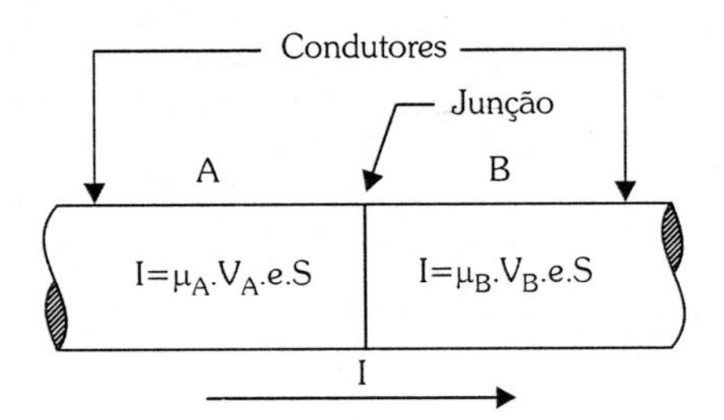

Figura 4.18 - Fluxo de corrente I por meio de um par bimetálico.

em que:

- μ_A: nº de elétrons livres por unidade de volume no condutor A;
- μ_B: nº de elétrons livres por unidade de volume no condutor B;
- V_A: velocidade de deslocamento dos elétrons livres no condutor A;
- V_B: velocidade de deslocamento dos elétrons livres no condutor B;
- e: carga elétrica do elétron ($1{,}6 \times 10^{-19}$ coulomb);
- S: seção transversal dos condutores A e B.

Sabendo-se que a energia cinética para cada condutor é dada por:

$$EC_A = \frac{1}{2}\mu_A \cdot V_A^2 + EP_A \tag{4.13}$$

$$EC_A = \frac{1}{2}\mu_B \cdot V_B^2 + EP_B \tag{4.14}$$

em que:

- EC_A: energia cinética do elétron no condutor A
- EC_B: energia cinética do elétron no condutor B
- EP_A: energia potencial adquirida pelo elétron ao se desligar da estrutura cristalina no condutor A
- EP_B: energia potencial adquirida pelo elétron ao se desligar da estrutura cristalina no condutor B

Como EC_A é diferente de EC_B, isso acarreta fluxos de energia diferentes nos metais A e B. Se EC_A é maior que EC_B, ocorre uma liberação de energia na forma de calor, aquecendo a união entre os metais. Se EC_A é menor que EC_B, ocorre uma absorção de energia na forma de calor, resfriando a união.

Uma aplicação recente do efeito Peltier é a refrigeração termoelétrica que produz redução de temperatura e em algumas situações é mais conveniente do que os processos convencionais.

4.2.3.3. Efeito Termoelétrico de Thomson

O efeito Thomson se inspirou numa abordagem teórica de unificação dos efeitos Seebeck (1821) e Peltier (1834). O efeito Thomson foi previsto teoricamente e subsequentemente observado experimentalmente em 1851. Ele descreve a capacidade generalizada de um metal submetido a uma corrente elétrica e um gradiente de temperatura em produzir frio ou calor.

Qualquer condutor submetido a uma corrente elétrica (com exceção de supercondutores), com uma diferença de temperatura em suas extremidades, pode emitir ou absorver calor, dependendo da diferença de temperatura e da intensidade da corrente elétrica.

Se uma corrente elétrica de densidade J flui por um condutor homogêneo, o calor produzido por unidade de volume é:

$$q = \rho J^2 - kJ\frac{dt}{dx} \qquad (4.15)$$

em que:

- ρ: resistividade do condutor
- EC_B: energia cinética do elétron no condutor B
- dt/dx: gradiente de temperatura ao longo do condutor
- k: coeficiente de Thomson

O primeiro termo ρJ^2 é simplesmente o aquecimento da Lei de Joule, que não é reversível.

O segundo termo é o calor de Thomson que muda de sinal quando J muda de direção.

Em metais como zinco e cobre com terminal "quente" conectado a um potencial elétrico maior e o terminal "fio" conectado a um potencial elétrico menor, onde a corrente elétrica flui do terminal quente para o frio, a corrente elétrica está fluindo de um ponto de alto potencial térmico para outro de menor potencial. Nessa condição há evolução no calor. É chamado de efeito positivo de Thomson.

Em metais como o cobalto, níquel e ferro, com o terminal "frio" conectado a um potencial elétrico menor, onde a corrente elétrica flui do terminal frio para o quente, a corrente elétrica está fluindo de um ponto de baixo potencial térmico para um ponto de potencial térmico maior. Nessa condição há absorção do calor. É chamado de efeito negativo de Thomson.

4.2.3.4. Efeito Termoelétrico de Volta

A experiência de Peltier pode ser explicada pelo efeito Volta enunciado em seguida:

> *"Quando dois metais estão em contato com um equilíbrio térmico e elétrico, existe entre eles uma diferença de potencial que pode ser da ordem de volts."*

Essa diferença de potencial depende da temperatura e não pode ser medida diretamente.

4.2.4. Leis Termoelétricas

Da descoberta dos efeitos termoelétricos, por meio da aplicação dos princípios da termodinâmica, partiu-se para a enunciação das três leis que constituem a base da teoria termoelétrica nas medições de temperatura com termopares. Fundamentados nesses efeitos e nessas leis, podemos compreender todos os fenômenos que ocorrem na medida de temperatura com esses sensores.

4.2.4.1. Lei do Circuito Homogêneo

Essa lei ressalta o fato de que, se o termopar é formado por termoelementos homogêneos, o valor da força eletromotriz gerada depende somente da diferença de temperatura entre a junção de medição e a junção de referência. Esta informação já foi citada anteriormente, no entanto ela é novamente apresentada para ressaltar que:

- O valor da força eletromotriz não depende do comprimento do termopar;
- O valor da força eletromotriz não depende do diâmetro dos termoelementos que compõem o termopar;
- O valor da força eletromotriz não depende da distribuição de temperatura ao longo do termopar.

No entanto, como decorrência da utilização do termopar na medição da temperatura de um processo, é muito frequente que, com o tempo, o termopar passe a apresentar uma perda de homogeneidade, tendo como consequência:

- O valor da força eletromotriz se altera (supondo que a temperatura do processo se mantenha constante), passando a depender, inclusive, do perfil da temperatura ao longo do termopar.
- Um termopar com termoelementos de diâmetros menores tem perda da homogeneidade mais rapidamente e de forma bem intensa em altas temperaturas.

4.2.4.2. Lei dos Metais Intermediários

> *"A soma algébrica das FEMs termais em um circuito composto de um número qualquer de metais diferentes é zero, se todo o circuito estiver à mesma temperatura."*

Deduz-se então que em um circuito termoelétrico, composto de dois metais diferentes, a FEM produzida não será alterada ao inserirmos, em qualquer ponto do circuito, um metal genérico C, desde que as novas junções T_3 ou T_2 sejam mantidas a temperaturas iguais.

Portanto se conclui que:

$$E_{AB} = E_{AB} = E_{AB}$$

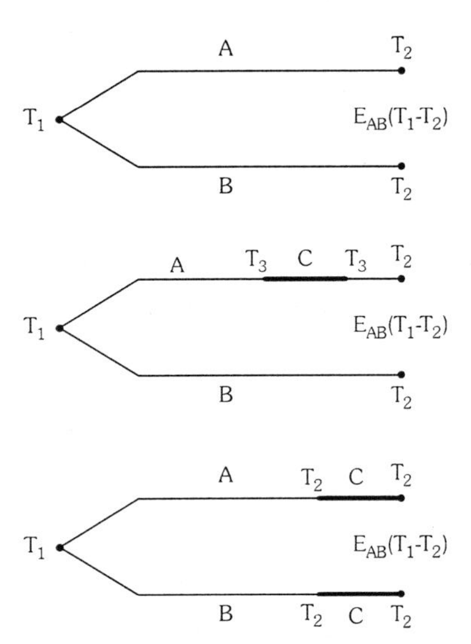

Figura 4.19 - Lei dos metais intermediários.

> *Um exemplo de aplicação prática desta lei é a utilização de contatos de latão ou cobre para interligação do termopar ao cabo de extensão no cabeçote.*

4.2.4.3. Lei das Temperaturas Intermediárias

Um exemplo prático da aplicação desta lei é a compensação ou correção da temperatura ambiente pelo instrumento receptor de tensão.

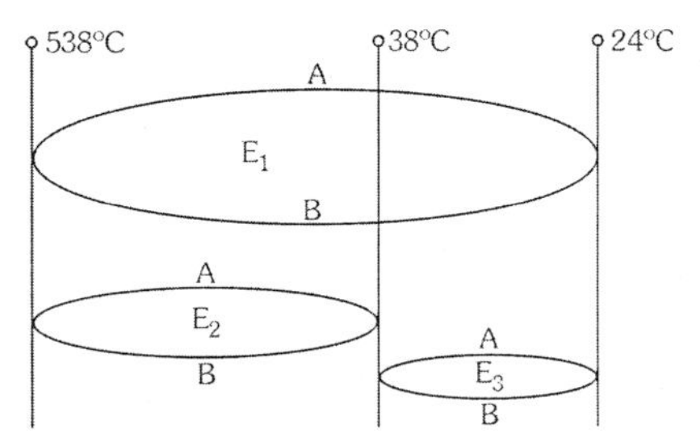

Figura 4.20 - Lei das temperaturas intermediárias.

> *"A FEM produzida em um circuito termoelétrico de dois metais homogêneos e diferentes entre si, com as suas junções às temperaturas T_1 e T_3 respectivamente, é a soma algébrica da FEM desse circuito com as junções às temperaturas T_1 e T_2 e a FEM desse mesmo circuito com as junções às temperaturas T_2 e T_3."*

4.2.5. Tipos e Características dos Termopares

Existem várias combinações de dois metais condutores operando como termopares. As combinações de fios devem possuir uma relação razoavelmente linear entre a temperatura e a FEM; devem desenvolver uma FEM por grau de mudança de temperatura, que seja detectável pelos equipamentos normais de medição.

Foram desenvolvidas diversas combinações de pares de ligas metálicas, desde os mais corriqueiros de uso industrial até os mais sofisticados para uso especial ou restrito a laboratório.

Essas combinações foram feitas de modo a se obter uma alta potência termoelétrica, aliando-se ainda as melhores características como homogeneidade dos fios e resistência à corrosão, na faixa de utilização, assim cada tipo de termopar tem uma faixa de temperatura ideal de trabalho, que deve ser respeitada, para que ele tenha a maior vida útil. Podemos dividir os termopares em três grupos, a saber:

- Tipos básicos
- Tipos nobres
- Tipos especiais

São apresentados em seguida os tipos de termopares mais comumente utilizados na medição de temperatura em processos, com suas principais características.

4.2.5.1. Tipos Básicos

Termopar T (Cobre - Constantan)

- **Termoelemento positivo (TP):** Cu100%
- **Termoelemento negativo (TN):** Cu55%Ni45% Constantan
- **Faixa de utilização:** –270°C a +400°C
- **FEM produzida:** –6,258 mV a +20,872 mV
- **Características:** pode ser utilizado em atmosferas inertes, oxidantes ou redutoras. Devido à grande homogeneidade com que o cobre pode ser processado, possui uma boa precisão. Em temperaturas acima de 300°C, a oxidação do cobre torna-se muito intensa, reduzindo sua vida útil e provocando desvios em sua curva de resposta original.

Termopar J (Ferro - Constantan)

- **Termoelemento positivo (JP):** Fe99,5%
- **Termoelemento negativo (JN):** Cu55%Ni45% Constantan
- **Faixa de utilização:** –210°C a +760°C
- **FEM produzida:** –8,096 mV a +42,919 mV
- **Características:** pode ser utilizado em atmosferas neutras, oxidantes ou redutoras. Não é recomendado em atmosferas com alto teor de umidade e em baixas temperaturas (o termoelemento JP torna-se quebradiço). Acima de 540°C o ferro oxida-se rapidamente. Não é recomendado em atmosferas sulfurosas acima de 500°C.

Termopar E (Cromel - Constantan)

- **Termoelemento positivo (EP):** Ni90%Cr10% (Cromel)
- **Termoelemento negativo (EN):** Cu55%Ni45% Constantan
- **Faixa de utilização:** –270°C a +1000°C
- **FEM produzida:** –9,835 mV a 76,373 mV
- **Características:** pode ser utilizado em atmosferas oxidantes, inertes ou vácuo, não devendo ser utilizado em atmosferas alternadamente oxidantes e redutoras. Dentre os termopares usualmente utilizados é o que possui maior potência termoelétrica, bastante conveniente quando se deseja detectar pequenas variações de temperatura.

Termopar K (Cromel - Alumel/NiCrNi)

- **Termoelemento positivo (KP):** Ni90%Cr10%
- **Termoelemento negativo (KN):** Ni95%Mn2%Si1%A12%
- **Faixa de utilização:** –270°C a 1200°C
- **FEM produzida:** –6,458 mV a 48,838 mV
- **Características:** pode ser utilizado em atmosferas inertes e oxidantes. Pela sua alta resistência à oxidação é utilizado em temperaturas superiores a 600°C, e ocasionalmente em temperaturas abaixo de 0°C. Não deve ser utilizado em atmosferas redutoras e sulfurosas. Em altas temperaturas e em atmosferas pobres de oxigênio ocorre uma difusão do cromo, provocando grandes desvios da curva de resposta do termopar. Este último efeito é chamado *green-root*.

Termopar N (Nicrosil - Nisil)

- **Termoelemento positivo (NP):** Ni84,4%Cr14,2%Si1,4%
- **Termoelemento negativo (NN):** Ni95,45%Si4,40%Mg0,15%
- **Faixa de utilização:** –270°C a 1300°C
- **FEM produzida:** –4,345 mV a 47,513 mV

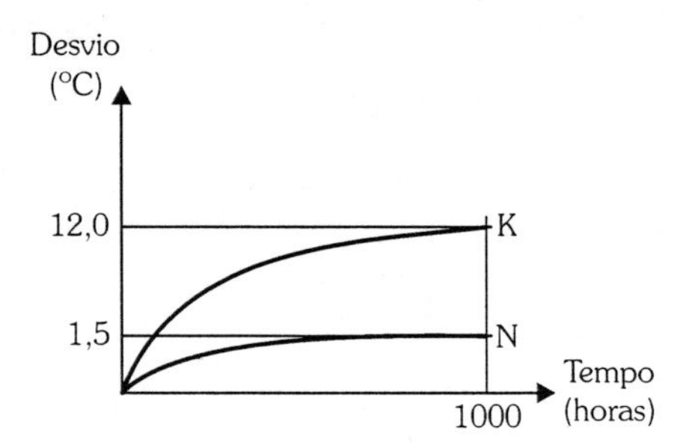

Figura 4.21 - Gráfico comparativo dos termopares K e N.

- **Características:** esse novo tipo de termopar é um substituto do termopar K por possuir uma resistência à oxidação bem superior a este, e em muitos casos também é um substituto dos termopares à base de platina em função de sua temperatura máxima de utilização. É recomendado para atmosferas oxidantes, inertes ou pobres em oxigênio, uma vez que não sofre o efeito de *green-root*. Não deve ser exposto a atmosferas sulfurosas. O gráfico da Figura 4.21 mostra o desvio em temperatura sofrido pelo termopar N em comparação ao K numa atmosfera oxidante à temperatura de 1000°C.

4.2.5.2. Tipos Nobres

Os tipos de termopares apresentados em seguida são denominados termopares nobres, por terem a platina como elemento básico.

Termopar S (Platina - Rhodio/PtRh 10%)

- **Termoelemento positivo (SP):** Pt90%Rh10%
- **Termoelemento negativo (SN):** Pt100%
- **Faixa de utilização:** –50°C a +1768°C
- **FEM produzida:** –0,236 mV a +18,693 mV
- **Características:** pode ser utilizado em atmosferas inertes e oxidantes, apresentando uma estabilidade, ao longo do tempo, em altas temperaturas, muito superior à dos termopares não constituídos de platina. Seus termoelementos não devem ficar expostos a atmosferas redutoras ou com vapores metálicos. Nunca devem ser inseridos diretamente em tubos de proteção metálicos, mas sim primeiramente em um tubo de proteção cerâmico, feito com alumina ($A\ell_2O_3$) de alto teor de pureza (99,7%), comercialmente denominado tipo 799 (antigo 710).

Existem disponíveis no mercado tubos cerâmicos com teor de alumina de 67%, denominados tipo 610, mas sua utilização para termopares de platina não é recomendável. Para temperaturas acima de 1500°C utilizam-se tubos de proteção de platina. Não é recomendada a utilização dos termopares de platina em temperaturas abaixo de 0°C devido à instabilidade na resposta do sensor. Em temperaturas acima de 1400°C ocorre um fenômeno de crescimento dos grãos, tornando-os quebradiços.

Termopar R (Platina - Platina - Rhodio/PtPtRh 13%)

- **Termoelemento positivo (RP):** Pt87%Rh13%
- **Termoelemento negativo (RN):** Pt100%
- **Faixa de utilização:** –50°C a +1768°C
- **FEM produzida:** –0,226 mV a 21,101 mV
- **Características:** possui as mesmas características do termopar S, sendo em alguns casos preferível a este por ter uma potência termoelétrica 11% maior.

Termopar B (Platina - Rhodio/PtRh 6% e PtRh 30%)

- **Termoelemento positivo (BP):** Pt70,4%Rh29,6%
- **Termoelemento negativo (BN):** Pt93,9%Rh6,1%
- **Faixa de utilização:** 0°C a 1820°C
- **FEM produzida:** 0,000 mV a 13,820 mV
- **Características:** pode ser utilizado em atmosferas oxidantes, inertes e, por um curto espaço de tempo, no vácuo. Normalmente é utilizado em temperaturas superiores a 1400°C, por apresentar menor difusão de ródio do que os tipos S e R. Para temperaturas abaixo de 50°C a força eletromotriz termoelétrica gerada é muito pequena.

4.2.5.3. Termopares Especiais

Ao longo dos anos, os tipos de termopares produzidos oferecem, cada qual, uma característica especial, porém apresentam restrições de aplicação que devem ser consideradas.

Novos tipos de termopares foram desenvolvidos para atender às condições de processo em que os termopares básicos não podem ser utilizados.

Termopar com liga (Tungstênio - Rhênio)

- Esses termopares podem ser usados continuamente até 2300°C e por curto período até 2750°C.

Termopar com liga (Irídio 40% - Rhodio/Irídio)

- Esses termopares podem ser utilizados por períodos limitados até 2000°C.

Termopar com liga (Platina - 40% Rhodio/Platina - 20% Rhodio)

- Esses termopares são utilizados em substituição ao tipo B no qual temperaturas um pouco mais elevadas são requeridas. Podem ser usados continuamente até 1600°C e por curto período até 1800°C ou 1850°C.

Termopar com liga (Ouro-Ferro/Chromel)

- Esses termopares são desenvolvidos para trabalhar em temperaturas criogênicas.

> *Ao final do livro o leitor encontra no apêndice A as tabelas de termopares segundo a norma ANSI MC. 96-1-1975 (IPTS 68).*

4.2.6. Correlação da FEM em Função da Temperatura

Visto que a FEM gerada em um termopar depende da composição química dos condutores e da diferença de temperatura entre as juntas, isto é, a cada grau de variação de temperatura, podemos observar uma variação da FEM gerada pelo termopar, portanto é possível construir uma tabela de correlação entre a temperatura e a FEM. Por uma questão prática padronizou-se o levantamento dessas curvas com a junta de referência à temperatura de 0°C.

Essas tabelas foram padronizadas por diversas normas internacionais e levantadas de acordo com a Escala Prática Internacional de Temperatura de 1968 (IPTS-68), recentemente atualizada pela ITS-90, para os termopares mais utilizados. Veja exemplo na Tabela 4.4, conforme norma DIN 43710, em seguida.

A partir dessas tabelas podemos construir um gráfico conforme a figura apresentada em seguida, que está relacionada à milivoltagem gerada em função da temperatura, para os termopares segundo a norma ANSI, com a junta de referência a 0°C.

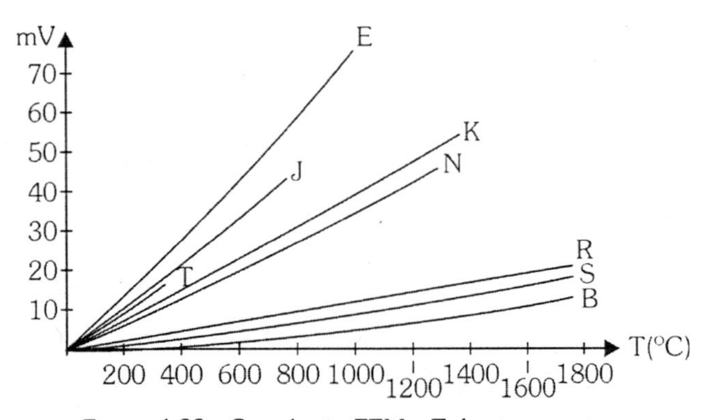

Figura 4.22 - Correlação FEM x T dos termopares.

Tabela 4.4 - Valores básicos para tensões termoelétricas e erros permitidos conforme DIN 43710.

Termopar	**T**		**J**		**K**		**S, R**	
Composição	Cu-Constantan		Fe-Constantan		NiCr-Ni		PtRh-Pt	
Cor	Marrom		Azul		Verde		Branco	
Temperatura °C	mV	±	mV	±	mV	±	mV	±
-200	-5,75		-8,15					
-100	-3,40		-4,75					
0	0		0	-	0	-	0	-
100	4,25	3K	5,37	3K	4,10	3K	0,643	3K
200	9,20	3K	10,95	3K	8,13	3K	1,436	3K
300	14,90	3K	16,56	3K	12,21	3K	2,316	3K
400	21,00	3K	22,16	3K	16,40	3K	3,251	3K
500	(27,41)	0,75%	27,85	0,75%	20,65	0,75%	4,221	3K
600	(34,31)	0,75%	33,67	0,75%	24,91	0,75%	5,224	3K
700			39,72	0,75%	29,14	0,75%	6,260	0,5%
800			(46,22)	0,75%	33,30	0,75%	7,329	0,5%
900			(53,14)	0,75%	37,36	0,75%	8,432	0,5%
1000					41,31	0,75%	9,570	0,5%
1100					(45,16)	0,75%	10,741	0,5%
1200					(48,89)	0,75%	11,935	0,5%
1300					(52,46)	0,75%	13,138	0,5%
1400							(14,337)	0,5%
1500							(15,530)	0,5%
1600							(116,716)	0,5%

Observação

A temperatura de referência é 0°C. Com uma temperatura de referência de 20°C os valores devem ser reduzidos de 0,8 mV para o termopar T, de 1,05 mV para o termopar J e de 0,113 mV para os termopares S e R. Os valores entre parênteses estão fora dos campos normais de aplicação, quando da utilização contínua dos termopares em ar puro. O campo de aplicação, no entanto, não está bem fixado. Ele diminui quando se utiliza um fio fino, quando se usam gases oxidantes ou corrosivos, assim como, quando ocorre alteração da dureza com temperaturas mais elevadas. Por outro lado, o campo de aplicação pode ser aumentado, quando se usam fios de diâmetros mais grossos e quando não há incidência de gases oxidantes.

4.2.7. Correção da Junta de Referência

As tabelas existentes da FEM gerada em função da temperatura para os termopares têm fixado a junta de referência a 0°C (ponto de solidificação da água). Nas aplicações práticas dos termopares a junta de referência é considerada nos terminais do instrumento receptor e esta se encontra a temperatura ambiente que é normalmente diferente de 0°C e variável com o tempo, tornando assim necessário que se faça uma correção da junta de referência, que pode ser automática ou manual.

Os instrumentos utilizados para medição de temperatura com termopares costumam fazer a correção da junta de referência automaticamente, sendo um dos métodos utilizados a medição da temperatura nos terminais do instrumento por meio de circuito eletrônico. Esse circuito adiciona a milivoltagem que chega aos terminais, a qual é correspondente à diferença de temperatura de 0°C à temperatura ambiente.

Existem também alguns instrumentos em que a compensação da temperatura é fixa em 20°C ou 25°C. Neste caso, se a temperatura ambiente for diferente do valor fixo, o instrumento indica a temperatura com um erro que será tanto maior quanto maior for a diferença de temperatura ambiente e do valor fixo.

> *É importante não esquecer que o termopar mede realmente a diferença entre as temperaturas das junções. Então, para medirmos a temperatura do ponto desejado precisamos manter a temperatura da junção de referência invariável.*

Observe o exemplo na Figura 4.23 em que se deseja medir a temperatura de um fluido em um recipiente usando um termopar K.

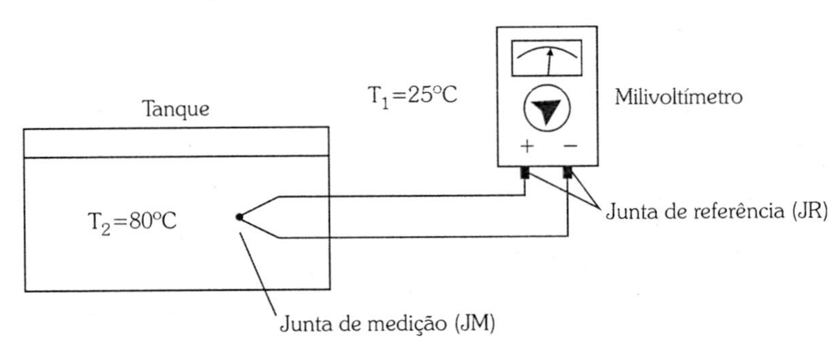

Figura 4.23 - Medição de temperatura com termopar.

De acordo com as tabelas IPTS 68, segundo a norma ANSI MC. 96-1-1975, para um termopar K, às temperaturas T_1 e T_2 correspondem as seguintes tensões em milivolts:

- $T_1 = 25°C \Rightarrow 1{,}000$ mV
- $T_2 = 80°C \Rightarrow 3{,}266$ mV

A FEM a ser indicada no mostrador do milivoltímetro seria então a diferença entre as tensões da junta de medição JM e da junta de referência JR.

$$FEM = JM - JR \quad (4.15)$$

Assim:

$$FEM = JM - JR$$

$$FEM = 3{,}266 - 1{,}000$$

$$FEM = 2{,}266 \text{ mV} \rightarrow \approx 56°C$$

A temperatura obtida pelo cálculo está errada, pois o valor da temperatura correta que um termômetro colocado no fluido ou o próprio termopar teria que medir é de 50°C.

- FEM = JM – JR
- FEM = 3,266 – 1,000
- FEM = 2,266 mV + a mV correspondente à temperatura ambiente para fazer a compensação automática, portanto:
- FEM= mV JM – mV JR + mV CA (Compensação Automática)
- FEM = 3,266 - 1,000 + 1,000
- FEM = 3,266 mV → 80°C

A leitura agora está correta, pois 3,266 mV corresponde a 80°C que é a temperatura do processo.

Hoje em dia a maioria dos instrumentos faz a compensação da junta de referência automaticamente, a qual pode ser feita manualmente. Pega-se o valor da mV na tabela correspondente à temperatura ambiente e acrescenta-se ao valor de mV lido por um milivoltímetro.

4.2.8. Associação de Termopares

Objetivando algumas aplicações especiais, dois ou mais termopares podem ser associados das seguintes formas:

4.2.8.1. Associação Série

Dois ou mais termopares podem ser associados em série simples para obter a soma das tensões individuais. É a chamada termopilha, Figura 4.24. A associação em série é usada quando se pretende usar os termopares como conversores termoelétricos.

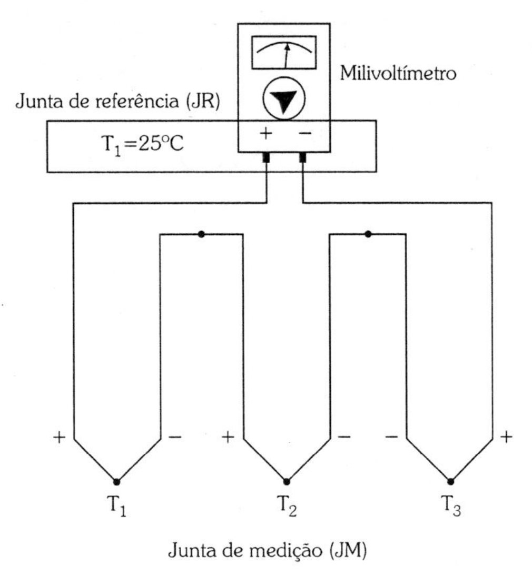

Figura 4.24 - Termopares associados em série.

> *Nesse tipo de associação podem ser usados tantos termopares quanto se deseje, a fim de obter um determinado valor de mV como resposta para alguma aplicação determinada, entretanto é importante que T_1, T_2 e T_3 sejam iguais ($T_1=T_2=T_3$).*

Obtém-se a FEM para esse tipo de associação pela seguinte expressão:

$$F.E.M._{Total} = T_1 + T_2 + T_3 \quad (4.16)$$

O instrumento de medição pode ou não compensar as tensões da junta de referência. Se compensar, deve ser uma tensão correspondente ao número de termopares aplicados na associação.

Exemplo

3 termopares $\rightarrow$ mVJR = 1 mV $\Rightarrow$ compensa 3 mV

4.2.8.2. Associação Série - Oposta

Quando se está interessado em diferenças de temperaturas e não nos valores obtidos delas, como, por exemplo, as diferenças de temperaturas existentes entre dois pontos distintos dentro da câmara de um forno, cujos termopares devem ser ligados em série oposta, Figura 4.25. Essa montagem é conhecida também como *termopar diferencial*, embora o nome seja um tanto redundante, já que todo o termopar mede diferença de temperatura.

O termopar que mede a maior temperatura vai ligado ao positivo do instrumento, e o que mede menor temperatura, ao negativo.

> *É importante ressaltar que os termopares devem ser sempre do mesmo tipo.*

Exemplo

Dois termopares K estão medindo a diferença de temperaturas entre dois pontos que se encontram a 45°C e 40°C respectivamente, e essa diferença será medida pelo milivoltímetro.

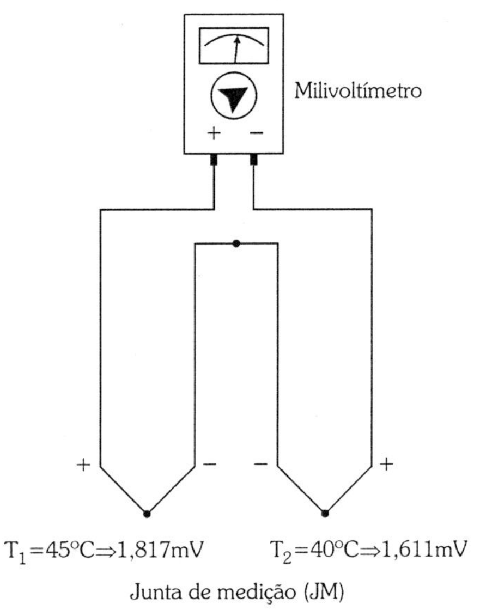

Figura 4.25 - Termopar diferencial.

A FEM medida pelo milivoltímetro será a diferença das FEMs dos termopares 1 e 2.

$$FEM_{total} = FEM_{JM1} - FEM_{JM2} \quad (4.17)$$

Considerando assim os valores de T_1 e T_2 apresentados na figura anterior, o valor medido pelo milivoltímetro será:

$$FEM_{total} = FEM_{JM1} - FEM_{JM2}$$
$$FEM_{total} = 1{,}817mV - 1{,}611mV$$
$$FEM_{total} = 0{,}206mV \Rightarrow 5°C$$

4.2.8.3. Associação em Paralelo

Ligando dois ou mais termopares em paralelo a um mesmo instrumento, o valor registrado por este corresponde à média das mV geradas nos diversos termopares se as resistências internas foram iguais.

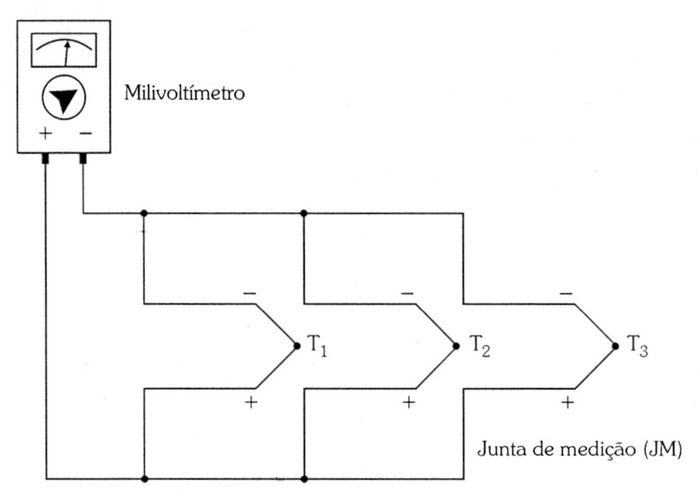

Figura 4.26 - Termopares associados em paralelo.

Desta forma, a FEM indicada no instrumento será dada pela seguinte expressão:

$$FEM_{total} = \frac{1}{n}\sum_{1}^{n} F.E.M \cdot n \tag{4.18}$$

Exemplo

Supondo que os termopares da figura anterior sejam do tipo K e estão inseridos ao longo de uma barra de aço que é aquecida durante um processo, deseja-se conhecer a temperatura média dela, sendo T_1= 250°C, T_2= 257°C e T_3 = 248°C.

De acordo com a norma ASTM MC. 96-1-1975 (ver seção de anexos ao final do livro), às referidas temperaturas correspondem às seguintes tensões termoelétricas respectivamente:

Temperatura °C	T1 = 250	T2 = 257	T3 = 248
Tensão mV	10,151	10,437	10,070

A temperatura média ao longo da barra será:

$$FEM_{total} = \frac{1}{3}\left(FEM_{JM1} + FEM_{JM2} + FEM_{JM3}\right)$$

$$FEM_{total} = \frac{1}{3}(10{,}151 + 10{,}437 + 10{,}070)$$

$$FEM_{total} = 10{,}219mV \Rightarrow 251{,}7°C$$

4.2.9. Montagem de Termopares

Inúmeras são as configurações com as quais os termopares podem ser especificados e fornecidos, cada uma adequada à sua aplicação específica, porém todas as configurações derivam de duas básicas:

- Termopar convencional;
- Termopar com isolação mineral.

4.2.9.1. Termopar Convencional

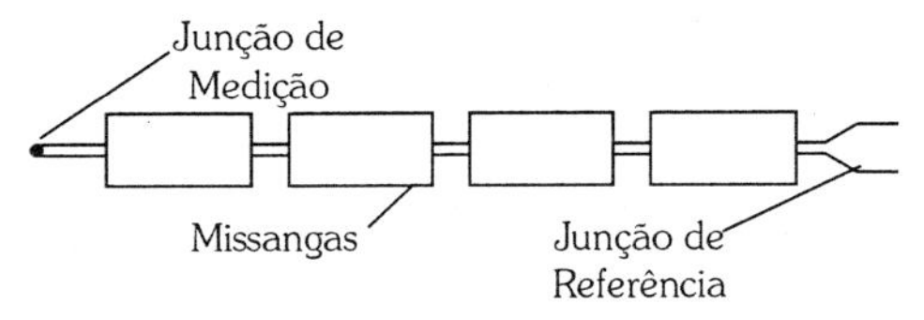

Figura 4.27a - Termopar convencional.

A configuração anterior corresponde à mais simples para um termopar, consistindo nos termoelementos acomodados em isoladores cerâmicos, usualmente denominados missangas. As missangas são produzidas com óxido de magnésio (Mg_2O) 66,7%, com alta condutividade térmica e também alta resistência de isolação elétrica. A junção de medição é montada por soldagem dos termoelementos (observação: ao soldar os termoelementos produz-se um material diferente daqueles que constituem cada um deles, mas pela lei dos materiais intermediários, não ocorre mudança no sinal do termopar).

Dependendo das condições a que o termopar ficará exposto, a solda pode ser de topo ou então precedida de uma torção, com a finalidade de aumentar sua resistência mecânica, Figura 4.27b. Na junção de referência é instalado um bloco de ligação com a finalidade de fazer a conexão entre o termopar e o fio/cabo de extensão/compensação.

Frequentemente o termopar convencional é montado dentro de um tubo de proteção com a finalidade de proteger os termoelementos do ataque da atmosfera do meio em que é introduzido ou ainda por condições de segurança da planta industrial. Usualmente os tubos de proteção são metálicos ou cerâmicos, dependendo das características da atmosfera e da faixa de temperatura. Veja em seguida uma lista dos materiais mais utilizados na fabricação dos tubos de proteção com suas respectivas temperaturas máximas de trabalho:

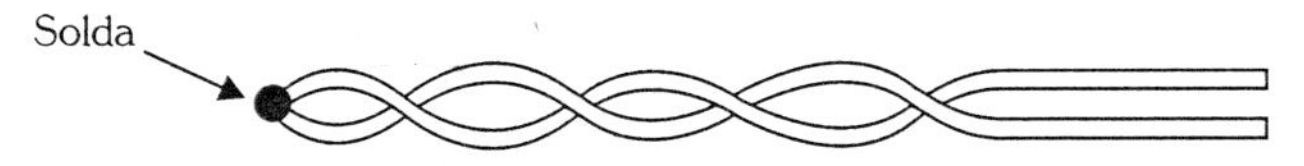

Figura 4.27b - Termopar com extremidade torcida.

Tabela 4.5 - Materiais mais utilizados para a fabricação de tubos de proteção.

Material	Temperatura máxima [°C]
Aço carbono	550
Aço cromo 446	1093
Carbeto de silício	1500
Carbeto de silício recristalizado	1650
Pythagoras (KER 610 DIN 40685)	1500
Alsint 99,7 (KER 710/799 DIN 40685)	1600
Cobre	315
Ferro preto	800
Hastelloy B	760
Hastelloy C	993
Inconel 600	1149
Inox 304	899
Inox 310	1147
Inox 316	927
Monel	893
Nicrobell	1250
Nióbio	1000
Ferro nodular perlítico	900
Platina	1699
Tântalo (vácuo)	2200
Titânio: Atmosfera oxidante	250
Atmosfera redutora	1000

4.2.9.2. Termopar com Isolação Mineral

Inicialmente esse tipo de termopar foi desenvolvido para aplicações no setor nuclear, sendo posteriormente estendido aos demais setores do processo produtivo. Entre os motivos que geraram o seu desenvolvimento, temos:

- Necessidade de um termopar com menor tempo de resposta do que os termopares convencionais.
- Eliminação do contato direto com o meio em que seriam inseridos. Objetivando assim, maior vida útil.

Para a fabricação desse tipo de termopar, parte-se de um termopar convencional montado com um tubo de proteção, sendo todo o conjunto trefilado.

Nesse processo os termoelementos ficam isolados entre si por um pó compactado de MgO_2 (óxido de magnésio) e protegidos por uma bainha metálica (originalmente o tubo de proteção), Figura 4.28.

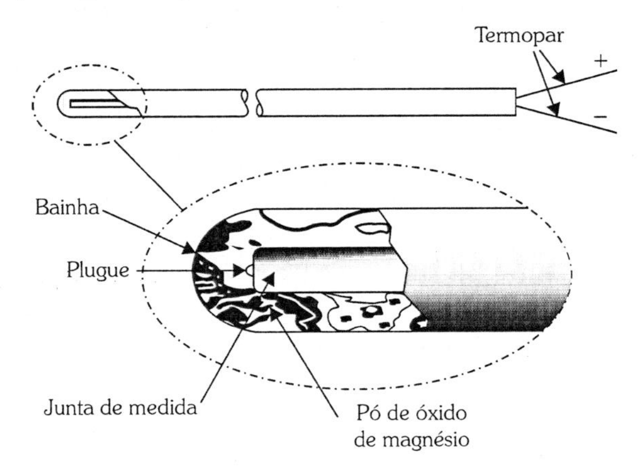

Figura 4.28 - Termopar com isolação mineral.

Após a trefila, o termopar é submetido a um tratamento térmico, visando aliviar as tensões mecânicas produzidas na trefilação. Usualmente os termopares com isolação mineral são encontrados no mercado com diâmetros externos de 6,0mm, 4,5mm, 3,0mm, 1,5mm e 1,0mm.

Os termopares com isolação mineral são montados com a junção de medição isolada, aterrada ou exposta, conforme exemplos em seguida.

As principais características de cada uma das montagens anteriores são:

- **Termopar com junção isolada:** os termoelementos ficam isolados do meio cuja temperatura vão monitorar e a bainha funciona como uma blindagem contra interferências eletromagnéticas. Seu tempo de resposta é maior do que o das outras montagens, e a duração e a repetitividade são as melhores, pois os termoelementos ficam totalmente protegidos.

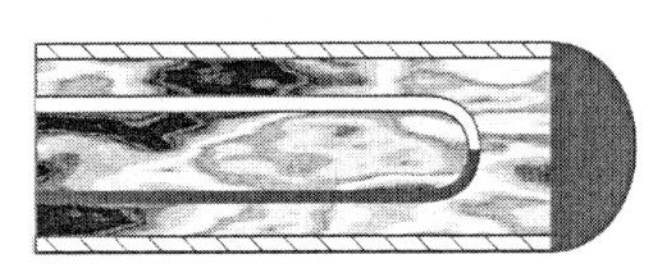

Figura 4.29a - Junta isola

- **Termopar com junção aterrada:** os termoelementos ficam isolados do meio. A bainha não funciona como blindagem eletrostática e o tempo de resposta é bem menor quando comparado ao da montagem isolada.

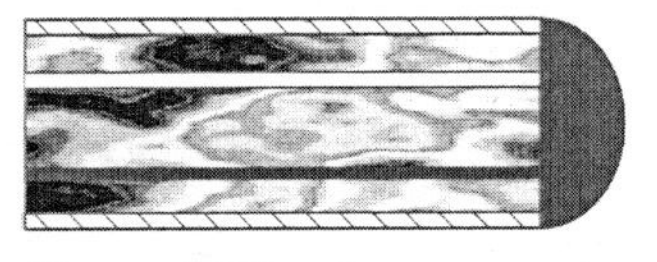

Figura 4.29b - Junta aterrada

- **Termopar com junção exposta:** os termoelementos ficam expostos ao meio e a bainha não funciona como uma blindagem eletrostática. Esse tipo de montagem tem limitações quanto à temperatura máxima de operação, para manter as especificações da isolação. A durabilidade e a repetitividade dos termoelementos são intensamente afetadas em função do meio.

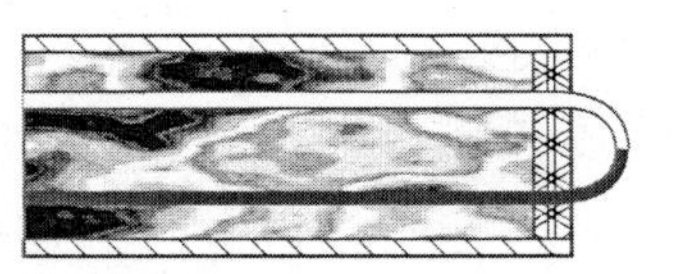

Figura 4.29c - Junta exposta

4.2.9.3. Vantagens dos Termopares de Isolação Mineral

- **Estabilidade na força eletromotriz**

  A estabilidade da FEM do termopar caracteriza-se em função de os condutores estarem completamente protegidos contra a ação de gases e outras condições ambientais, que normalmente causam oxidação e, consequentemente, perda da F.E.M. gerada.

- **Resistência mecânica**

  O pó muito bem compactado, contido na bainha metálica, mantém os condutores rigidamente posicionados, permitindo que o cabo seja dobrado, achatado, torcido ou estirado, suporte pressões externas e choque térmico, sem nenhuma perda das propriedades termoelétricas.

- **Dimensão reduzida**

  O processo de fabricação permite a produção de termopares de isolação mineral, com bainhas de diâmetro externo até 1,0mm, permitindo a medida de temperatura em locais que não eram anteriormente possíveis com termopares convencionais.

- **Impermeabilidade à água, óleo e gás**

  A bainha metálica assegura a impermeabilidade do termopar à água, óleo e gás.

- **Facilidade de instalação**

  A maleabilidade do cabo, sua pequena dimensão, longo comprimento e a grande resistência mecânica asseguram facilidade de instalação, mesmo nas situações mais difíceis.

- **Adaptabilidade**

  A construção do termopar de isolação mineral permite que ele seja tratado como se fosse um condutor sólido. Em sua capa metálica podem ser montados acessórios, por soldagem ou brasagem, e quando necessário, sua seção pode ser reduzida ou alterada em sua configuração.

- **Resposta mais rápida**

  A pequena massa e a alta condutividade térmica do pó de óxido de magnésio proporcionam ao termopar de isolação mineral um tempo de resposta que é virtualmente igual ao de um termopar descoberto de dimensão equivalente.

- **Resistência à corrosão**

  As bainhas podem ser selecionadas adequadamente para resistir ao ambiente corrosivo.

- **Resistência de isolação elevada**

  O termopar de isolação mineral tem uma resistência de isolação elevada, numa vasta gama de temperaturas, a qual pode ser mantida sob condições mais úmidas.

- **Blindagem eletromagnética**

  A bainha do termopar de isolação mineral, devidamente aterrada, oferece uma perfeita blindagem eletrostática ao par termoelétrico.

4.2.10. Resistência de Isolação

A tabela seguinte apresenta os valores mínimos de isolação para os termopares de isolação mineral. Quando montados com a junção isolada, é muito importante que se verifiquem esses valores para garantir o perfeito funcionamento do termopar.

Tabela 4.6 - Tabela de resistência de isolação.

Diâmetro do Termopar [mm]	Tensão Aplicada [V][cc]	Resistência de Isolamento (Ohm)*
Até 1,0	50	100
Entre 1,0 e 1,5	50	500
Acima de 1,5	500	100

* Temperatura ambiente (20°C a 30°C)

4.2.11. Poços de Proteção Termométricos

4.2.11.1. Definição

Poços de proteção termométricos são elementos desenvolvidos para permitir a instalação de sensores de temperatura (termômetros de resistências e termo-elementos) em aplicações nas quais somente o tubo de proteção não é suficiente para garantir a integridade do elemento sensor, Figura 4.30.

Sua utilização em tanques, tubulações, vasos pressurizados (acima de 50 psi) etc. permite a substituição do sensor sem a necessidade de interrupção do processo produtivo.

Temperatura, resistência à corrosão, resistência mecânica são dados que devem ser avaliados na seleção do poço para qualquer aplicação. Todos os poços de uma maneira geral são usinados, partindo de uma barra maciça de metal solicitado. A concentricidade do furo é mantida dentro de ±3% da largura da parede, dependendo do comprimento do poço.

A parte externa do poço é polida, oferecendo assim uma baixa resistência ao fluxo da linha. Esses poços são geralmente confeccionados em aço carbono, aço inox 304 e 316 normais ou "L", MONEL, INCONEL. Os flanges são, geralmente, confeccionados do mesmo material do poço.

4.2.11.2. Tipos Construtivos

Os poços apresentam dois itens importantes na sua construção em função da aplicação. São eles:

- Haste;
- Elementos de fixação.

1. **Haste:** normalmente produzida em comprimentos de até um metro (comprimentos maiores são aceitáveis desde que se levem em consideração as peculiaridades do processo e a posição de instalação).

   Sua superfície é polida a fim de minimizar os efeitos que ocorrem com relação à incrustação, velocidade e turbulência do fluído.

   Em função da agressividade do meio, ela pode ter revestimentos metálicos, vitrificados ou à base de resinas.

   As hastes podem ser retas ou cônicas, sendo a cônica a utilizada quando os níveis de pressão são elevados.

   Duas características que sempre devem ser levadas em consideração são a espessura da parede necessária para atender aos requisitos da aplicação em relação ao tempo de resposta que se deseja, e a extensão externa do prolongamento até o elemento de ligação do sensor a fim de evitar efeitos indesejáveis nas aplicações à alta temperatura.

2. **Elementos de fixação**

   - **Flanges:** para aplicações em altas pressões, a flange é soldada à haste por meio de solda TIG a fim de manter a integridade e a homogeneidade da interface haste/flange.

- **Rosca:** usinada na própria barra permitindo a instalação rápida e nível de vedação compatível com a aplicação.

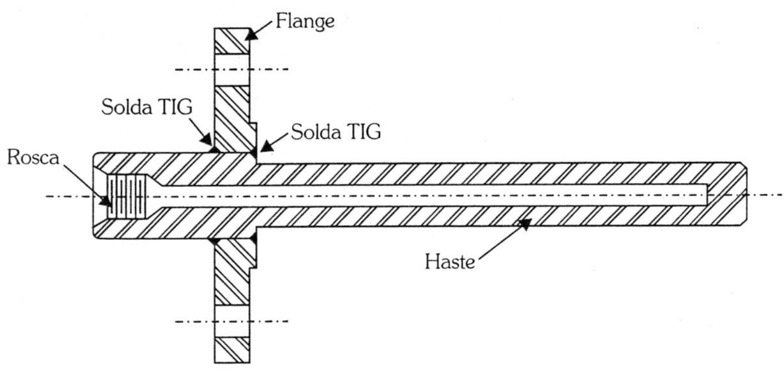

Figura 4.30 - Poço de proteção.

A Figura 4.31 apresenta um termoelemento completo montado com cabeçote, bloco de ligação e poço de proteção.

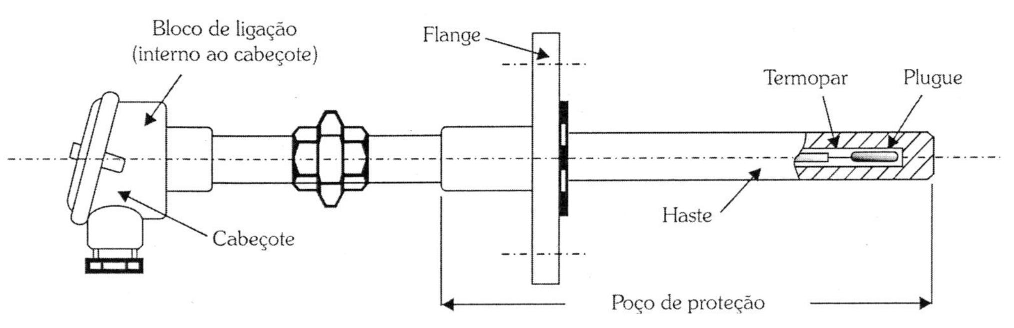

Figura 4.31 - Termoelemento completo.

4.3. Pirômetros de Radiação

Todos os corpos com temperatura superior a 0K (–273,15°C) emitem energia. A energia emitida aumenta à medida que a temperatura do objeto aumenta, ou seja, há transferência de energia térmica por um ou mais dos três modos conhecidos; condução, convecção, radiação.

O conhecimento desse fato permitiu ao homem construir instrumentos com os quais pudesse fazer medições de temperatura em situações em que o contato não é possível. Assim, medindo a energia térmica emitida pelo corpo, é possível por meio de um processamento de sinal, conhecer a temperatura em que ele se encontra, particularmente se essa energia for infravermelha ou visível.

Os vários tipos de energia podem ser caracterizados pela frequência (ϕ) ou pelo comprimento de onda (λ). Assim, a zona do visível abrange comprimentos de onda compreendidos entre 0,4μm e 0,7μm, e os infravermelhos entre 0,7μm e 20μm.

Na prática, o pirômetro de infravermelho comum usa a banda entre 0,5μm e 20μm. Os vários tipos de radiação encontram-se representados na Figura 4.32.

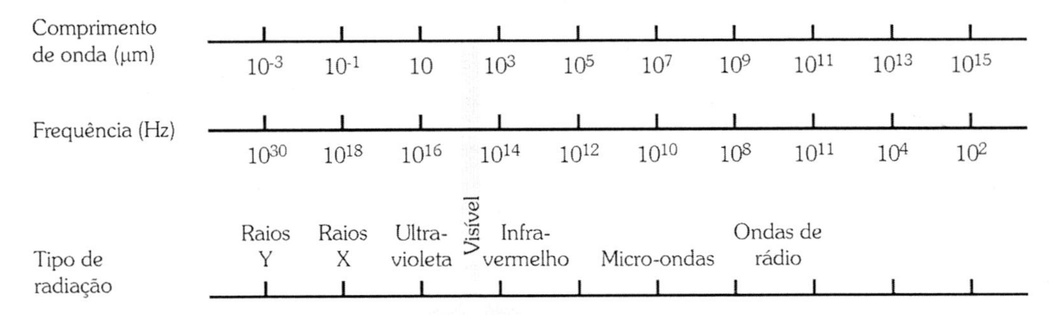

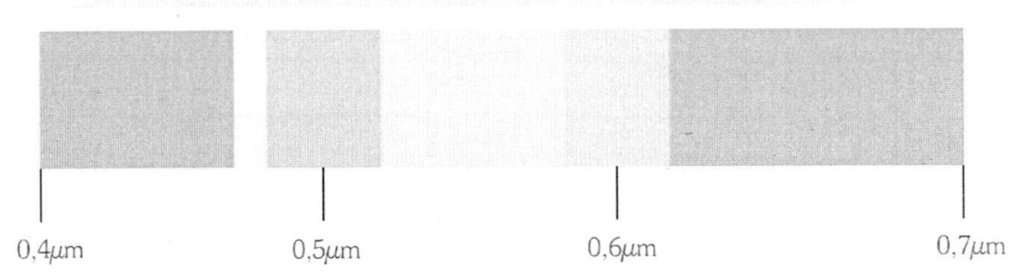

Figura 4.32 - Espectro da radiação visível e não visível.

4.3.1. Teoria da Medição de Radiação

Em 1860, Gustav Kirchoff demonstrou a lei que estabelecia a igualdade entre a capacidade de um corpo em absorver energia e emitir energia radiante. Essa lei é fundamental na teoria da transferência de calor por radiação. Kirchoff também propôs o termo "corpo negro" para designar um objeto que absorve toda a energia radiante que sobre ele incida. Desta forma tal objeto, em consequência, seria um excelente emissor.

A amplitude (intensidade) de energia radiada pode ser expressa como função do comprimento de onda a partir da lei de Planck. A figura seguinte representa as curvas de emissão de energia a temperaturas diferentes. A área sob cada curva representa o total da energia radiada a essa temperatura.

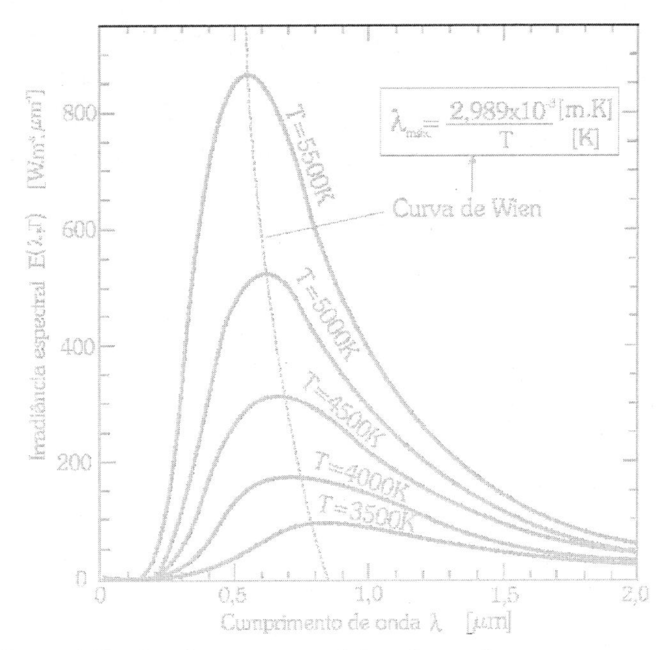

Figura 4.33 - Distribuição espectral da radiação de um corpo negro.

À medida que a temperatura aumenta, a amplitude da curva aumenta, aumentando a área, e o ponto de maior energia desloca-se para valores de comprimento de onda menores.

Uma vez que esse ponto máximo se desloca para a esquerda do gráfico à medida que a temperatura aumenta, é necessário muito cuidado na seleção ótima do espectro a usar nas medições de temperatura.

Outro dado de importância é a Curva de Wien ou **Lei do Deslocamento de Wien**, cujo enunciado diz:

"Para um corpo negro, o produto do comprimento de onda da irradiação mais intensa pela temperatura absoluta é um constante, de valor igual a $2{,}898 \times 10^{-3}$ m.K. "

Esse comprimento de onda situa-se na zona do infravermelho, na qual se dá a máxima emissão dos corpos na faixa de temperatura dos 300 K. Não temos luz própria no sentido de luz visível, pois não somos vistos se estivermos numa sala escura, mas, no sentido mais geral, temos luz própria, pois emitimos radiação eletromagnética. A lei de Wien permite calcular a temperatura de um corpo através do seu **espectro de emissão térmica**.

Em 1879, Joel Stefan enunciou, a partir de resultados experimentais, a lei que relaciona a radiância térmica de um corpo com sua temperatura. A radiância (W), a potência da radiação térmica emitida por unidade de área da superfície do corpo emissor. Outro cientista, em 1884, chegou às mesmas conclusões utilizando como ferramenta de análise a termodinâmica clássica, resultando assim no que passou a ser chamado de lei de Stefan-Boltzmann, a qual é expressa pela seguinte equação:

$$eb = \varepsilon \cdot \delta \cdot T^4 \qquad (4.20)$$

em que:

- eb: energia radiante [watts/m^2]
- δ: constante de Stefan-Boltzmann [$5{,}7 \times 10^{-8}$ w/ m$^2 \cdot$ K^4]
- T: temperatura absoluta [K]
- ε: emissividade

Emissividade (ε) é o quociente entre a energia que um corpo radia a uma dada temperatura e a energia que o corpo negro radia a essa mesma temperatura.

Lembrando que um corpo negro absorve toda a energia nele radiada, não tendo, porém, capacidade de transmissão e reflexiva, definiu-se então que sua emissividade é igual a 1. Para corpos reais, a emissividade está compreendida entre 0 e 1. Assim, a emissividade permite-nos conhecer a capacidade de um corpo emitir energia.

Embora o corpo negro seja uma idealização, existem certos corpos como a laca preta, placas ásperas de aço, placas de asbestos, com poder de absorção e de emissão de irradiação térmica tão alto que podem ser considerados idênticos ao corpo negro.

O corpo negro é considerado, portanto, um padrão com o qual são comparadas as emissões dos corpos reais.

Quando sobre um corpo qualquer ocorrer a incidência de radiação térmica, essa energia será dividida em três parcelas, a saber:

- Energia absorvida [E_A];
- Energia refletiva [E_R];
- Energia transmitida [E_T].

As quais se relacionam da seguinte forma, gerando três coeficientes:

- Coeficiente de absorção: $\alpha = \dfrac{E_A}{eb}$ (4.21)
- Coeficiente de reflexão: $\beta = \dfrac{E_R}{eb}$ (4.22)
- Coeficiente de transmissão: $\chi = \dfrac{E_T}{eb}$ (4.23)

A relação entre os coeficientes é de complementaridade. Assim:

$$\alpha + \beta + \chi = 1 \tag{4.24}$$

Como a maioria dos corpos sólidos é opaca à radiação térmica, podemos ignorar o componente de transmissão e escrever:

$$\alpha + \beta \approx 1 \tag{4.25}$$

Na prática os valores habituais para α e β são aproximadamente $\alpha = 0{,}7$ e $\beta = 0{,}2$.

Se um objeto estiver em estado de equilíbrio térmico, então a energia que absorve é igual à energia que emite ($\alpha = \varepsilon$). Pelo que fica:

$$\varepsilon + \beta \approx 1 \tag{4.26}$$

Como ilustra a Figura 4.34, a energia recebida pelo sensor pode não refletir a verdadeira temperatura do objeto. A refletividade β e a transmissividade χ são conceitos associados à natureza do objeto (opaco ou translúcido) e às condições atmosféricas na zona entre sensor e objeto.

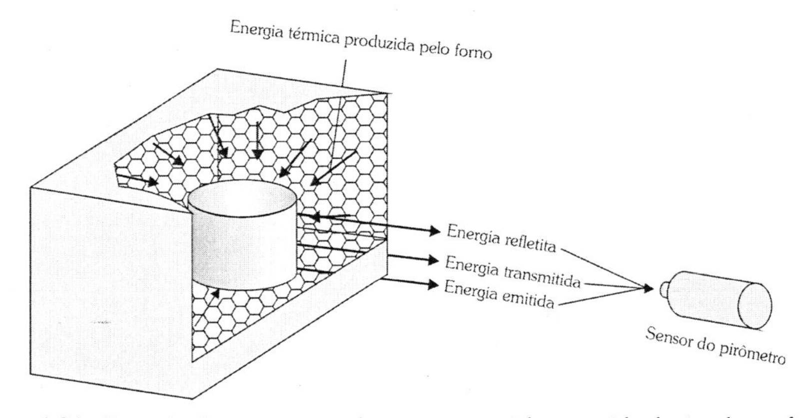

Figura 4.34 - Tomada de temperatura de uma peça sendo aquecida dentro de um forno.

A superfície ideal para efetuar medições de temperatura seria então o corpo negro, isto é, um objeto com $\varepsilon=1$ e $\beta = \chi = 0$. Na prática, contudo, a maioria dos corpos é cinzenta (têm a mesma emissividade em todos os comprimentos de onda) ou não cinzenta (a emissividade varia com o comprimento de onda/temperatura):

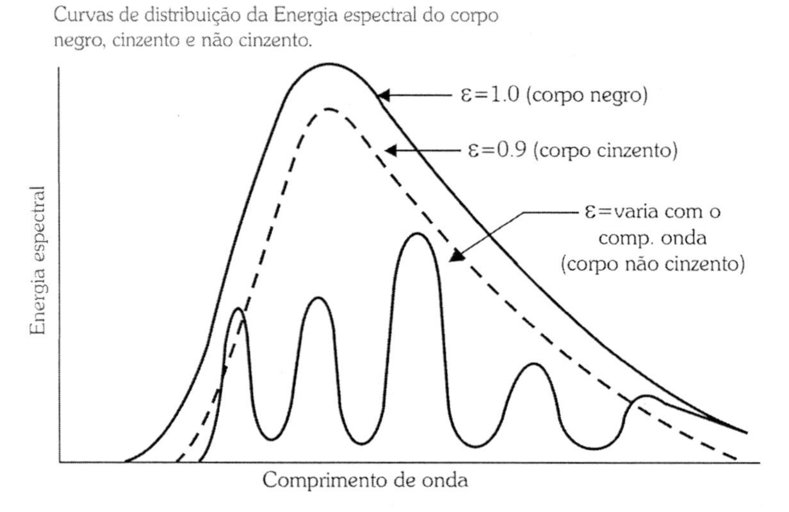

Figura 4.35 - Relação entre as curvas espectrais de um corpo negro x corpo cinzento x corpo não cinzento.

Na prática, as medições de temperatura devem ser feitas em ambientes em que a atmosfera seja limpa, "transparente" ($\beta=0$), e ajustando a resposta espectral do sensor a uma banda de comprimentos de onda na qual o objeto seja opaco ($\chi=0$). Mas como conhecer ou medir na prática o coeficiente de transmissão $\chi=0$ e a emissividade $\varepsilon=1$ a fim de tomá-los como referência? Nesse caso, é possível obtê-los experimentalmente[7].

Se, por exemplo, um objeto tiver $\varepsilon=0,7$, então ele só está emitindo 70% da energia disponível, e o pirômetro indicaria uma temperatura inferior à real. Por isso, os pirômetros estão equipados com um mecanismo que ajusta a amplificação do sinal do sensor de modo a corrigir essa perda de energia.

---

[7] GÜTHS S. & NICOLAU P. V. **Medição de Emissividade e de Temperatura sem contato - Experimento didático** - Congresso Brasileiro de Engenharia Mecânica. COBEM 97, BAURÚ - SP, artigo 1422

4.3.2. Pirômetros de Radiação - Estrutura Funcional

Os pirômetros de radiação operam essencialmente segundo a lei de Stefan-Boltzmann. São os sistemas mais simples, pois neles a radiação é coletada por um arranjo óptico fixo e dirigida a um detector do tipo termopilha (associação em serie), Figura 4.36, ou do tipo semicondutor nos mais modernos, que gera um sinal elétrico no caso da termopilha ou altera o sinal elétrico no caso do semicondutor.

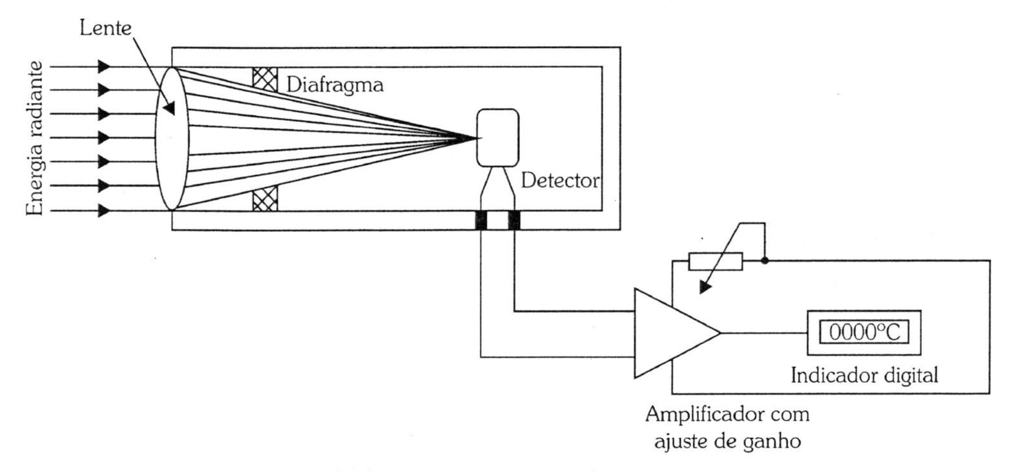

Figura 4.36 - Esquema genérico de um pirômetro.

Existem vários tipos de pirômetros de radiação que podem ser englobados em duas classes, a saber:

- Pirômetros de banda larga;
- Pirômetros de banda estreita.

Nos primeiros usa-se uma relação exponencial entre a energia total da radiação emitida e a temperatura. Nos segundos usa-se a variação da emissão de energia de radiação monocromática com a temperatura.

Dentro dos pirômetros de banda larga encontram-se os pirômetros de radiação total e de infravermelhos. Nesses aparelhos, a radiação proveniente de um objeto é coletada pelo espelho esférico e focada num detector de banda larga D, que emite um sinal, o qual é uma função da temperatura. O valor de temperatura indicado é um valor médio da temperatura dos corpos que se encontram dentro do seu campo de visão, sendo uma característica importante a sua abertura, Figura 4.37.

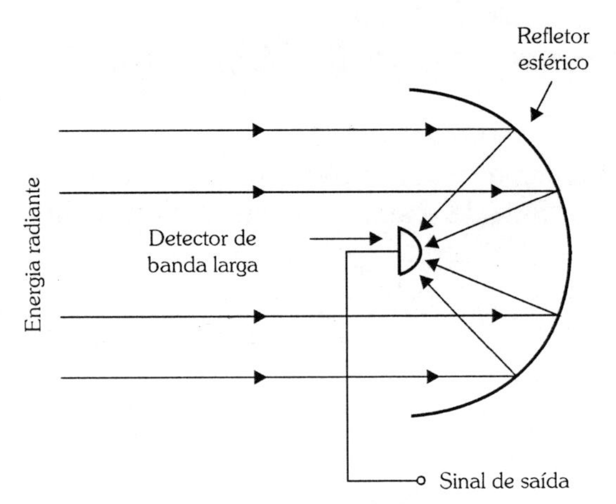

Figura 4.37 - Representação esquemática
de um pirômetro de banda larga.

O pirômetro de banda estreita clássico é o chamado pirômetro óptico. Ele se destina a temperaturas entre 700 e 4000°C, Figura 4.38. A energia radiante emitida pelo corpo é focada por uma objetiva sobre o filamento de uma lâmpada de incandescência, sendo a imagem do conjunto, depois de filtrada, observada por uma ocular.

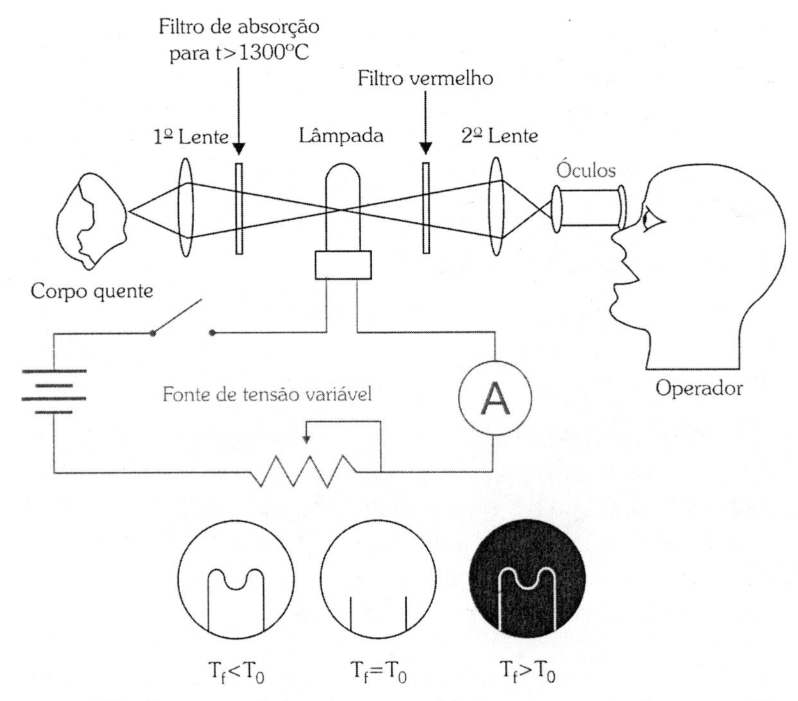

Figura 4.38 - Pirômetro de banda estreita clássica - representação esquemática.

O filtro de absorção destina-se a estender a utilização do pirômetro a temperaturas elevadas. O filtro vermelho permite a análise espectral numa banda de frequências estreita da zona do visível, que é importante para o espectro de radiação correspondente à gama de medida do pirômetro. As imagens observadas pela ocular contêm o filamento e o objeto incandescente sobrepostos. Note que a parte inferior da figura anterior descreve a percepção visual que se tem da visão do filamento e sua relação de temperatura com a temperatura do objeto observado em três situações possíveis (T_f=temperatura do filamento, T_0 do objeto).

Uma vez que não possuem mecanismo de varredura próprio, o deslocamento no campo de visão é realizado pelo usuário que o movimenta como um todo. Em geral são portáteis, Figura 4.39, podendo, entretanto, ser fixos e montados dentro de um processo, como nos casos das aciarias, laminadoras a quente, ou processos de moldagem plástica contínuos, em que é feito o controle contínuo da temperatura da matéria-prima durante seu processo de transformação, nesse caso sendo as leituras controladas por centrais computadorizadas, Figura 4.40.

Figura 4.39 - Pirômetro digital portátil (Fonte: FLUKE do Brasil Ltda.).

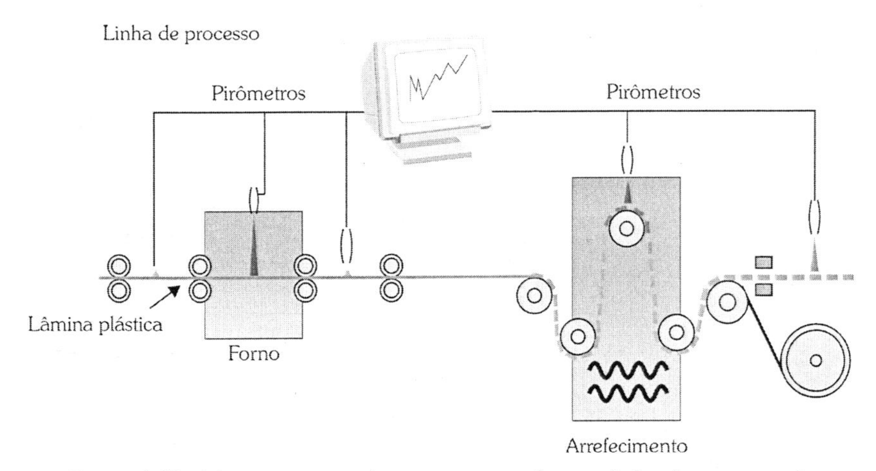

Figura 4.40 - Monitoramento de temperaturas de uma linha de processo de laminação de recipientes plásticos por uma central computadorizada.

4.3.3. Considerações Finais sobre Pirômetros de Radiação

Em resumo, os pirômetros de radiação devem ser usados industrialmente quando:

- As temperaturas estão acima da faixa de operação prática dos termopares;
- A atmosfera do processo for prejudicial aos pares termoelétricos, causando assim, falsas medidas, bem como afetando sua vida útil de forma acentuada;
- Há processos em que o objeto a ter a temperatura controlada está em constante movimento;
- Os locais oferecem possibilidades de choques e vibrações e que por isso impossibilitam a montagem de termopares ou termorresistências.

É importante também, ao definir quanto à utilização de pirômetros, considerar os seguintes pontos:

- O material da fonte e sua emissividade;
- Ângulos de visadas não superiores a 45°;
- Aplicações em um corpo não negro;
- Velocidade do alvo (quando em movimento);
- Temperatura do alvo e a temperatura normal de operação;
- Condições do ambiente, temperatura e poeira (podem interferir na leitura).

4.4. Exercícios Propostos

1) Uma termorresistência PT 100 está sendo usada para medir uma certa temperatura de um processo. A resistência acusada no aparelho é de 199,5 ohms. Qual é o diferencial de temperatura, sabendo que a temperatura ambiente corresponde a uma resistência de 109,0 ohms?

2) Qual é o fator responsável pela diferença da resistência R_0 de um TRPI e um TRPP?

3) Quanto ao tipo de bulbo utilizado nas termorresistências, é correto afirmar que:

a) Os bulbos de vidro permitem medição em todas as faixas de temperaturas.

b) Os bulbos cerâmicos proporcionam dimensões reduzidas tanto nas formas achatadas como cilíndricas.

c) Os bulbos cerâmicos proporcionam maior estabilidade e capacidade de medição em todas as faixas de temperatura.

4) Conceitue histerese.

5) Considerando o efeito Peltier, argumente por que os termopares são pouco indicados como conversores comerciais de energia (térmica em elétrica).

6) Qual é a vantagem do uso de fios de compensação?

7) Explique o que é um par termoelétrico.

8) Explique o que é poço de proteção e qual a sua utilização.

9) O corpo humano está a temperatura de 310 K. Qual será o comprimento de onda para o qual é máxima a intensidade da radiação emitida pelo corpo humano?

10) Conceitue "corpo negro".

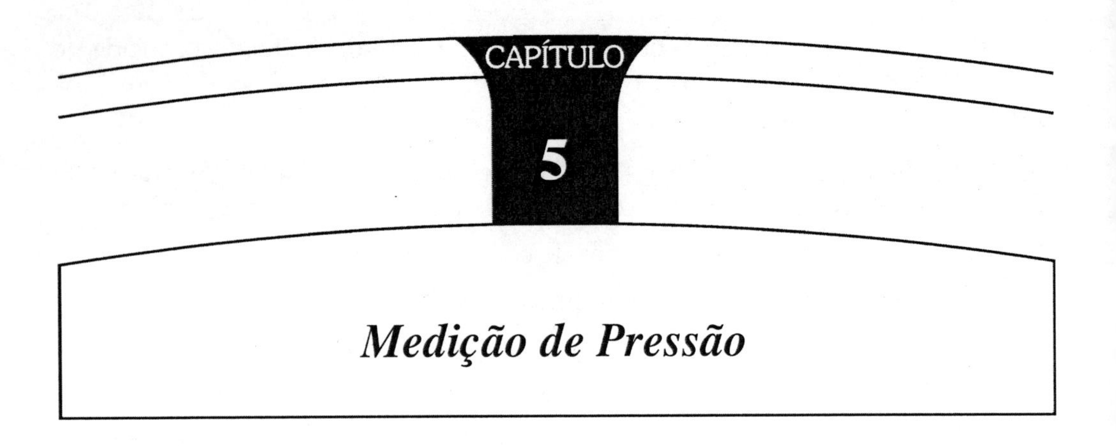

Medição de Pressão

5.1. Conceitos

Conceitua:se pressão como a força perpendicular e uniformemente dis-tri:buída sobre uma superfície plana de área unitária, e costuma ser representada por uma série de unidades, como psi (libras/polegada quadrada), bar, atmosfera, pascal etc. No sistema internacional de unidades (SI) aprovado na XI CONFERÊNCIA GERAL dos pesos e medidas (CGPM), em Paris, entre 11 e 20 de outubro de 1960, a pressão passou a ser definida em termos de newton por metro quadrado, também conhecida como pascal.

Nem todos os países participaram dessa conferência de internacionalização do sistema de medidas, e mesmo alguns dos que participaram ainda mantêm o uso de seus sistemas tradicionais, como é o caso dos Estados Unidos e Inglaterra. É comum então, encontrar tabelas de conversão relacionando o pascal com as unidades que eram vigentes antes do SI (consultar seção de anexos).

$$P = \frac{F}{A} \tag{5.1}$$

em que:

- F: força em [N]
- A: área em [m^2]
- P: pressão $\left[\frac{N}{m^2} = Pa\right]$

A pressão pode ser medida em termos absolutos ou diferenciais, desta forma é comum identificar três tipos de pressão:

- Pressão absoluta;
- Pressão manométrica;
- Pressão diferencial.

5.1.1. Pressão Absoluta

A pressão absoluta é a diferença entre a pressão em um ponto particular num fluido e a pressão absoluta (zero), isto é, vácuo completo. Também se diz que é a medida feita a partir do vácuo absoluto. Um exemplo típico de sensor de pressão absoluta é o conhecido barômetro, Figura 5.1, porque a altura da coluna de mercúrio mede a diferença entre a pressão atmosférica local e a pressão "zero" do vácuo que existe acima da coluna de mercúrio, descontada a pressão de vapor do mercúrio (0.0002 Pa a 234K).

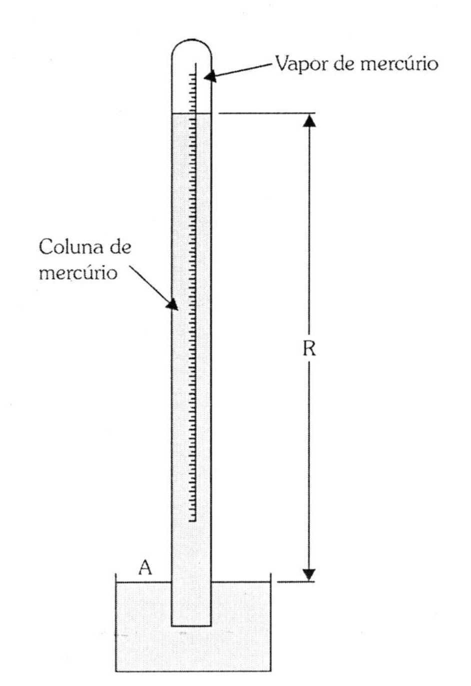

Figura 5.1: Barômetro.

Se a pressão do vapor de mercúrio P_v for dada em milímetros de mercúrio (mmHg) e R for medido na mesma unidade, a pressão em A pode ser expressa por:

$$P_v + R = P_A \quad \text{mmHg} \tag{5.2}$$

5.1.2. Pressão Manométrica

A **pressão manométrica** é a medição da pressão em relação à pressão atmosférica existente no local, podendo ser positiva ou negativa. Geralmente se coloca a letra "G" após a unidade para representá:la. Quando se fala em uma pressão negativa, em relação à pressão atmosférica chamamos pressão de vácuo.

5.1.3. Pressão Diferencial

É a diferença medida entre duas pressões conhecidas, mas nenhuma delas é a pressão atmosférica.

É de grande importância, ao exprimir um valor de pressão, determinar se ela é absoluta, relativa ou diferencial.

Exemplo

- 5 Kgf/cm^2 ABS → pressão absoluta
- 8 Kgf/cm^2 → pressão relativa ou diferencial

Na indústria, esse procedimento não é comum, porque a maior parte dos instrumentos mede pressão relativa.

Além desses conceitos, é possível ainda conceituar:

5.1.4. Pressão Negativa ou Vácuo

É quando um sistema tem pressão relativa menor que a pressão atmosférica.

5.1.5. Pressão Estática

É a pressão exercida por um líquido em repouso ou que esteja fluindo perpendicularmente à tomada de impulso, por unidade de área exercida. A tomada piezométrica exemplifica o dispositivo para medida de pressão estática em um fluido em movimento perpendicular à tomada de impulso.

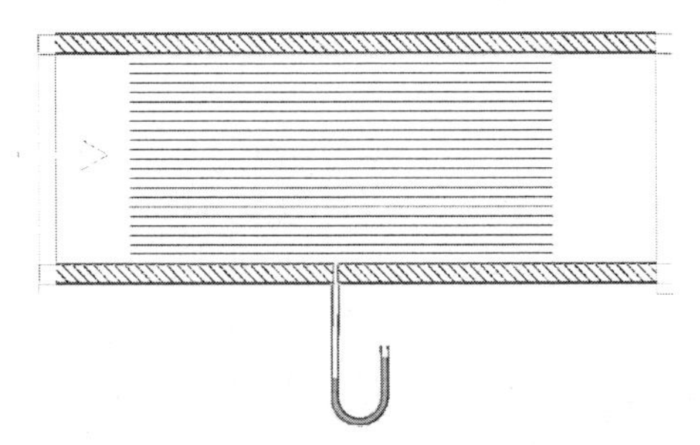

Figura 5.2: Tomada piezométrica para tomada de pressão estática.

5.1.6. Pressão Dinâmica ou Cinética

É a pressão exercida por um fluido em movimento. É medida fazendo a tomada de impulso de tal forma que recebe o impacto do fluido.

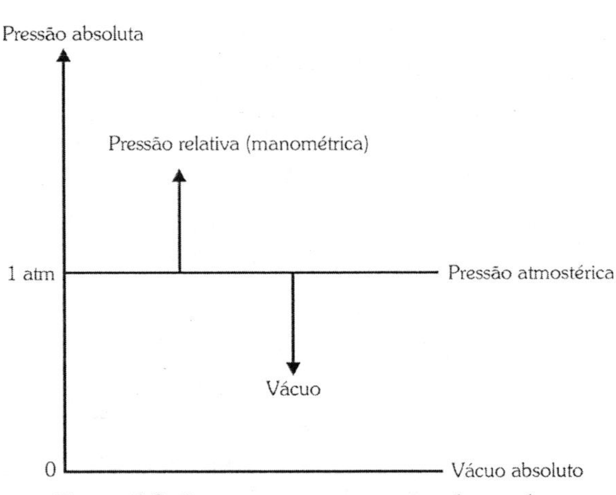

Figura 5.3: Diagrama representativo de escalas.

5.2. Métodos de Medição de Pressão

A pressão pode ser medida de forma direta ou indireta. Há três métodos principais de medição de pressão. São eles:

- Medição por coluna de líquido (medição direta);
- Medição de pressão de peso morto;
- Medição da pressão por deformação, por tensão resultante ou por elemento elástico (de área conhecida).

5.2.1. Medição por Coluna de Líquido

Esse tipo classifica:se como medição direta e consiste em um tubo em forma de U contendo um líquido de massa específica conhecida ρ, Figuras 5.4a e b.

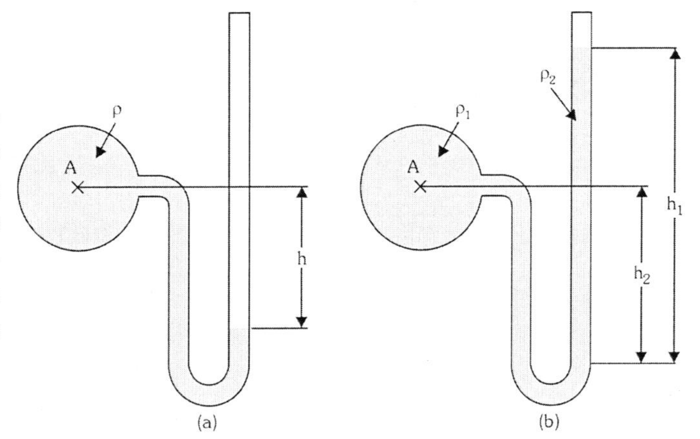

Figura 5.4: Tubo em U: (a) medidas de pressões efetivas pequenas, (b) medidas de pressões efetivas maiores (uso de dois ou mais fluidos).

Para medidas de pressões efetivas pequenas num líquido, sejam positivas ou negativas, o tubo deve ter a forma indicada na Figura 5.3a. Com este formato, o mecanismo pode permanecer em equilíbrio abaixo do ponto A, como é mostrado na figura. Devido ao fato de que a pressão no menisco é nula na escala efetiva e como a pressão decresce com o aumento da cota,

$$P_A = -P_d \text{ metros de coluna de água.}$$

Para maiores pressões efetivas negativas ou positivas, é utilizado um segundo líquido de maior massa específica, Figura 5.3b. Ele deve ser imiscível com o primeiro, que neste caso poderia ser também um gás. Supondo que a massa específica de *A* seja ρ_2 (em relação à água) e a do líquido manométrico seja ρ_1, a equação da pressão em *A* pode ser escrita a partir de *A* ou a partir do menisco superior, percorrendo o manômetro:

$$P_A + \rho_1 \cdot g \cdot h_2 - \rho_2 \cdot g \cdot h_1 = 0 \qquad (5.3)$$

em que:

- P_A: pressão em A (interior do tanque): [N/m^2]
- g: aceleração da gravidade - [m/s^2]
- ρ_1 e ρ_2: massas específicas dos fluidos - [kg/m^3]
- h_1 e h_2: alturas manométricas - [m]

Em todos os problemas que envolvem manômetros de medição por coluna de líquidos, podem ser observadas as seguintes regras:

1) Começar em uma extremidade (ou em qualquer menisco se o circuito for contínuo) e escrever a pressão do local numa unidade apropriada (pascal, por exemplo) ou indicá-la por um símbolo apropriado se ela for incógnita.

2) Somar a ela variação de pressão, na mesma unidade, de um menisco até o próximo (com sinal positivo se o próximo menisco estiver mais abaixo, com sinal negativo se estiver mais acima). Usando pascal, ela será o produto da diferença de cotas em metros pelo peso específico do fluido ($\gamma = \rho \cdot g$), em newton por metro quadrado.

3) Continuar desta forma até alcançar a outra extremidade do manômetro (ou o menisco inicial) e igualar a expressão à pressão nesse ponto, seja ela conhecida ou incógnita.

Para um manômetro simples, a expressão tem uma incógnita ou, no caso de um manômetro diferencial, dará uma diferença de pressões. Na forma da equação 5.4:

$$\begin{aligned} &P_0 - (h_1 - h_0)\cdot\gamma - (h_2 - h_1)\cdot\gamma_1 - (h_3 - h_2)\cdot\gamma_2 - (h_4 - h_3)\cdot\gamma_3 - \ldots \\ &\ldots - (h_n - h_{n-1})\cdot\gamma_{n-1} = P_n \end{aligned} \tag{5.4}$$

em que:

- $h_0, h_1, \ldots, h_n$: são as cotas de cada menisco em unidades de comprimentos: [m];
- $\gamma_0, \gamma_1, \gamma_2, \ldots, \gamma_{n-1}$: são os pesos específicos dos fluidos das colunas.

A expressão apresentada fornece a resposta em unidades de força por área, que pode ser convertida em outras unidades conforme tabela já mencionada, existente na seção de anexos.

Os manômetros diferenciais, Figura 5.4, determinam a diferença das pressões entre dois pontos A e B, quando a pressão real, em qualquer ponto do sistema, não puder ser determinada. Ao aplicar o método citado anteriormente à Figura 5.4a, obteremos:

$$P_A - \rho_1 \cdot g \cdot h_1 - \rho_2 \cdot g \cdot h_2 + \rho_3 \cdot g \cdot h_3 = P_B \tag{5.5}$$

ou

$$P_A - P_B = g \cdot (\rho_1 \cdot h_1 + \rho_2 \cdot h_2 - \rho_3 \cdot h_3) \tag{5.6}$$

Ou ainda lembrando que $\gamma=\rho.g$:

$$P_A - P_B = \gamma_1 \cdot h_1 + \gamma_2 \cdot h_2 - \gamma_3 \cdot h_3 \tag{5.7}$$

Analogamente, da Figura 5.4b:

$$P_A - P_B = -\gamma_1 \cdot h_1 + \gamma_2 \cdot h_2 + \gamma_3 \cdot h_3 \tag{5.8}$$

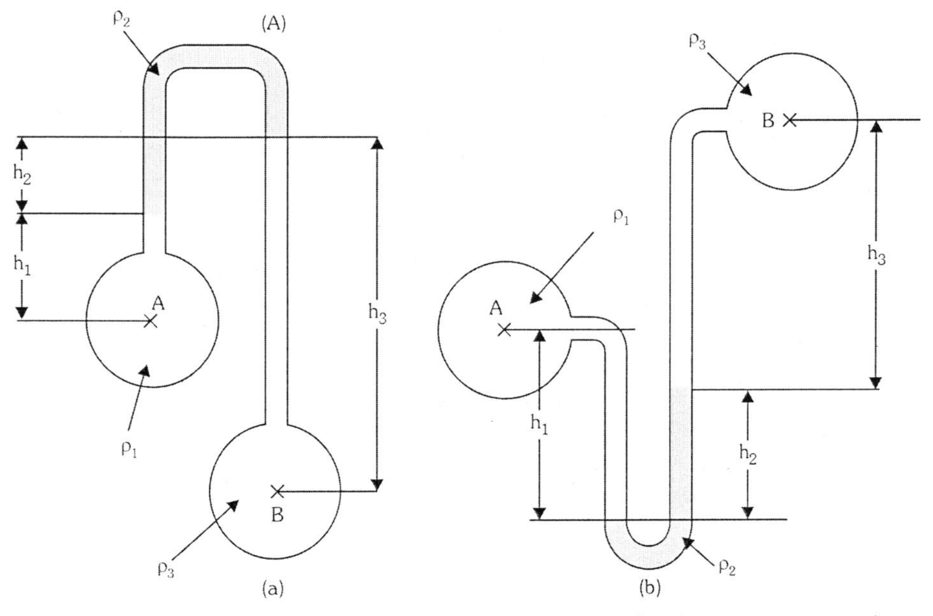

Figura 5.5 - Manômetros diferenciais - (a) tipo U invertido, (b) U em posição normal.

Em certas aplicações, é necessário levar em conta os efeitos da temperatura na massa específica (ou dos fluidos). Assim, a massa específica em cada temperatura T pode ser determinada por:

$$\rho = \frac{\rho_0}{1 + \gamma \cdot (T - T_0)} \tag{5.9}$$

em que:

- ρ: massa específica do fluido em função da temperatura alterada T;
- γ: coeficiente de expansão volumétrica do fluido.

5.2.1.1. Exercício Exemplo

Deseja-se usar o manômetro da Figura 5.3b para determinar a pressão em um tanque de oxigênio (ρ_1=1,43Kg/m^3), em atmosferas. O fluido manométrico utilizado é o mercúrio (ρ_{Hg}=13,6Kg/cm^3) e as cotas h_1 e h_2 são, respectivamente, 120 cm e 10 cm.

Solução

$$P_A + \rho_1 \cdot g \cdot h_2 - \rho_2 \cdot g \cdot h_1 = 0$$

$$P_A + g \cdot (\rho_1 \cdot h_2 - \rho_2 \cdot h_1)$$

$$P_A = -9{,}81\frac{m}{s^2} \cdot \left(1{,}43\frac{Kg}{m^3} \cdot 0{,}1m - 13{,}6 \cdot 10^3\frac{Kg}{m^3} \cdot 1{,}2m\right)$$

$$P_A = -9{,}81\frac{m}{s^2} \cdot \left(0{,}143\frac{Kg}{m^2} - 16320\frac{Kg}{m^2}\right)$$

$$P_A = 16319{,}85\frac{N}{m^2} = 0{,}161atm$$

Observação

> *Nestes casos, quando o fluido contido no tanque for um gás, o produto ($\rho_1.h_1$) pode ser desconsiderado, uma vez que a massa específica dos gases possui valores muito baixos, o que resulta em um produto que pouca influência tem na resposta final.*

5.2.2. Manômetro de Peso Morto

Esse tipo de instrumento mede a pressão desconhecida pela pressão que uma força gera quando atua numa área conhecida. As Figuras 5.5a e 5.5b apresentam duas variantes desse instrumento. A Figura 5.5b é o conhecido "calibrador de pesos mortos", que é padrão numa ampla faixa de medições de pressão.

5.2.2.1. Princípio de Funcionamento

O manômetro de peso morto é um instrumento de zero central, Figura 5.5a, em que massas calibradas são colocadas sobre a plataforma de um pistão, fazendo com que ele se mova no sentido descendente até que duas marcas de referência fiquem alinhadas. Nesse ponto, a força peso exercida pelas massas se iguala à força exercida pela pressão sobre a superfície inferior do êmbolo.

Já a variante apresentada na Figura 5.5b é bastante utilizada em laboratórios para calibragem de manômetros dos mais diversos tipos.

- A força conhecida (peso padrão) é aplicada por um pistão a um fluido confinado em um pequeno reservatório.
- A relação entre a força conhecida e a seção transversal do êmbolo vai gerar uma pressão hidrostática, que será transmitida ao manômetro a ser calibrado.
- Dependendo da precisão dos pesos padrão e da área do pistão, é possível conseguir medidas muito precisas. É comum encontrar instrumentos comerciais com erro menor que 0,1%. Entretanto, uma fonte de erro considerável é o atrito entre o óleo e o pistão. Assim, costuma-se girar o pistão com os pesos padrão, durante a execução das medidas, para minimizar o efeito do atrito.

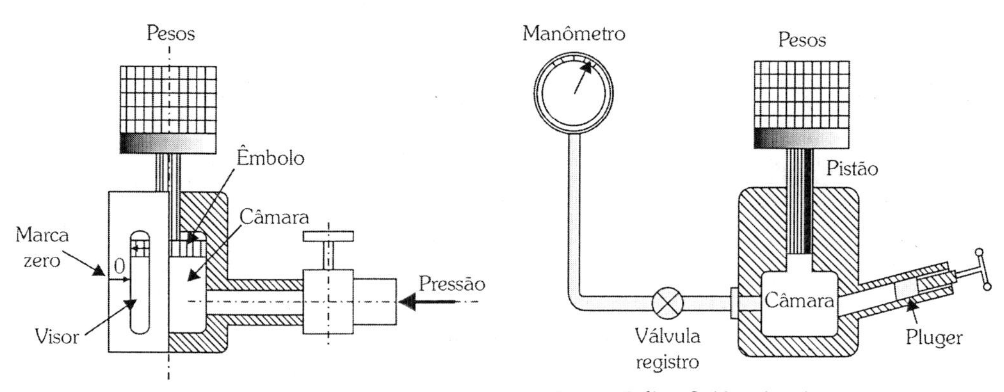

Figura 5.6a - Manômetro de peso morto.

Figura 5.6b - Calibrador de pesos mortos.

5.2.3. Medição da Pressão por Deformação, por Tensão Resultante ou por Elemento Elástico (de Área Conhecida)

5.2.3.1. Tubo de Bourdon

A maioria dos medidores de pressão em uso atualmente na indústria funciona pelo princípio da deformação. O medidor de pressão por deformação mais conhecido e utilizado é o tubo de Bourdon, já citado anteriormente para medições de temperatura. Assim como já fora citado no capítulo anterior, o tubo de Bourdon sofre uma deformação, originada da compressão de um fluido em seu interior, causando-lhe uma deformação proporcional que é acusada por um ponteiro movendo-se sobre uma escala.

Quanto à forma, o tubo de Bourdon pode se apresentar com as já conhecidas, Figura 5.7, tipo C, tipo helicoidal e tipo espiral.

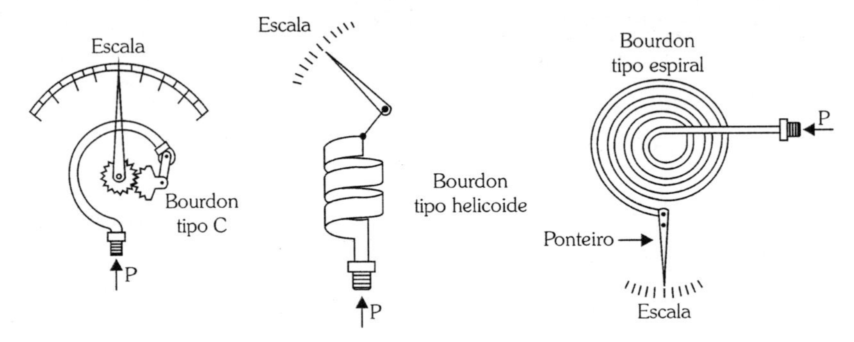

Figura 5.7 - Tipos de tubo de Bourdon mais usuais na indústria para medição de pressão.

Figura 5.8 - Vista interna de um manômetro mostrando o tubo de Bourdon. (Fonte: Manômetros Record S.A.)

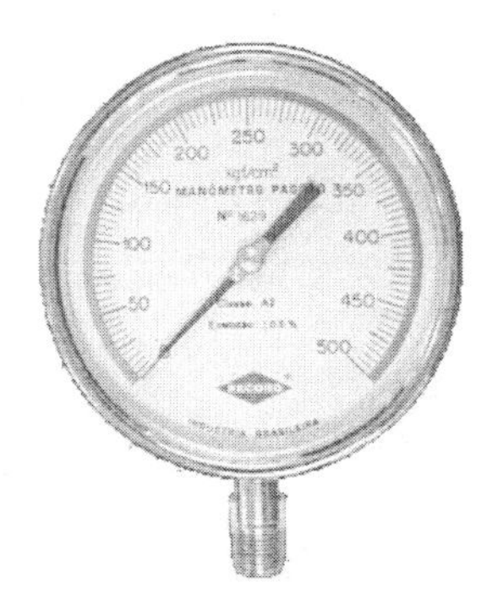

Figura 5.9 - Manômetro com mostrador circular e ponteiro - exatidão ± 0,5%. (Fonte: Manômetros Record S.A.)

5.2.3.2. Membrana ou Diafragma

O medidor de pressão do tipo membrana é constituído de um material elástico (metálico ou não), fixo pela borda. Uma haste fixa no centro do disco está ligada ao mecanismo indicador que pode ser um setor dentado como nos tubos de Bourdon ou um solenoide, no caso de um medidor do tipo indutivo, Figuras 5.10a e 5.10b. Esse tipo de medidor também pode ser instrumentado com *strain gauges* (tópico a ser estudado no capítulo 6).

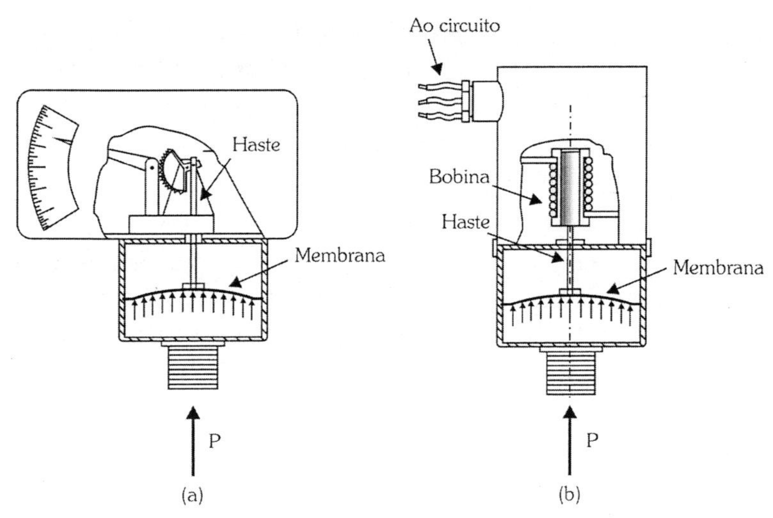

Figura 5.10 - (a) Manômetro de membrana a ponteiro, (b) Manômetro de membrana indutivo.

5.2.3.3. Fole

Já o medidor de pressão do tipo fole, Figura 5.11, consiste, basicamente, em um cilindro metálico, corrugado ou sanfonado.

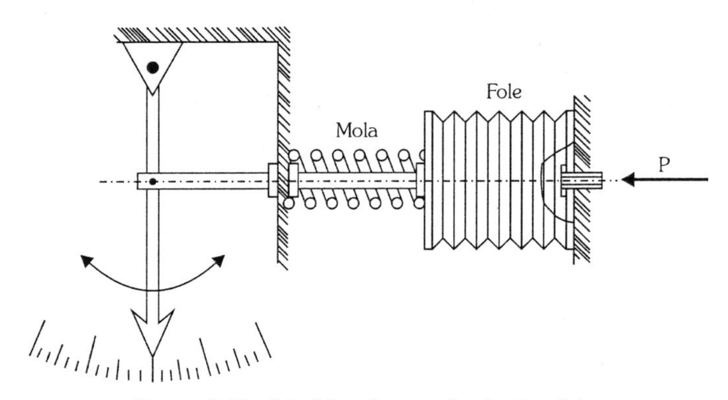

Figura 5.11 - Medidor de pressão do tipo fole.

Quando uma pressão é aplicada no interior do fole, provoca sua distensão, e como ele tem que vencer a flexibilidade do material e a força de oposição da mola que tende a mantê-lo fechado, o deslocamento do ponteiro ligado à haste é proporcional à pressão aplicada à parte interna do fole.

5.2.3.4. Transdutores de Pressão por Silício

Os transdutores de pressão por silício são sensores que convertem a grandeza física pressão em sinal elétrico. Em seu centro existe uma célula de medição que consiste em uma pastilha com um fino diafragma de silício acoplado, formando um *wafer*. O silício é implantado por difusão e dopado (contaminado) com arsênio, formando um semicondutor do *tipo-n*, no qual caminhos resistivos são formados pela implantação iônica para transferir o nível exato de força a um circuito ponte de Wheatstone de silício.

Quando o transdutor é submetido a uma carga de pressão, o diafragma sofre uma deflexão, gerando variações nas resistências implantadas, de acordo com o efeito piezorresistivo. A espessura do diafragma, a área da superfície e o desenho geométrico dos resistores determinam a permissividade da faixa de pressão. Efeitos mecânicos do suporte nas células de medição podem largamente ser evitados pelos aspectos estruturais.

Devido a suas características funcionais e sensibilidade, podem ser montados em tamanhos relativamente reduzidos, o que permite sua aplicação em áreas variadas como:

- Medidores de pressão sanguínea;
- Sistemas de injeção eletrônica;
- Sistemas de robótica;
- Controle de pressão em microbombas;
- Concentradores de oxigênio e respiradores;
- Controladores de nível e transmissão de fluidos.

5.2.3.4.1. Efeito piezorresistivo

A mudança de resistência causada por mudanças na geometria tem significância secundária. O efeito primário é a mudança de condutividade, dependente de esforço mecânico no cristal. Essa dependência pode ser definida pela constante de proporcionalidade:

$$\frac{\delta\gamma}{\gamma} = \Pi \cdot \sigma$$

em que:

- $\delta\gamma$: variação da condutividade elétrica: $[m/\Omega.mm^2]$
- γ: condutividade elétrica: $[m/\Omega.mm^2]$
- Π: constante piezo: $[mm^2/N]$
- σ: tensão de compressão: $[N/mm^2]$

Tensões de compressão e dilatação no cristal semicondutor são usadas para produzir mudanças na resistência dos piezorresistores conectados como um circuito ponte.

a) Tensões de compressão no cristal causam uma redução na máxima energia e, consequentemente, no aumento do número de portadores de carga na direção da força de compressão. Esse aumento na condutividade reflete na diminuição da resistência.

b) Tensões de dilatação causam um aumento na energia máxima e, consequentemente, uma diminuição no número de portadores de carga na direção da força dilatadora. Isso reflete no aumento da resistência.

Os resistores estão precisamente localizados sobre o diafragma flexível para corresponder com a máxima tensão de compressão e dilatação.

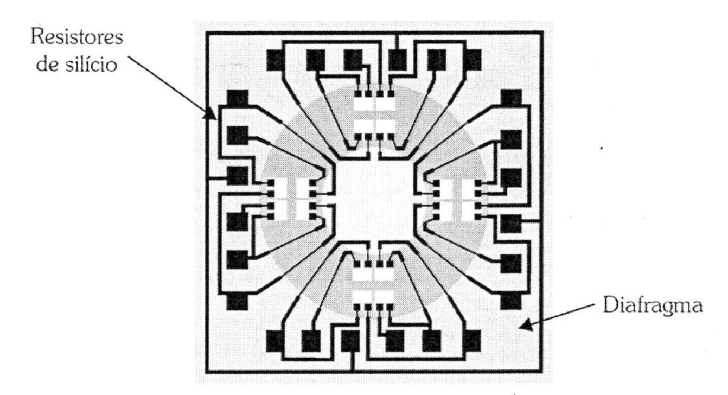

Figura 5.12: Sensor de silício (Fonte: Infieneon tecnologies).

Para atingir a máxima incerteza na medição, os quatro piezorresistores estão conectados para formar um circuito ponte de Wheatstone. A posição dos resistores individuais é escolhida de acordo com a deflexão no diafragma. Dois resistores situados em lados opostos aumentam a resistência, enquanto os outros dois diminuem.

Esta configuração propicia a vantagem de minimização dos efeitos da va:riação de resistência em relação à temperatura. A variação de resistência com a deformação é pequena, enquanto a variação com a temperatura pode ser grande. Por isso mesmo, frequentemente, o conjunto é normalmente utilizado submerso em óleo a fim de minimizar os efeitos da temperatura, Figura 5.12.

A fim de obter o maior sinal possível com a melhor linearidade, duas condições devem ocorrer:

- Os quatro resistores devem ter o mesmo valor nominal.
- Os resistores opostos na diagonal devem mudar igualmente suas quantidades em valores opostos.

Em princípio, esta segunda condição pode ser obtida por dois métodos separados. Por meio do posicionamento dos resistores em localizações opostas aos esforços mecânicos ou pelo uso de diferentes sinais dos efeitos longitudinal e transversal. A melhor posição para cada resistor é calculada por computador utilizando técnicas de análise de elementos finitos.

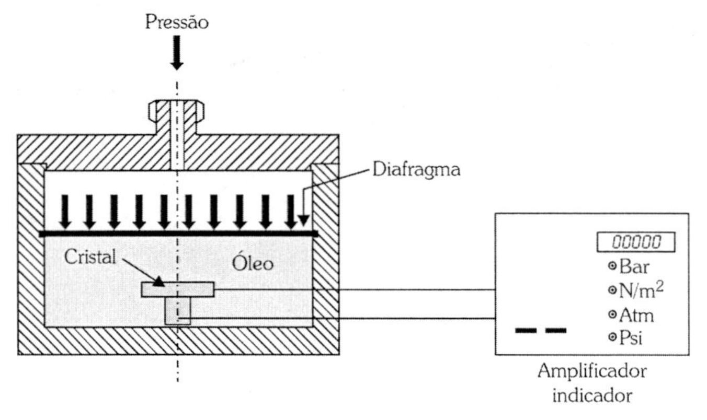

Figura 5.13: Célula de carga para medição de pressão por cristal piezoelétrico.

A aplicação desse tipo de tecnologia, quando comparada a outras formas de medir pressão, permite algumas vantagens, tais como:

- Maior sensibilidade;
- Baixa histerese de pressão e temperatura;
- Resposta rápida;
- Maior linearidade;
- Baixo custo;
- Sistema compacto;
- Alta estabilidade no ciclo de carga em função da não ocorrência de fadiga.

Uma desvantagem que deve ser mencionada é a sua dependência na temperatura, mas esses efeitos podem ser compensados por um circuito corretor, ou submergindo o conjunto diafragma sensor em óleo, tal qual foi mostrado na figura anterior.

5.3. Exercícios Propostos

1) Considere que na Figura 5.3b o tubo contenha ar, o líquido manométrico seja água, h_1=500mm e h_2=200mm, ρ_2=1000kg/m^3, ρ_1=0,293kg/m^3. A pressão em A é:

a) $\cong$ 10,14m água abs.

b) $\cong$ 0,2m água vácuo.

c) $\cong$ 0,2m água.

d) $\cong$ 4901 Pa.

e) Nenhuma das respostas anteriores.

2) Na Figura 5.4a, h_1=1,5in, h_2=1,0in, h_3=2,0in, γ_1=800N/m^3, γ_2=650N/m^3, γ_3=1000N/m^3. Logo P_B–P_A em polegadas de água será:

a) $\cong$ –3,05

b) $\cong$ –1,75

c) $\cong$ 3,05

d) $\cong$ 6,25

e) Nenhuma das respostas anteriores

3) Num manômetro do tipo da Figura 5.4a tem:se água em A e B e o líquido manométrico é o óleo, de massa específica 881 kg/m^2. As distâncias dos meniscos são h_1=300mm; h_2=200mm; h_3=600mm. (a) Determinar P_A – P_B em pascais. (b) Se P_B=50kPa e o barômetro indica 730mm Hg, determinar a pressão absoluta em A, em metros de coluna d'água.

4) Considere o manômetro de pesos mortos da Figura 5.5a. Qual será o valor da pressão em psi do fluido medido ao zerar as marcas se o diâmetro do êmbolo é 50mm e os cinco pesos têm cada um o diâmetro de 150mm por uma espessura de 20mm. Considere para o aço (ρ=7850kg/m^3):

a) 7

b) 12

c) 10

d) 11,5

e) Nenhuma das respostas anteriores

5) O princípio de medição de pressão utilizando tubos de Bourdon está baseado no fenômeno de:

a) Dilatação dos fluidos que por ele passam.

b) Dilatação do material do qual o Bourdon é composto.

c) Deformação do Bourdon em função da pressão interna.

d) Relação de transmissão entre o setor dentado e o ponteiro.

e) Nenhuma das respostas anteriores.

6) Além do fato de ficar submetido à ação de uma pressão hidrostática, portanto, uniforme, qual o outro motivo de submergir em óleo o sensor de silício?

7) Explique de forma básica como é obtido o sensor do tipo piezorresistivo.

8) Considere a Figura 5.4b. Determine a pressão em psi no tanque A, sabendo que h_1=300mm, h_2=450mm, h_3=200mm, β_1=0,0011K^{-1}, $\beta_2=\beta_3$= 0,00018K^{-1}, ρ_1=790kg/m^3, ρ_2=13600kg/m^3, ρ_3=1000kg/m^3, T_0=22°C, T=60°C, P_B=350psi.

a) $\cong$ 280

b) $\cong$ 305,3

c) $\cong$ 359

d) $\cong$ 349

e) Nenhuma das alternativas anteriores

9) Defina vácuo.

10) Considere as duas situações seguintes e responda:as:

Um astronauta acidentalmente fica preso no compartimento de carga de sua nave, sem traje espacial, porém com oxigênio e pressão de 1atm. O compartimento então é atingido por uma rajada de minúsculos meteoritos que abrem diversos furinhos, fazendo com que as pressões interna e externa igualem:se quase que instantaneamente, ou seja, vácuo absoluto. O que acontece ao corpo do astronauta?

Um cientista passa vários dias submerso no oceano em um centro de pesquisas a 1500 metros de profundidade. Ao retornar, não passa por uma câmera de descompressão. Ele morrerá sufocado por falta de oxigênio ou afogado por excesso de oxigênio?

CAPÍTULO

6

Medição de Forças e Torque: Extensometria e Transdutores de Força

6.1. Introdução

O desenvolvimento dos métodos de medição de força é recente na história da instrumentação. Seu surgimento basicamente se deu em função da necessidade de desenvolver máquinas confiáveis estruturalmente que pudessem atender à produção em massa. A questão era possibilitar o dimensionamento de esforços de forma precisa e em tempo hábil, sem necessitar recorrer a complexos formalismos matemáticos que muitas vezes apenas possibilitavam respostas aproximadas, além de exigir que os projetistas fossem exímios matemáticos.

Nessa época, por volta de 1930, também iniciava o desenvolvimento dos Métodos de Elementos Finitos, porém fazia:se necessário investigar experimentalmente as propriedades dos materiais, conhecer a distribuição de cargas, máximas solicitações etc.

Além do mais, principalmente por questões econômicas, a antiga prática de superdimensionamento dos componentes estruturais e as análises puramente empíricas por ensaio e erro passaram a ser impraticáveis nos setores mais avançados da indústria como a automotiva, por exemplo, ou a indústria produtora de máquinas operatrizes (máquinas de usinagem) que necessitam realizar operações precisas com grandes solicitações mecânicas.

Assim, a pesquisa científica desenvolvida pela Física, Eletrônica e Mecânica Aplicada resultou no surgimento da extensometria que tornou capaz a determinação de esforços experimentais sob condições reais de serviço.

6.2. Definição e Conceitos Básicos

Em 1678, Robert Hooke estabeleceu a relação que existe entre tensões e deformações em corpos submetidos a solicitações mecânicas. Se o material for *isótropo e homogêneo* e seu limite elástico não for superado, então verifica:se que a relação entre a tensão e a deformação é linear. Baseado nesse princípio, é possível definir extensometria da seguinte forma:

> *"Extensometria é o método que tem por objetivo a medida das deformações superficiais dos corpos."*

O conceito de deformação é expresso mediante uma relação dimensional.

$$\varepsilon = \frac{\delta L}{L} \tag{6.1}$$

em que:

- ε : deformação axial específica
- δL : variação do comprimento
- L : comprimento inicial

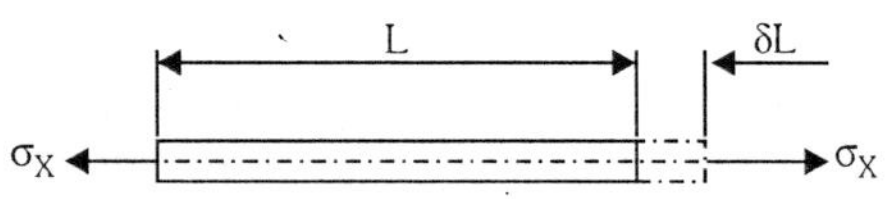

Figura 6.1 : Elemento deformado axialmente.

> *Em geral se emprega como unidade a microdeformação ($\mu\varepsilon$) que equivale a $1x10^{-6}$ e corresponde à variação de 1 micrômetro no comprimento de 1 metro.*

O esforço de tensão (estresse) que uma estrutura suporta se define em termos de força por unidade de área (N/mm^2).

A medida da rigidez que um material apresenta quando solicitado longitudinalmente é denominada *Módulo de Elasticidade Longitudinal* ou *Módulo de Young* e é representada costumeiramente pela letra (E). Quanto maior for o módulo (E), menor será a deformação elástica (strain) resultante da aplicação de uma tensão (estresse), e mais rígido será o material.

Para o caso concreto de um aço comum, não ligado e bastante conhecido, o SAE 1020 estirado, o módulo de Young é de $2{,}05x10^5$ N/mm^2, o limite elástico (sobre o qual a deformação não mais é proporcional à tensão, portanto irreversível deixando sequelas) é da ordem de $3{,}40x10^5 N/mm^2$ e a ruptura se alcança a uma tensão de $5{,}40x10^2 N/mm^2$.

Abaixo do limite elástico se cumpre a relação de Hooke, Figura 6.2.

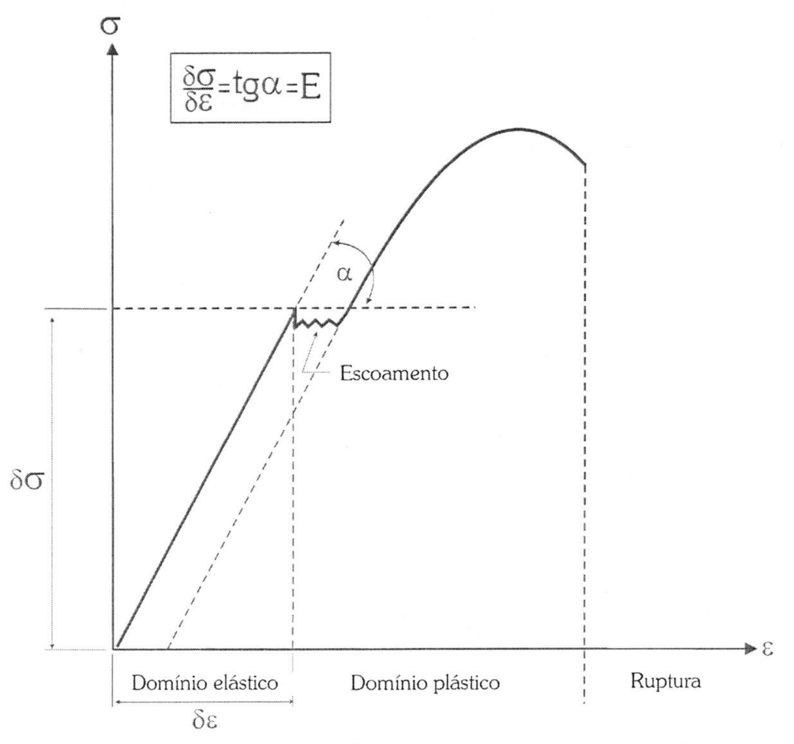

Figura 6.2 : Curva tensão x deformação para um metal característico.

As deformações não se produzem somente na direção da força aplicada, pois o aumento do comprimento resulta na diminuição (contração nos eixos Y e Z) da seção transversal (efeito de Poisson). Desta forma as seguintes equações são válidas para determinar a deformação nos eixos X, Y e Z.

- Eixo X

$$\varepsilon_X = \frac{\sigma_X}{E} \tag{6.2}$$

- Eixo Y

$$\varepsilon_Y = -\nu \frac{\sigma_X}{E} = -\nu \cdot \varepsilon_X \tag{6.3}$$

- Eixo Z

$$\varepsilon_Z = -\nu \frac{\sigma_X}{E} = -\nu \cdot \varepsilon_X \tag{6.4}$$

A letra (ν) simboliza o coeficiente de Poisson, cujo valor é próximo a 0,3 para os metais mais comuns.

Todos esses conceitos pertencem à Teoria de Resistência dos Materiais e são indispensáveis para o estudo da medida de deformações superficiais.

Ao final do capítulo, objetivando o melhor compreensão quanto à aplicação da extensometria, bem como o equacionamento envolvido, serão vistos mais alguns conceitos relativos à Teoria de Resistência dos Materiais.

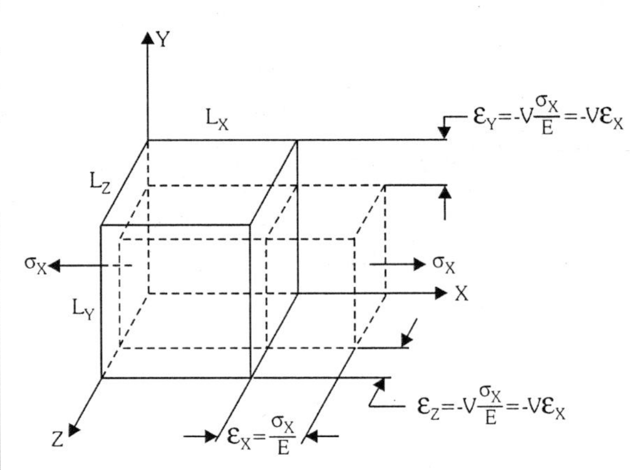

Figura 6.3 : Efeito de Poison.

Mas o estudo da extensometria não se limita apenas à relação de tensão e deformação dos materiais realizada por Robert Hooke. Outro grande cientista, William Thomson (também conhecido por Lord Kelvin), anos mais tarde (1856), ao realizar estudos experimentais com condutores de cobre e ferro submetidos à solicitação mecânica de tração, verificou que a resistência elétrica que percorria esses condutores era uma função da constante de resistividade elétrica do mate: rial e das variáveis comprimento e seção transversal.

$$R = \rho \frac{L}{A} \tag{6.5}$$

em que:

- R: resistência elétrica do condutor [Ω]
- ρ: resistividade do condutor : [$\Omega.mm^2/m$]
- L: comprimento do condutor : [m]
- A: seção transversal do condutor : [mm^2]

Desta forma, relacionando suas verificações com os estudos de Hooke, William Thomson chegou à seguinte conclusão:

"Quando uma barra metálica é esticada, ela sofre um alongamento em seu comprimento e também uma diminuição do seu volume, resultado da diminuição da área da seção transversal dessa barra e um consequente aumento de sua resistência elétrica. Da mesma maneira, quando a barra é comprimida, a resistência ***diminui*** *devido ao aumento da área transversal e diminuição do comprimento."*

Experimentos realizados pelo norte:americano P. W. Bridgman, em 1923, mostraram algumas aplicações práticas da descoberta de Kelvin para realização de medidas, mas como já citado anteriormente; foi a partir de 1930 que elas tomaram impulso. É creditado a Roy Carlson uma das primeiras utilizações de um fio resistivo para medições de estresse em 1931.

Entre 1937 e 1939, Edward Simmons (*California Institute of Technology*, Pasadena, CA, USA) e Arthur Ruge (*Massachusetts Institute of Technology*, Cambridge, MA, USA), trabalhando independentemente um do outro, utilizaram pela primeira vez fios metálicos colados à superfície de um corpo de prova para medida de deformações. Essa experiência deu origem aos extensômetros que são utilizados atualmente

A partir de 1950, o processo de fabricação dos extensômetros adotou o método de manufaturar finas folhas ou lâminas contendo um labirinto ou grade metálica, colado a um suporte flexível feito geralmente de epóxi. As técnicas de fabricação de circuitos impressos são usadas na confecção dessas lâminas, que podem ter configurações bastante variadas e intrincadas.

6.3. Classificação das Medidas Extensométricas

Tomando como critério a evolução no tempo dos esforços a serem medidos, a extensômetria classifica:se em:

- **Medidas estáticas:** compreendem o estudo de esforços que variam lentamente em função do tempo, como o caso da estrutura de uma represa quando o volume de água represado começa a elevar:se.
- **Medidas estáticas dinâmicas:** consistem na medida simultânea de esforços sujeitos a variações rápidas (choques, vibrações) e esforços graduais. É o típico caso de uma ponte quando veículos transitam sobre ela.
- **Medidas dinâmicas:** limitam:se às componentes de variação rápida. Um exemplo típico seria a medição das vibrações de um rotor quando em balanceamento.

6.4. Strain Gauges (Células Extensométricas)

Dentre os diferentes procedimentos existentes para converter deformações mecânicas em sinais elétricos proporcionais, o mais conhecido é o que utiliza elementos cuja resistência elétrica varia em função de pequenas deformações longitudinais. Esses elementos são pequenas células extensométricas afixadas (coladas) na superfície do corpo de prova ou da própria máquina, formando um conjunto solidário, e recebem o nome de *strain gauges*.

6.4.1. Tipos de Strain Gauges

6.4.1.1. Gauges Metálicos

Subdividem:se em dois tipos, a saber:

a) **Gauges de filamento (*wire strain gauge*)**: o elemento sensível é um fio condutor metálico (liga de níquel com cobre e cromo) com uma seção circular de diâmetro 0,0025 mm aproximadamente, e colado sobre um suporte isolante de resina epóxi, poliéster ou material análogo. Para oferecer o máximo comprimento ativo dentro de uma área reduzida, o fio é disposto em várias dobras, seguindo a disposição que se mostra na Figura 6.4.

b) **Gauge de trama pelicular (*foil strain gauge*)**: o elemento sensível é uma película de metal com poucos micros de espessura, recortada mediante ataque fotoquímico ou outra técnica adequada. O comprimento ativo é bem determinado, pois as espiras e as pistas de conexão são praticamente insensíveis, devido a sua largura, Figura 6.5.

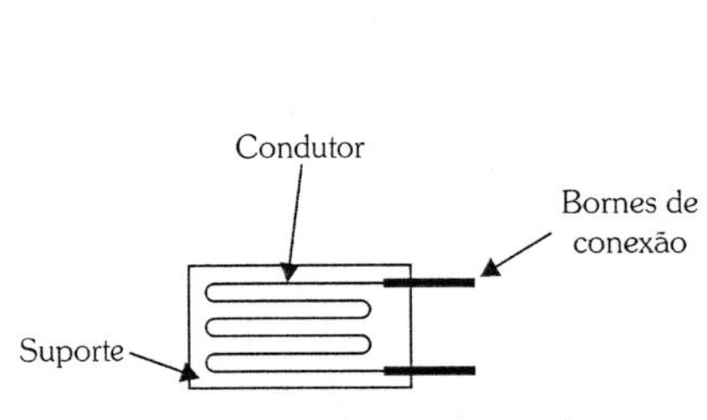

Figura 6.4 : Constituição de um *strain gauge* de filamento.

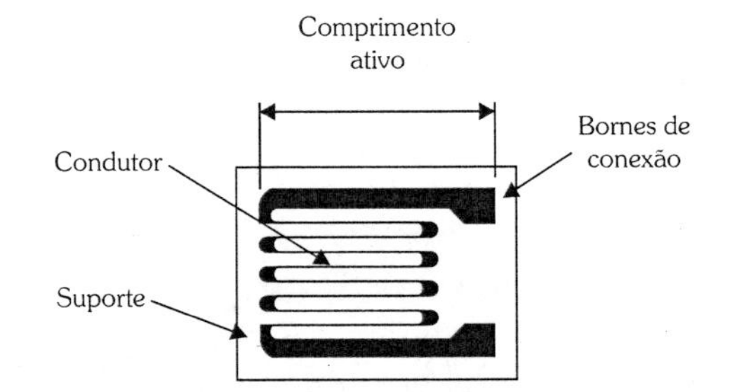

Figura 6.5 : Constituição de um *strain gauge* de trama pelicular.

O princípio de medida dos gauges metálicos baseia:se então em três premissas enunciadas ao longo dos textos introdutórios:

- O valor da resistência de um condutor é uma função de suas características geométricas (efeito enunciado por Lord Kelvin).
- A todo aumento de comprimento de um condutor corresponde uma redução da seção transversal (efeito de Poisson).
- A variação da resistividade é proporcional à variação relativa de volume (efeito enunciado por Bridgman).

Das considerações anteriores, após algumas relações matemáticas e substituições, resulta a relação:

$$K = \frac{\delta R / R}{\delta L / L} = 1 + 2\nu + \frac{\delta \rho / \rho}{\delta L / L} \qquad (6.6)$$

Em que K é conhecido como "fator de gauge" ou "coeficiente de sensibilidade", cujo valor é fornecido pelo fabricante.

A Figura 6.6 exemplifica a aplicação de um *straing gauge* do tipo banda uniaxial de trama pelicular afixado sobre uma viga, em posição paralela à deformação longitudinal que ela terá em razão da ação da força F.

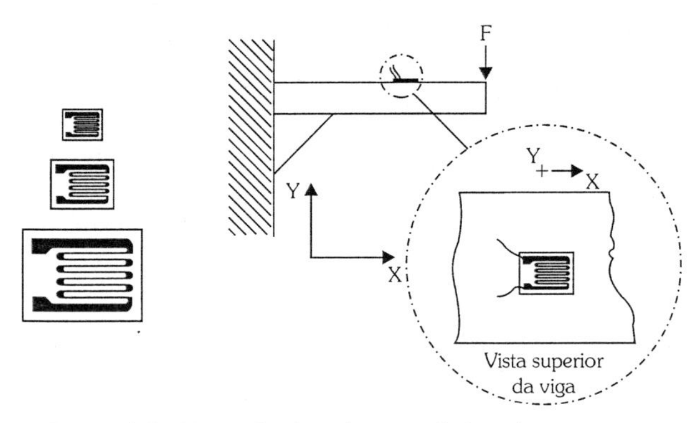

Figura 6.6 : Exemplo de aplicação de bandas uniaxiais.

A tabela seguinte apresenta algumas marcas comerciais de *strain gauges* com seus respectivos fatores gauge e máxima temperatura de utilização.

Tabela 6.1 : Características de alguns *strain gauges* comerciais.

Composição química	Fabricante	Fator Gauge K	Resistividade μΩ.cm	Coef. Temper. adimensional	Máx. temper. Utilil. °C
55% Cu, 45%Ni	Advance Constanten Copel	2,0	49	11	< 360
4%Ni,12%Mn, 84%Cu	Manganin	0,47	44	20	
80%Ni, 20%Cu	Nichrome V	2,0	108	400	800
36Ni, 8%Cr, 0.5%Mo, 55,5%Fe	Isoelastic	3,5	110	450	300
66%Ni, 33%Cu	Monel	1,9	400	1900	750
74%Ni, 20%Cr, 3%Al, 3%Fe	Karma	2,4	125	20	

6.5. Bandas Biaxiais (Strain Gauges do Tipo Roseta)

Para que as medições extensométricas estejam efetivamente corretas, é necessário que as isostáticas da estrutura sob ensaio não passem pela parte ativa do extensômetro, porém nem sempre é possível dispor de informação suficiente para alinhar o *strain gauge* na direção precisa. Recorre:se então a gauges de vários elementos, colocados entre si a 45, 60, 90 e 120°, como ilustra a Figura 6.7.

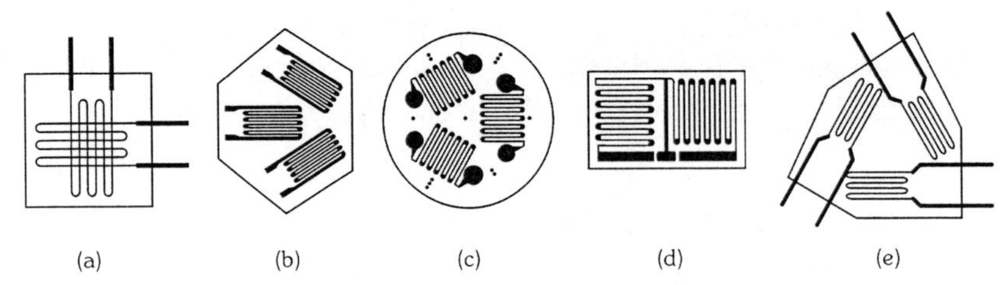

Figura 6.7 : Bandas biaxiais, usadas para medir deformações de duas ou mais direções. (a) Roseta de dois elementos a 90°, (b) roseta de três elementos a 45°, (c) rosetas de três elementos a 120°, (d) roseta de dois elementos a 90°, (e) roseta de três elementos a 60°.

A informação relativa de cada um deles permite deduzir o sentido e magnitude dos esforços principais, por equacionamento ou com a ajuda do círculo de Mohr. Como os gauges são montados sobre a superfície, o plano de medidas corresponde a um estado de deformações biaxial.

Na Figura 6.8 uma banda biaxial do tipo roseta é afixada sobre a superfície de um eixo sujeito à ação de uma força F aplicada a um componente solidário a este e que causará no eixo deformação por flexão e por torção.

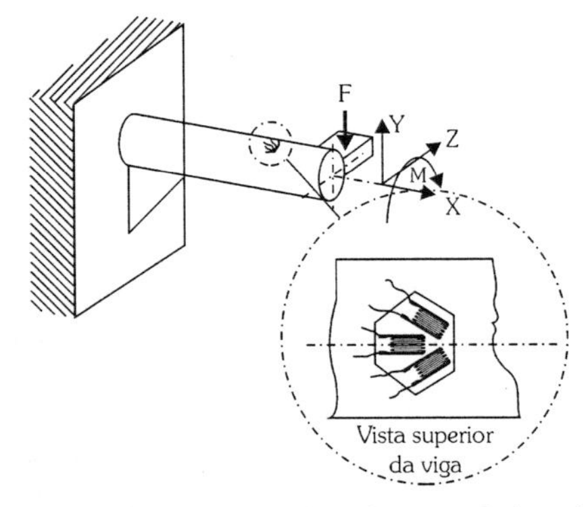

Figura 6.8 : Exemplo de aplicação de banda biaxial. A roseta, nesse caso, possibilita a leitura de deformações de flexão e de torção (flexotorção).

6.6. Bandas para Esforços Radiais e Tangenciais

Os gauges de trama pelicular admitem configurações que tornam possível a medida direta de esforços raiais e tangenciais, Figura 6.9.

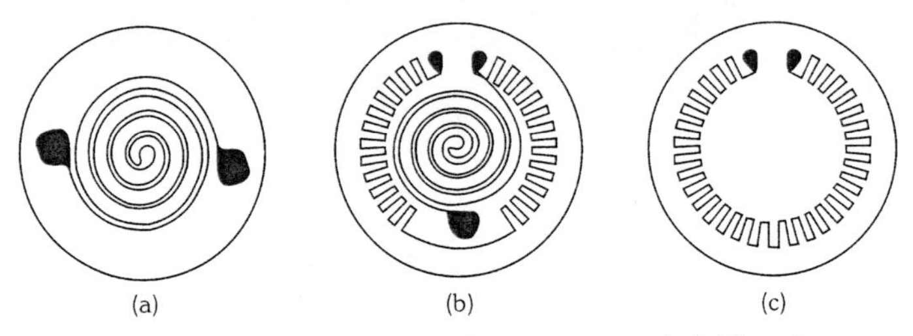

Figura 6.9 : (a) Banda para medidas de esforço tangencial; (b) banda para medidas de esforços radial e tangencial; (c) banda para medidas de esforço radial.

6.7. Métodos de Medida

De acordo com que fora exposto até agora, as bandas extensométricas, ao sofrerem deformações, proporcionalmente variam sua resistência elétrica. Torna:se então, necessário um mecanismo capaz de quantificar essa variação de resistência.

Como já visto anteriormente, a forma mais eficaz de medir variação de resistências, principalmente sendo elas de valores extremamente reduzidos, é com a utilização de um circuito do tipo ponte de *Wheatstone*, já conhecido do leitor, aqui, porém, com amplificação, um sistema passivo formado por quatro resistências montadas duas a duas em série.

Partindo da ponte de Wheatstone como circuito fundamental, são dois os procedimentos para medir o desequilíbrio que se produz devido à deformação das galgas:

- Método direto;
- Método de zero.

6.7.1. Método Direto

Consiste em medir a diferença de potencial presente nos bornes de saída da ponte, com a ajuda de um voltímetro de precisão. Esse procedimento exige amplificação prévia do sinal de saída e uma fonte de excitação muito estável. Veja a Figura 6.10.

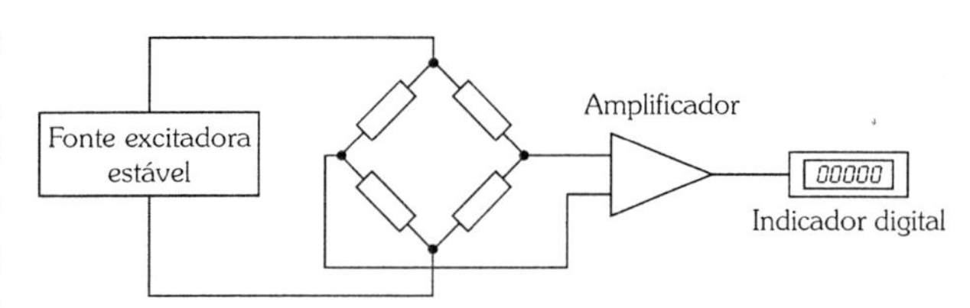

Figura 6.10 : Circuito básico para medida direta.

6.7.2. Método de Zero

Consiste em estabelecer o equilíbrio na ponte, seja variando as resistências nos ramos da ponte ou bem uma tensão oposta à de equilíbrio. Esse último procedimento é também conhecido como *método de oposição*, Figura 6.11.

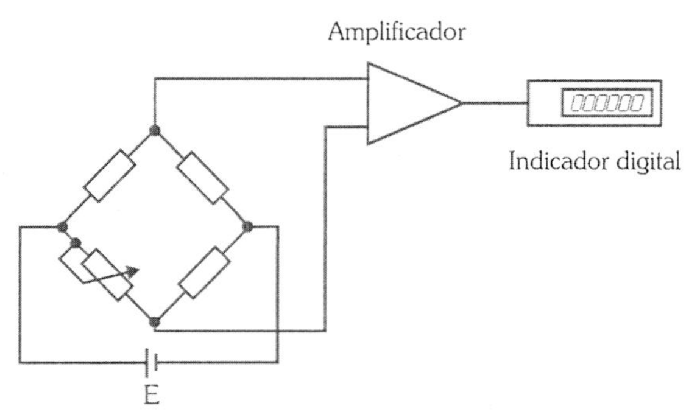

Figura 6.11 : Circuito básico para o método de zero. O potenciômetro toma uma parte da tensão de alimentação e coloca:a na saída da ponte (V).

6.8. Compensação de Temperatura

Geralmente é impossível calcular correções para os efeitos da temperatura sobre os *strain gauges*. Por conseguinte, essa compensação é feita diretamente por meio de um arranjo experimental, que é mostrado na Figura 6.13.

No exemplo apresentado na Figura 6.12, o *strain gauge* 1 (R_1) é instalado sobre a superfície do corpo a ser estudado (submetido à solicitação), enquanto o *strain gauge* 2 (R_4) é instalado sobre a superfície de um corpo semelhante (de mesmo material) não solicitado e submetido às mesmas condições de temperatura. Qualquer variação na resistência R_1 em função de uma oscilação na temperatura será cancelada pela variação similar ocorrida em R_4, e o circuito de ponte detecta a condição desequilibrada que é so:mente o resultado da tensão imposta no corpo de prova.

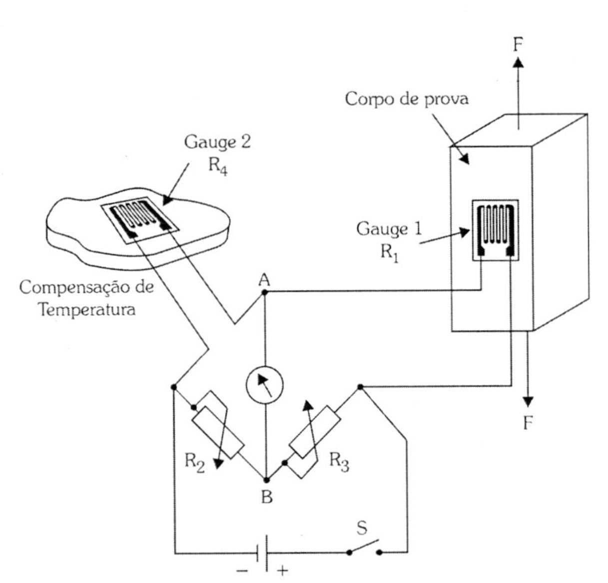

Figura 6.12 : Montagem de *strain gauge* com compensação de temperatura.

É claro que se deve ter muito cuidado na instalação de ambos os *strain gauges*, para assegurar que sejam instalados da mesma maneira no corpo de prova e no corpo de compensação de temperatura.

6.9. Montagens de Medidas com Pontes Extensométricas

Como apresentado no final do capítulo em uma breve exposição introdutória sobre a Teoria de Resistência dos Materiais, para cada tipo de solicitação que será estudado, há uma forma de fixação (montagem) para os *gauges* extensométricos e sua relação com a ponte de medição de Wheatstone.

6.9.1. Caso I: Barra Prismática de Eixo Reto, Submetida a Esforço de Tração Simples

- **Primeira montagem:** um gauge ativo, alinhado na direção da força, Figura 6.13a.
- **Circuito:** ¼ de ponte, alimentado com tensão constante, Figura 6.13b.

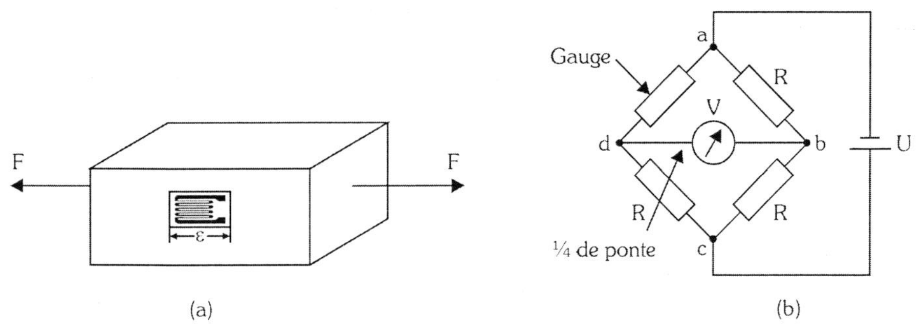

Figura 6.13 : Primeira montagem (Caso I).

- **Condição de equilíbrio inicial**

$$R_{Gauge} = R_{a-b} = R_{b-c} = R_{c-d} = R \tag{6.7}$$

Esta relação é somente válida para uma pequena variação na resistência do gauge ($R+\delta R$).

Desta forma as equações das impedâncias podem ser escritas como:

$$I_1 = \frac{U}{R + \delta R + R} = \frac{U}{(2R + \delta R)} \tag{6.8}$$

$$I_2 = \frac{U}{R + R} = \frac{U}{2R} \tag{6.9}$$

$$V = V_{ab} - V_{ad} \tag{6.10}$$

Lembrando que $V=I \cdot R$, substituindo ter:se:á:

$$V_{ad} = I_1 \cdot (R + \delta R) = \frac{U}{(2R + \delta R)} \cdot (R + \delta R) = \frac{U \cdot R + U \cdot \delta R}{(2R + \delta R)} \tag{6.11}$$

$$V_{ab} = I_2 \cdot R = \frac{U}{2R} \cdot R = \frac{U}{2} \tag{6.12}$$

Assim:

$$V = \frac{U}{2} - \frac{U \cdot R + U \cdot \delta R}{(2R + \delta R)} = \frac{U \cdot \delta R}{(4R + 2 \cdot \delta R)} \quad (6.13)$$

Reordenando a equação anterior, resulta na seguinte relação:

$$\frac{V}{U} = \frac{\delta R}{(4R + 2 \cdot \delta R)} \quad (6.14)$$

Traduzindo em deformação:

$$\left(\varepsilon = \frac{\delta L}{L} = \frac{1}{K} \cdot \frac{\delta R}{R} \right) \quad (6.15)$$

Portanto, substituindo na relação (6.14), chegar:se:á:

$$\frac{V}{U} = \frac{K \cdot \varepsilon}{(4 + 2 \cdot K \cdot \varepsilon)} \quad (6.16)$$

em que:

- K : fator de gauge
- V : tensão de saída
- U : tensão de entrada
- ε : deformação

Nesse método não é feita a compensação da temperatura, por isso a resposta não é linear.

- **Segunda montagem:** dois gauges ativos, em ramos adjacentes da ponte; um deles alinhado na direção da força aplicada e o outro em direção perpendicular, acusando o efeito de Poisson, Figura 6.15a.
- **Circuito:** ½ ponte. Alimentado com tensão constante, Figura 6.15b.

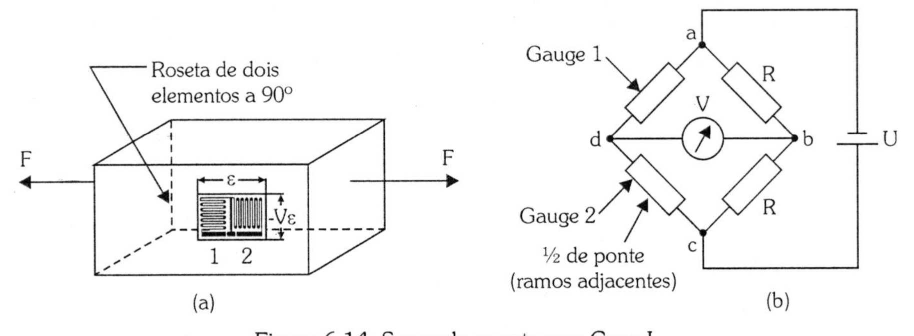

Figura 6.14: Segunda montagem Caso I.

- **Condição de equilíbrio inicial**

$$R_{Gauge\,1} = R_{Gauge\,2} = R_{a-b} = R_{b-c} = R \tag{6.17}$$

- **Variação da resistência no gauge 1**

$$R + \delta R \tag{6.18}$$

- **Variação da resistência no gauge 2**

$$R - \nu \cdot \delta R \tag{6.19}$$

Desta forma as equações das impedâncias podem ser escritas como:

$$I_1 = \frac{U}{R + \delta R + R - \nu \cdot \delta R} = \frac{U}{(2R + (1 - \nu)\delta R)} \tag{6.20}$$

$$I_2 = \frac{U}{R + R} = \frac{U}{2R}; \tag{6.21}$$

$$V = V_{ab} - V_{ad} \tag{6.22}$$

Lembrando que $V = I \cdot R$, substituindo ter-se-á:

$$V_{ad} = I_1 \cdot (R + \delta R) = \frac{U}{(2R + (1 - \nu)\delta R)} \cdot (R + \delta R) = \frac{U \cdot R + U \cdot \delta R}{(2R + (1 - \nu)\delta R)}; \tag{6.23}$$

$$V_{ab} = I_2 \cdot R = \frac{U}{2R} \cdot R = \frac{U}{2}; \tag{6.24}$$

Assim:

$$V = \frac{U \cdot R + U \cdot \delta R}{2R + (1 - \delta R)\delta R} - \frac{U}{2} = \frac{(1 - \nu)U \cdot \delta R}{(4R + 2(1 - \nu)\delta R)} \tag{6.25}$$

Reordenando a função acima e substituindo nela a relação (6.15), chegar-se-á:

$$\frac{V}{U} = \frac{(1 - \nu)\delta R}{(4R + 2(1 - \nu)\delta R)} = \frac{(1 + \nu)K \cdot \varepsilon}{2 + K \cdot \varepsilon(1 - \nu)} \tag{6.26}$$

em que:

- K: fator de gauge
- V: tensão de saída
- U: tensão de entrada
- ε: deformação
- ν: coeficiente de Poisson

Nesse método há compensação da temperatura, por isso a resposta é linear.

- **Terceira montagem:** quatro gauges ativos, dois de ramos opostos para a direção da força aplicada e os dois restantes na direção perpendicular ao efeito de Poisson, Figura 6.15a.
- **Circuito:** ponte completa, alimentado com tensão constante, Figura 6.15b.

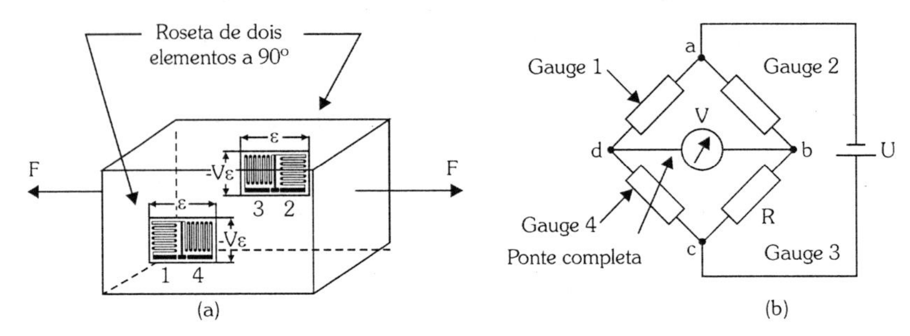

Figura 6.15: Terceira montagem Caso I.

- **Condição de equilíbrio inicial**

$$R_{Gauge1} = R_{Gauge2} = R_{Gauge3} = R_{Gauge4} = R \tag{6.27}$$

- **Variação da resistência nos gauges**

$$R_{Gauge1} \rightarrow R + \delta R \tag{6.28}$$

$$\Delta R_{Gauge2} \rightarrow R - \delta R \tag{6.29}$$

$$\Delta R_{Gauge3} \rightarrow R + \delta R \tag{6.30}$$

$$\Delta R_{Gauge4} \rightarrow R - \nu\delta R \tag{6.31}$$

Desta forma as equações das impedâncias podem ser escritas como:

$$I_1 = I_2 = \frac{U}{R + \delta R + R - \nu\delta R} = \frac{U}{\left(2R + (1 - \nu)\delta R\right)} \tag{6.32}$$

$$V = V_{ab} - V_{ad} \tag{6.33}$$

Lembrando que V=I · R, substituindo ter:se:á:

$$V_{ab} = I_1 \cdot (R - \nu\delta R) = \frac{U}{\left(2R + (1 - \nu)\delta R\right)} \cdot (R - \nu\delta R) = \frac{U \cdot R - U\nu\delta R}{\left(2R - (1 - \nu)\delta R\right)}; \tag{6.34}$$

$$V_{ad} = I_2 \cdot (R + \delta R) = \frac{U}{(2R + (1 - \nu)\delta R)} \cdot (R + \delta R) = \frac{U \cdot R + U \cdot \delta R}{(2R + (1 - \nu)\delta R)}; \quad (6.35)$$

Assim:

$$V = \frac{U \cdot R - U \cdot \nu \cdot \delta R}{(2R + (2 - \nu)\delta R)} - \frac{U \cdot R + U \cdot \delta R}{(2R + (1 - \nu)\delta R)} = \frac{(1 - \nu)U \cdot \delta R}{2R + (1 - \nu)\delta R} \quad (6.36)$$

Reordenando esta função, resulta na seguinte relação após substituição com equação (6.15):

$$\frac{V}{U} = \frac{(1 + \nu)\delta R}{(2R + (1 - \nu)\delta R)} = \frac{(1 + \nu)K \cdot \varepsilon}{2 - K \cdot \varepsilon(1 - \nu)} \quad (6.37)$$

em que:

- K: fator de gauge
- V: tensão de saída
- U: tensão de entrada
- ε: deformação
- ν: coeficiente de Poisson

Nesse método há compensação da temperatura, por isso a resposta é linear.

6.9.2. Caso II: Barra Prismática de Eixo Reto, Submetida a Esforço de Flexão Simples

Neste caso são produzidos esforços iguais e opostos. A superfície convexa (superior) é solicitada por esforço de tração, enquanto a côncava (inferior) é solicitada por compressão, Figura 6.16.

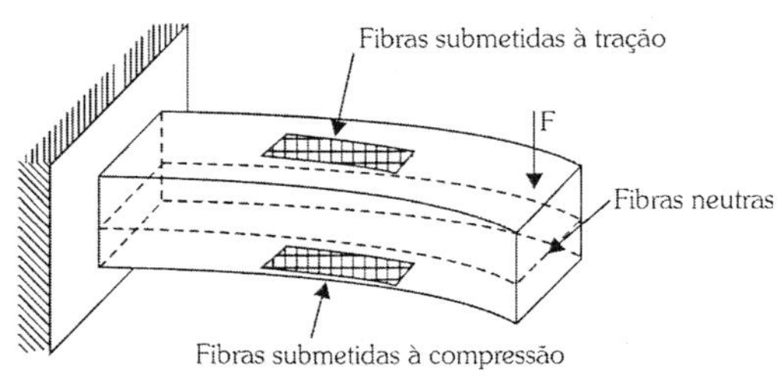

Figura 6.16: Viga engastada submetida a esforço de flexão simples.

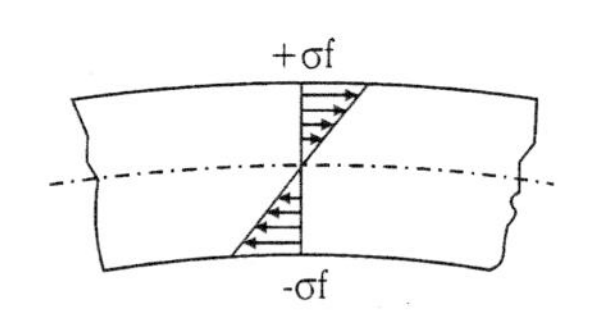

Figura 6.17: Flexão simples (tensões atuantes).

- **Montagem:** quatro *strain gauges* ativos, dois a dois em ramos opostos da ponte e submetidos a esforços iguais, porém de sinal contrário, Figura 6.18a.
- **Circuito:** ponte completa, alimentado com tensão constante, Figura 6.18b.

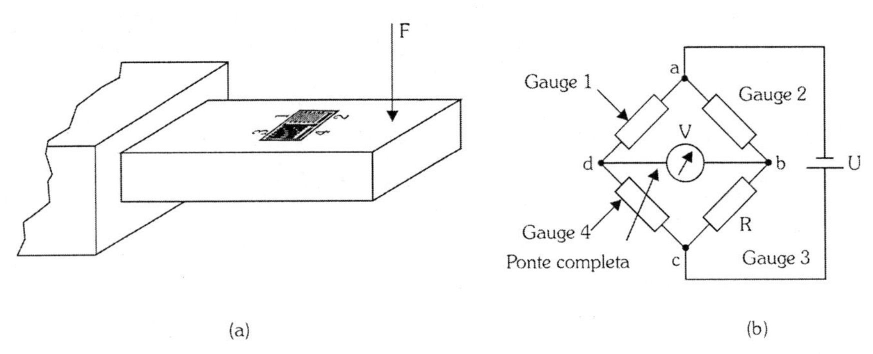

Figura 6.18 - Montagem dos *strain gauges* para uma viga em flexão simples.

- **Condição de equilíbrio inicial**

$$R_{Gauge1} = R_{Gauge2} = R_{Gauge3} = R_{Gauge4} = R \quad (6.38)$$

- **Variação da resistência nos gauges**

$$R_{Gauge1} \to R + \delta R \quad (6.39)$$

$$R_{Gauge2} \to R - \delta R \quad (6.40)$$

$$R_{Gauge3} \to R + \delta R \quad (6.41)$$

$$R_{Gauge4} \to R - \delta R \quad (6.42)$$

Desta forma as equações das impedâncias podem ser escritas como:

$$I_1 = I_2 = \frac{U}{R + \delta R + R - \delta R} = \frac{U}{2R} \quad (6.43)$$

$$V = V_{ab} - V_{ad} \quad (6.44)$$

Lembrando que $V = I \cdot R$, substituindo ter-se-á:

$$V_{ad} = I_1 \cdot (R + \delta R) = \frac{U}{2R} \cdot (R + \delta R) = \frac{U \cdot R + U \cdot \delta R}{2R}; \quad (6.45)$$

$$V_{ab} = I_2 \cdot (R - \delta R) = \frac{U}{2R} \cdot (R - \delta R) = \frac{U \cdot R - U \cdot \delta R}{2R}; \quad (6.46)$$

Assim:

$$V = \frac{U \cdot R - U \cdot \delta R}{2R} - \frac{U \cdot R + U \cdot \delta R}{2R} = \frac{U \cdot \delta R}{R} \qquad (6.47)$$

Reordenando esta função, resulta na seguinte relação após substituição com equação (6.15):

$$\frac{V}{U} = \frac{\delta R}{R} \cdot K \cdot \varepsilon \qquad (6.48)$$

em que:

- K : fator de gauge
- V : tensão de saída
- U : tensão de entrada
- ε : deformação

Nesse método há compensação da temperatura, por isso a resposta é linear.

6.9.3. Caso III: Barra Prismática de Eixo Reto, Submetida a Esforço de Flexão e Tração (Flexotração)

Quando ocorrem simultaneamente esforços de solicitação por flexão e tração, os esforços deixam de ser iguais nas superfícies consideradas, Figuras 6.19 e 6.20a.

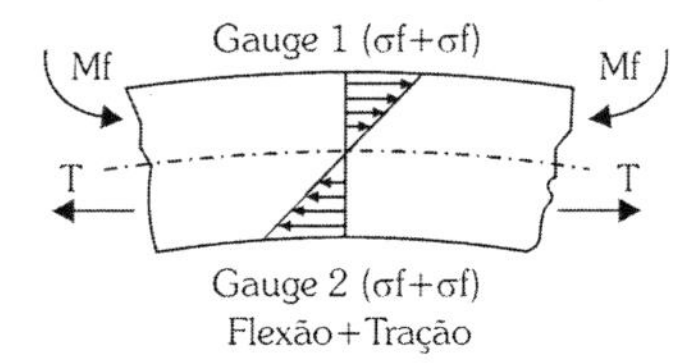

Figura 6.19 - Viga submetida a esforço de flexão e tração.

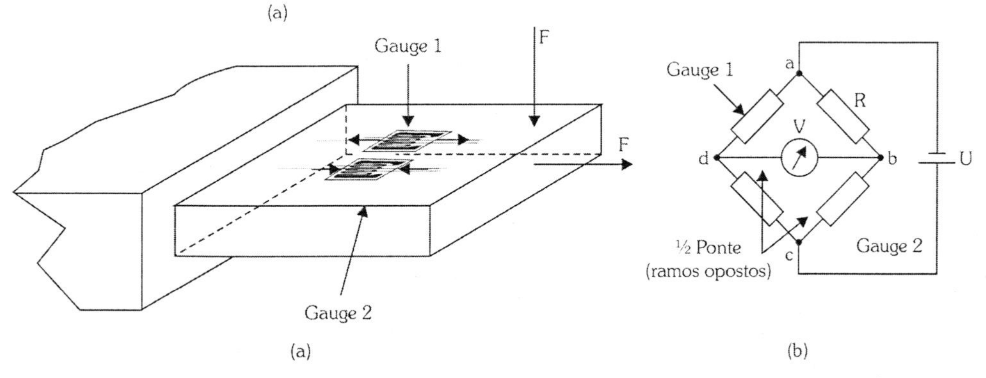

Figura 6.20 - Montagem dos *strain gauges* na viga.

Nessa disposição, os gauges 1 e 2 registrarão esforços compostos e a análise das equações conduzirá a:

$$\frac{V}{U} = \frac{\delta R}{2R} \tag{6.49}$$

Substituindo:

$$\frac{V}{U} = \frac{\varepsilon \cdot K}{2} \tag{6.50}$$

Nessa montagem os efeitos de tração ou compressão são anulados, sendo então a resposta linear. Há compensação de temperatura.

6.9.4. Caso IV: Árvores de Transmissão (Esforço de Torção)

Neste caso os *strain gauges* são solicitados à máxima deformação, e por isso são montados a 45° com as geratrizes.

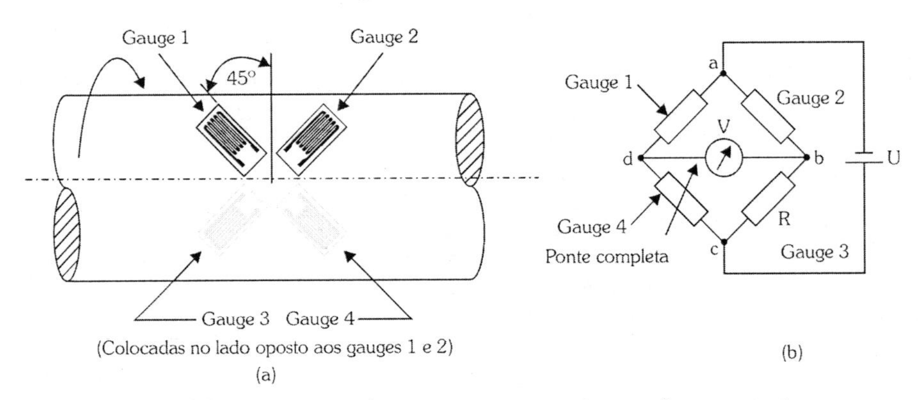

Figura 6.21 - Montagem dos *strain gauges* em árvores de transmissão.

Os gauges ativos registram deformações iguais, porém de sinais contrários, dois a dois.

A equação de medida é idêntica à do caso II, porém a relação entre a tensão e a deformação é determinada pelo Módulo de Elasticidade Transversal:

$$G = \frac{E}{2(1 + \nu)} \tag{6.51}$$

Nessa montagem, com quatro gauges ativos, as deformações das solicitações de tração e de flexão, que também ocorrem em árvores de transmissão, se anulam, sendo medida então somente a deformação por torção. Para o caso que se queira medir também a flexão (flexotorção), é necessário usar *strain gauges* do tipo roseta de três elementos a 45°, Figura 6.21b.

A resposta é linear e há compensação de temperatura.

6.10. Transdutores de Força

São equipamentos eletromecânicos que medem cargas estáticas ou dinâmicas, nas situações que não ocorrem grandes deslocamentos, e as convertem em sinais elétricos para posterior análise.

Conforme a conversão do sinal de saída, podem ser também denominados de células de carga. Nesse caso a unidade expressa será (grama, quilograma ou tonelada), sendo usada principalmente em balanças de pesagem.

O princípio de funcionamento dos transdutores de força ou carga é baseado na deformação que sofre um material quando submetido à aplicação de uma força. Ou seja, por meio de células como *strain gauges*, cristais piezorresistivos ou piezelétricos, convenientemente dispostos dentro de um pequeno conjunto mecânico, procede-se à medida da deformação de um elemento elástico interno, e por meios eletrônicos processa-se a conversão do sinal elétrico em registro equivalente em unidades de força ou carga.

É claro que, no transdutor, a lâmina de flexão interna (superfície em que são colados os *strain gauges*) utilizada deve possuir certas características especiais, como:

- Elevada rigidez;
- Elevada carga de ruptura;
- Elevado limite elástico;
- Baixo módulo de elasticidade.

Quer dizer, em parte interessa que o elemento apresente uma baixa reação, pois assim cobrirá uma extensa faixa de medidas. A rigidez redunda em uma frequência própria elevada. Por outro lado, convém que o material responda à solicitação com o máximo alongamento possível, porém sem sair de seu limite elástico, para obter sensibilidade e grau de incerteza aceitável.

Como se vê, são premissas contraditórias, o que obriga a utilização de diferentes tipos de elementos de captação segundo a magnitude dos esforços a serem medidos. É claro que os transdutores de força ou carga necessitam de um sistema elétrico capaz de converter as deformações do elemento elástico em sinais elétricos proporcionais e amplificá-los devidamente, condicionando-os e convertendo--os na unidade de interesse.

6.10.1. Tipos de Transdutor

Os transdutores podem ser passivos ou ativos, segundo precisem ou não de excitação elétrica para cumprir seus objetivos. De fato, salvo os transdutores piezelétricos, os demais são passivos. E quanto ao princípio de funcionamento, podem ser indutivos, capacitivos e resistivos, porém somente alguns cumprem os requisitos necessários para medição de forças.

6.10.1.1. Transdutores a Strain Gauges

São transdutores que utilizam *strain gauges* como elemento captador de deformação. Os *strain gauges* são colados sob um elemento elástico cujo desenho varia em função da gama de medida.

As Figuras 6.22 e 6.23a/b representam de forma esquemática um tipo de transdutor de força instrumentado com quatro *strain gauges* ativos dispostos em ponte completa, sendo os gauges 1 e 3 colados na superfície superior das lâminas elásticas, e os gauges 2 e 4, na superfície oposta, como visto no **Corte A-A**.

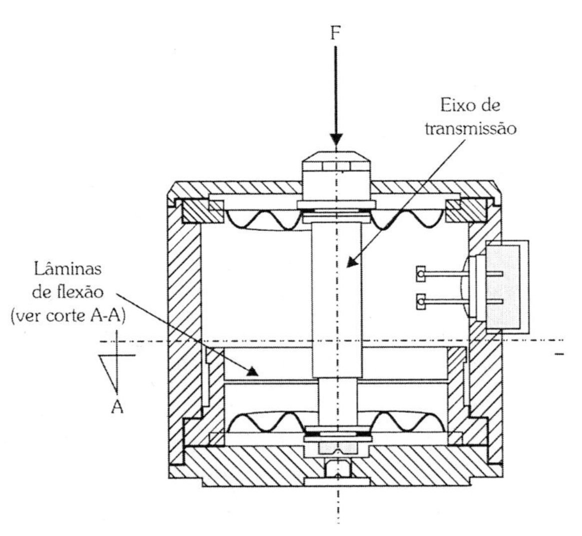

Figura 6.22 - Transdutor de força (vista em corte longitudinal) - desenho esquemático genérico.

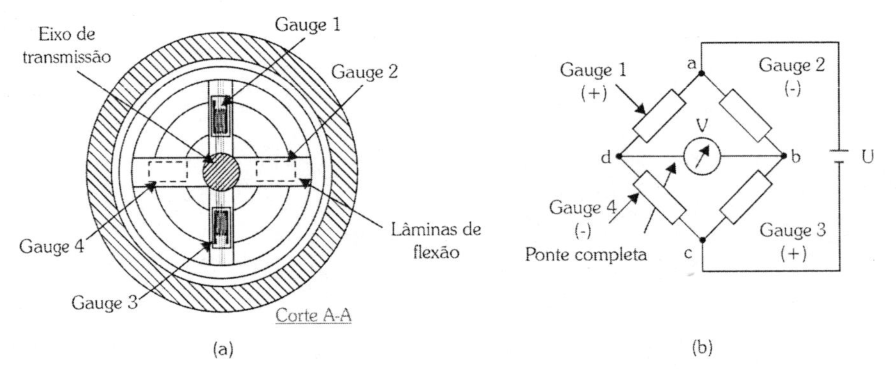

Figura 6.23 - Posicionamento dos *strain gauges* e ligação em ponte completa (gauges 1 e 2 colados na superfície superior e gauges 2 e 4, na superfície oposta).

Nessa disposição os *strain gauges* vão ler as deformações longitudinais e transversais das lâminas, que na teoria de resistência dos materiais correspondem às seguintes expressões:

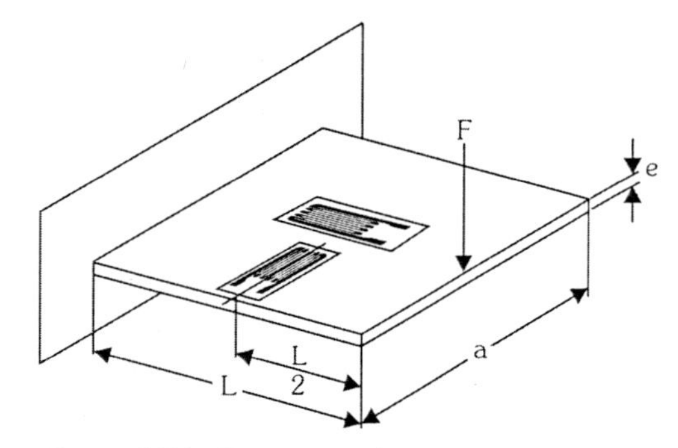

Figura 6.24 - Disposição dos *strain gauges* para captar deformações longitudinais e transversais.

$$\varepsilon_1 = \frac{3 \cdot F \cdot L}{E \cdot a \cdot e^2} = \frac{3 \cdot e}{4 \cdot L^2} \cdot f \qquad (6.52)$$

$$\varepsilon_2 = -\frac{3 \cdot \nu \cdot F \cdot L}{E \cdot a \cdot e^2} = -\frac{3 \cdot \nu \cdot e}{4 \cdot L^2} \cdot f \qquad (6.53)$$

$$f = \frac{F \cdot L^3}{3 \cdot E \cdot I} = \frac{4 \cdot F \cdot L^3}{E \cdot a \cdot e^3} \qquad (6.54)$$

em que:

- ε_1: deformação longitudinal - [adm]
- ε_2: deformação transversal - [adm]
- f: flecha - [mm]
- L: comprimento da lâmina - [mm]
- a: largura da lâmina - [mm]
- e: espessura da lâmina - [mm]
- I: momento de inércia da seção transversal - [mm^4]
- F: força aplicada - [N]

6.10.1.2. Transdutores Indutivos LVDT (Linear Variable Differencial Transformer)

Os transdutores do tipo indutivo têm como seu princípio de funcionamento uma bobina interna (transformador diferencial linear) que possui dois secundários idênticos conectados em circuito série-oposto, Figura 6.25.

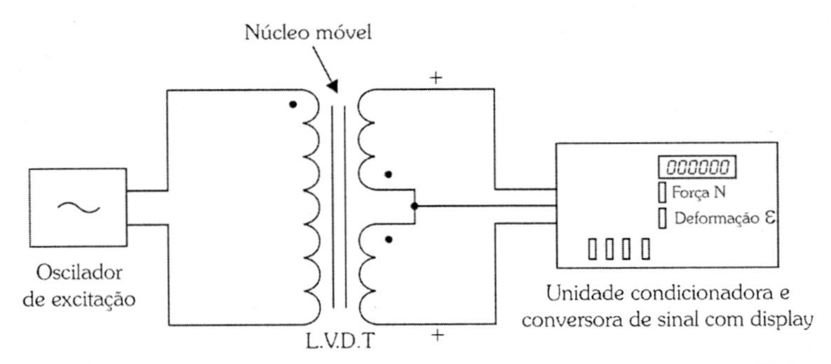

Figura 6.25 - Circuito esquemático do circuito de um transdutor LVDT.

Embora na prática o transdutor indutivo LVDT seja aplicado para medir deslocamento linear, é possível também aplicá-lo para medir a intensidade de uma força de tração ou compressão. Para isso, entretanto, é necessário acoplá-lo a um elemento elástico em que, como no caso ilustrado na Figura 6.26, quando a força é aplicada sobre o pino, o núcleo movimenta-se no interior da bobina devido à deformação do elemento elástico, variando a indutância mútua de cada secundário em relação ao primário.

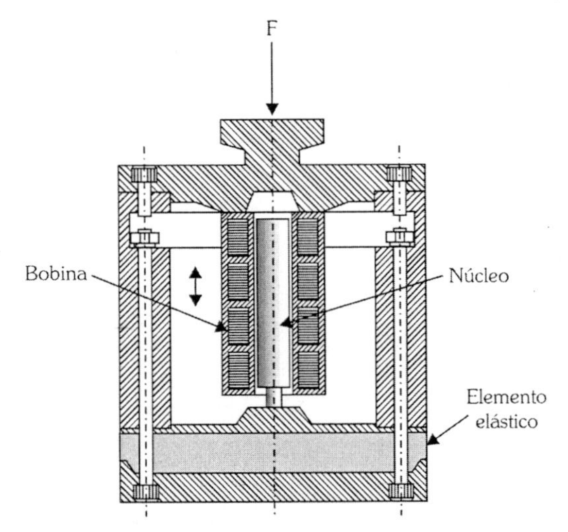

Figura 6.26 - Desenho esquemático de um transdutor LVDT para medição de força de compressão.

Como as tensões induzidas contrapõem-se em fase, quando o núcleo estiver em posição central, a tensão resultante será nula, e em qualquer outra posição será produzido um desequilíbrio em favor de um ou outro secundário, aparecendo uma resultante proporcional à diferença, e com a fase da tensão predominante.

Conhecidos o coeficiente K de restituição do elemento elástico e o deslocamento indicado pelo LVDT equivalente à resultante citada, a força F será obtida pelo produto de ambos.

6.10.1.3. Transdutores a Semicondutores

Esse tipo de transdutor tem como elementos de capitação semicondutores dos tipos:

- Piezorresistivo;
- Piezelétrico.

Nos captadores do tipo piezorresistivo, o elemento sensível é uma banda de cristal semicondutor com um certo grau de contaminação. A resistividade do cristal depende da concentração específica de portadores de carga e da orientação cristalográfica (definida no corte do cristal) em função da direção do esforço principal (efeito *piezorresistivo*). Sua sensibilidade às variações de comprimento é de 50 a 60 vezes maior que a de um gauge metálico, além de ser mais sensível às variações de temperatura, Figura 6.27.

Podem ter montagens semelhantes à concepção apresentada na Figura 6.22 (transdutores a *strain gauges*), com circuito para compensar os efeitos da temperatura, ou mesmo imersos em óleo.

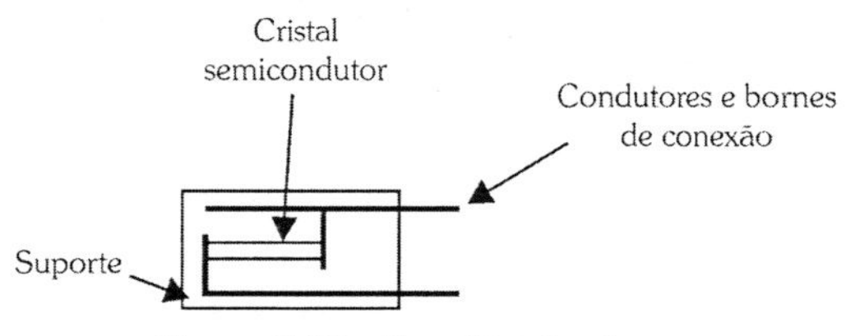

Figura 6.27 - Constituição de um *strain gauge* semicondutor.

Já os transdutores com captadores do tipo piezelétricos se baseiam no efeito piezelétrico direto, ou seja, não necessitam de energia ativadora, pois sabe-se que alguns cristais, ao serem solicitados mecanicamente, geram uma pequena diferença de potencial, é o caso do (SiO2) que além de tudo possui ótima estabilidade.

Segundo o plano de corte desses cristais, é possível obter elementos que são sensíveis ao esforço de compressão ou de cizalhamento. Como a diferença de potencial gerada é extremamente pequena (pois é resultante de uma microdeformação no reticulado cristalino), torna-se necessário que o sinal eletrostático seja amplificado e transformado em cargas proporcionais. O que é possível utilizando uma fonte de contrarreação capacitiva que compense a carga gerada pelo transdutor

Os transdutores citados anteriormente, excetuando os piezelétricos, são ditos passivos, isto é, medem a deformação de um elemento elástico ou por variação de resistência de um elemento sensível ligado a ele, ou por variação de indutância mútua de um transformador linear cujo núcleo é móvel.

Já os piezelétricos são ditos ativos, pois medem a força aplicada diretamente, a partir de uma carga gerada por sua deformação proporcional.

6.10.2. Características Gerais dos Transdutores de Força

- Resolução analógica infinita;
- Vida mecânica ilimitada (não há atrito);
- Isolação elétrica entre o primário e o secundário;
- Isolamento elétrico do núcleo e do enrolamento;
- Robustez com o meio de trabalho;
- Repetitividade de posição nula;
- Resposta dinâmica rápida.

6.11. Solicitações Fundamentais, Tensões e Deformações

Como mencionado anteriormente, para melhor entendimento da aplicação da extensometria, destaca-se uma visão mais detalhada da teoria de resistência de materiais, com os principais equacionamentos necessários à determinação de algumas solicitações mecânicas a partir das deformações colhidas com a extensometria.

Assim, em se tratando de estruturas mecânicas, seu comportamento está diretamente relacionado com as cargas aplicadas sobre elas. Dependendo da direção com que o carregamento atua, teremos um tipo de solicitação. As solicitações fundamentais são apresentadas na Figura 6.28:

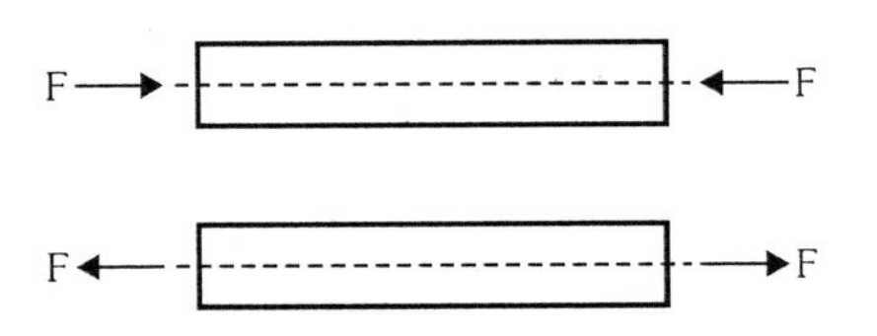

Esforço Normal

- Compressão
- Tração

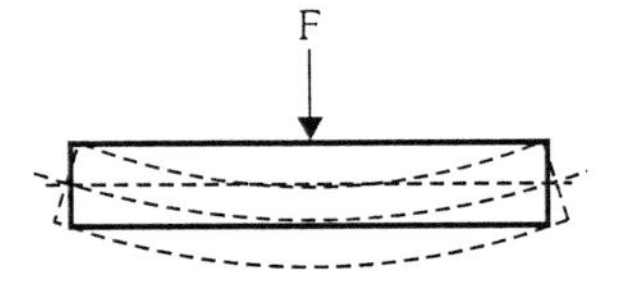

Momento Fletor

Momento gerado pela aplicação de uma força perpendicular a um eixo e que tende a gerar flexão.

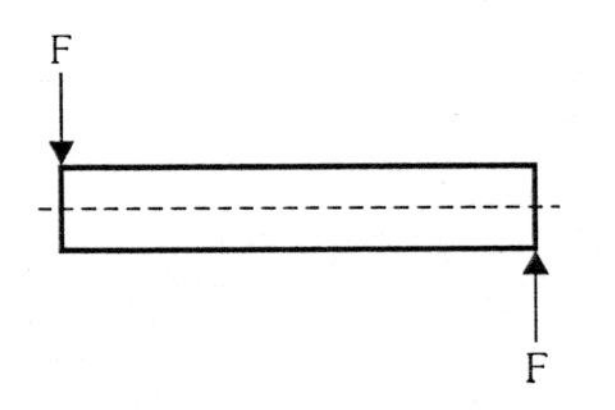

Esforço de Corte ou Cisalhamento

Esforço aplicado perpendicularmente a uma superfície tendendo a cortá-la. Exemplo: estampo, guilhotina etc.

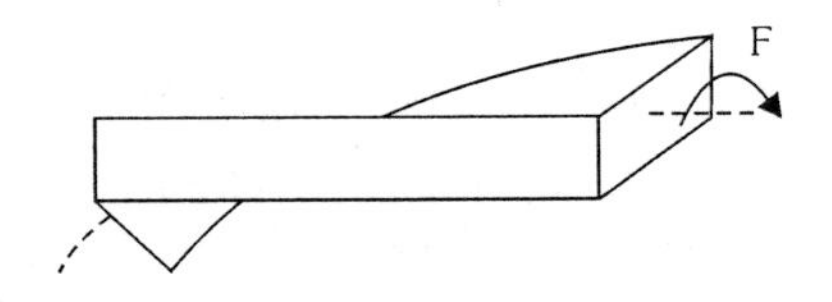

Momento de Torção

Momento gerado pela ação de uma força que se desenvolve no entorno de um eixo, como, por exemplo, o aperto de um parafuso.

Figura 6.28 - Solicitações fundamentais.

O carregamento aplicado se distribui por todas as partículas do material de que é feita a estrutura, causando mudança em sua forma original. Essas forças internas são chamadas tensões e o efeito sobre a estrutura, deformações. As forças internas podem ter qualquer direção, mas para simplificar o estudo analítico, é conveniente decompô-las em relação a eixos coordenados x, y e z. Normalmente se toma o eixo x perpendicular à seção transversal e os eixos y e z tangentes à seção transversal.

A componente de tensão na direção do eixo x é denominada tensão normal (σx), Figura 6.29a, e as componentes nas direções y e z, tensões tangenciais (τxy e τxz). Veja a Figura 6.29b.

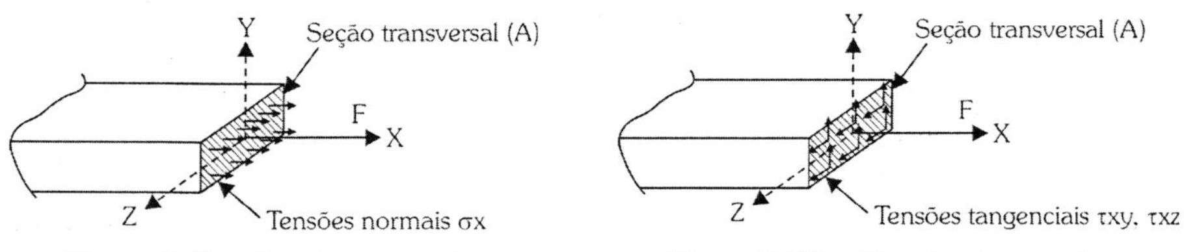

Figura 6.29a -Tensões normais.

Figura 6.29b - Tensões tangenciais.

As tensões normais causam o alongamento ou o encurtamento das fibras longitudinais e as tensões tangenciais ocasionam um escorregamento de uma seção em relação à outra, produzindo uma distorção angular. A Figura 6.30 mostra as deformações.

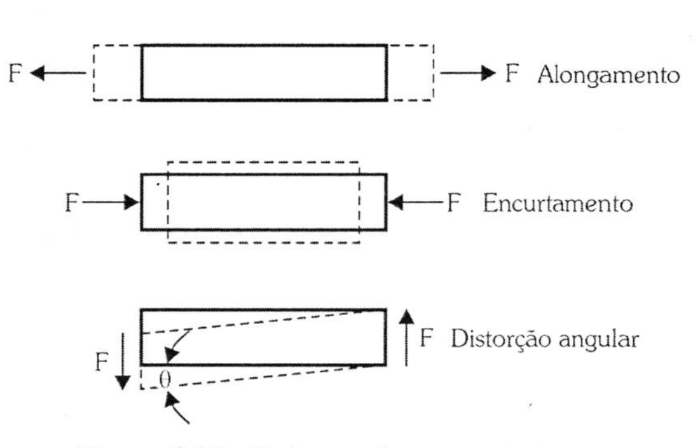

Figura 6.30 - Deformações nas estruturas.

Esses alongamentos e encurtamentos são denominados deformação longitudinal e deformação transversal, e são calculados conforme já mostrado nas equações 6.1 a 6.4.

Quanto ao coeficiente de Poisson utilizado naquelas equações, ele se origina de uma relação entre a deformação específica longitudinal e a deformação específica transversal.

$$\nu = -\frac{\varepsilon_t}{\varepsilon} \qquad (6.55)$$

No apêndice o leitor encontra uma tabela com diversos materiais e seus respectivos coeficientes de Poisson, módulos de elasticidade longitudinal e transversal.

A determinação das tensões e deformações pode ser particularizada para cada tipo de solicitação. A seguir, serão estudadas de forma breve as deformações e tensões geradas por solicitações de flexão, torção e tensões combinadas (flexotorção).

6.11.1. Solicitação de Flexão

O fenômeno da flexão causa o encurvamento da estrutura. Em estruturas unidimensionais e bidimensionais, isso ocorre quando o carregamento é aplicado perpendicularmente ao seu eixo principal ou plano principal.

Veja o exemplo da Figura 6.31 de uma barra submetida a um carregamento transversal.

Assume-se válida a hipótese das seções planas, ou seja, seções que eram planas antes de o carregamento ser aplicado, permanecem planas após a sua aplicação, Figura 6.32.

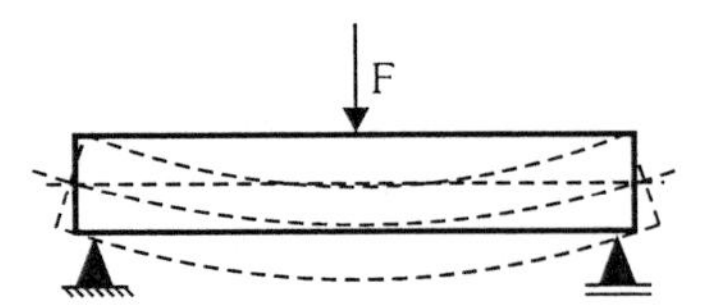

Figura 6.31 - Barra submetida a carregamento transversal.

Para ocorrer o encurvamento, algumas fibras devem sofrer alongamento e outras, encurtamento. Existirá uma fibra que não sofrerá alongamento nem encurtamento e é chamada linha neutra. Essa fibra sempre passará pelo centro de gravidade da seção transversal.

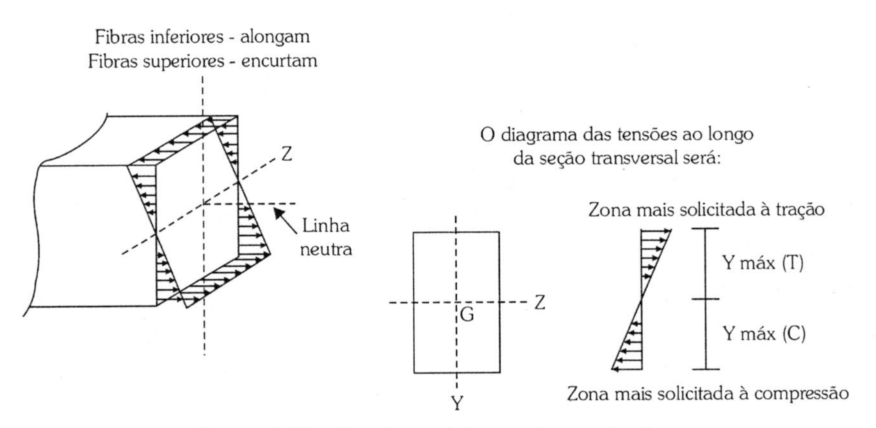

Figura 6.32 - Tensões e deformações na flexão.

As tensões na flexão são determinadas analisando o comportamento estrutural.

Observa-se na Figura 6.32 que as forças internas estão agindo na direção do eixo principal, portanto perpendicularmente à seção transversal. Logo, as tensões na flexão são normais e serão diretamente proporcionais ao carregamento aplicado, ou seja, à solicitação de momento fletor.

Escreve-se então $\sigma \; \alpha \; M_Z$, em que M_Z é a solicitação de momento fletor que atua no entorno do eixo Z para o sistema de eixos coordenados adotado.

Nota-se também que quanto mais afastada da linha neutra estiver a fibra, maior a tensão nela atuante. Essa distância é medida sobre o eixo Y. Portanto, as tensões crescem proporcionalmente à distância Y:

$$\sigma \ \alpha \ M_Z Y \tag{6.56}$$

A forma geométrica da seção transversal é representada pelo momento de inércia em relação ao eixo baricêntrico (centro de gravidade). Quanto maior o momento de inércia, mais rígida é a estrutura e, portanto, menores são as tensões internas, ou seja, inversamente proporcional.

$$\sigma \ \alpha \ M_Z Y / I_Z \tag{6.57}$$

Finalmente, as tensões na flexão serão determinadas pela expressão:

$$\sigma = \frac{M_Z Y}{I_Z} \tag{6.58}$$

A deformação determina-se a partir da lei de Hooke.

$$\varepsilon = \frac{\sigma}{E} \tag{6.59}$$

> *As tensões máximas e, consequentemente, as deformações máximas surgirão nas fibras mais afastadas da linha neutra, isto é, nas bordas superiores e inferiores.*

Adotando, como exemplo, a flexão de uma barra **engastada - livre** de comprimento L, seção **coroa - circular**, em que atue uma força F na extremidade, Figura 6.33.

A seção mais solicitada será o engaste e o momento fletor será dado por:

$$M_Z = F \cdot L \tag{6.60}$$

A distância Y será igual ao raio externo da coroa circular ou ao diâmetro externo dividido por dois. O momento de inércia da **coroa - circular**, bem como para outras seções, pode ser encontrado na seção de anexos ao final do livro. A deformação máxima teórica pode ser calculada pela expressão:

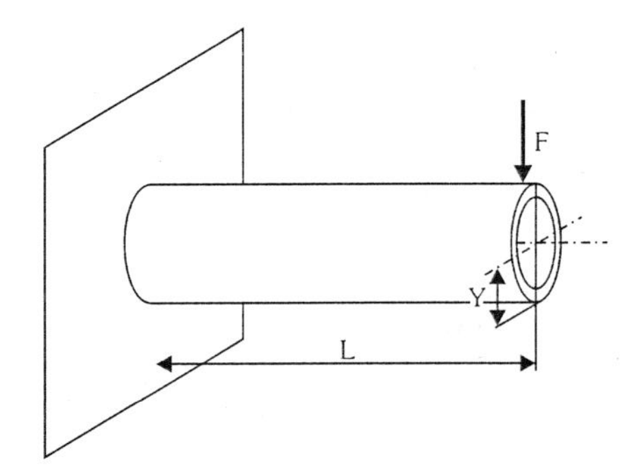

Figura 6.33 - Barra de seção circular engastada submetida a uma força F na extremidade.

$$\varepsilon = \frac{32 \cdot F \cdot L \cdot D}{E \cdot \pi \cdot (D^4 - d^4)} \tag{6.61}$$

6.11.2. Solicitação de Torção

A torção ocorre quando temos um momento ou par de forças aplicado no entorno do eixo principal ou plano principal de uma estrutura. Quando a seção transversal é circular, coroa - circular ou com paredes finas, não teremos empenamento das seções. Isso quer dizer que as seções que são planas antes da aplicação do carregamento permanecem planas após aplicação deste. Portanto, tem-se uma formulação analítica para a determinação das tensões em peças que não sofrem empenamento e nas demais o equacionamento matemático se torna complexo, necessitando de um estudo experimental. Para peças de seção qualquer, trabalha-se com fórmulas empíricas, mas que não são escopo desta síntese.

A seguir determinam-se as tensões para uma seção circular.

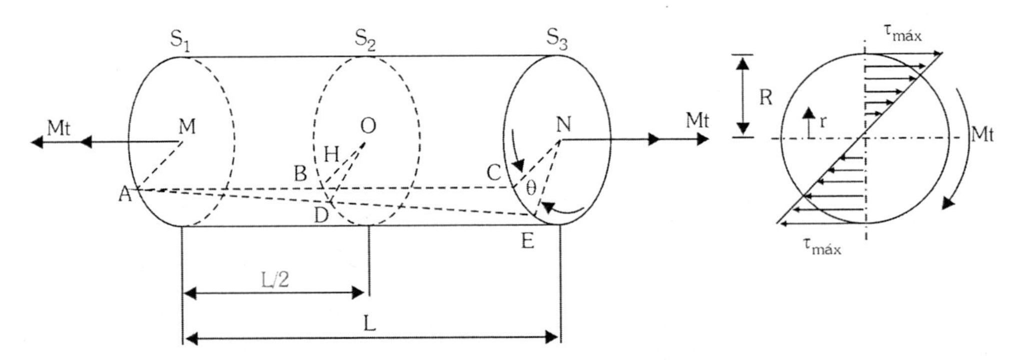

Figura 6.34 - Tensões e deformações na torção.

Observa-se que as forças internas produzidas pelo momento de torção aplicado no entorno do eixo principal serão paralelas à seção transversal, logo serão tensões tangenciais.

Elas serão tanto maior quanto maior for o momento de torção aplicado, portanto diretamente proporcional.

$$\tau \ \alpha \ Mt \tag{6.62}$$

Analisando a seção transversal, vê-se que as tensões aumentam com a distância r medida a partir do centro de giro. Então:

$$\tau \ \alpha \ Mt \cdot r \tag{6.63}$$

A forma geométrica é indicada pelo momento de inércia polar, já que o giro se dá no entorno do ponto O, centro da circunferência. Este termo influencia a determinação das tensões, visto que quanto maior o seu valor, mais rígida será a estrutura e menores serão as tensões internas. Logo:

$$\tau \ \alpha \ Mt \cdot r/Ip \tag{6.64}$$

Então, as tensões tangenciais na torção para uma seção circular ou coroa - circular serão dadas por:

$$\tau = \frac{Mt \cdot r}{Ip} = \frac{Mt \cdot D}{2 \cdot Ip} \qquad (6.65)$$

O momento de inércia polar Ip *para a seção circular ou coroa - circular, bem como para outras seções, pode ser encontrado no apêndice.*

As tensões máximas ocorrerão nas fibras mais afastadas do centro, isto é, quando r= R (raio da circunferência) na seção circular e r = Re (raio externo da circunferência) na seção coroa - circular.

As deformações serão obtidas a partir da lei de Hooke em termos de tensões tangenciais.

$$\gamma = \frac{\tau}{G} \qquad (6.66)$$

O ângulo de torção máxima será dado por:

$$\theta = \frac{Mt \cdot L}{G \cdot Ip} \qquad (6.67)$$

Em que G é o módulo de elasticidade transversal ou módulo de escorregamento.

Observação

Vale lembrar que no estudo da extensometria, os strain gauges dão como informação a variável deformação, portanto, a partir das equações desenvolvidas pela teoria de resistência dos materiais, é possível conhecer as solicitações mecânicas como momento fletor e momento de torção, tensões máximas e mínimas etc.

6.11.3. Solicitações Combinadas (Flexotorção)

Em algumas estruturas, ou em partes de uma estrutura, é possível ter uma combinação de solicitações. Se as forças causam encurvamento e torção, teremos a flexotorção.

As tensões oriundas de solicitações compostas são determinadas individualmente. As tensões de flexão são determinadas pela expressão (6.58) e as tensões de torção, pela expressão (6.65). Essa tensão tem direções diferentes visto que uma é perpendicular à seção transversal (tensão normal) e outra é paralela à seção transversal (tensões tangenciais).

Neste caso, para determinar as tensões máximas de tração (σmáx) e compressão (σmín), também chamadas de tensões principais, devemos estudar o prisma elementar. Considerando o estado plano de tensões, temos conhecidas as tensões em dois planos perpendiculares e a partir daí determinam-se as tensões principais, a tensão tangencial máxima (τmáx) e mínima (τmín), e a orientação dos planos em que ocorrem as tensões principais pelas seguintes expressões respectivamente:

- Tensões Principais Normais

$$\sigma máx = \frac{\sigma x + \sigma y}{2} + \sqrt{\left(\frac{\sigma x - \sigma y}{2}\right)^2 + \tau^2} \quad (6.68)$$

$$\sigma mín = \frac{\sigma x + \sigma y}{2} - \sqrt{\left(\frac{\sigma x - \sigma y}{2}\right)^2 + \tau^2} \quad (6.69)$$

- Direção da Tensão Máxima σ1

$$\tan 2\varphi = \frac{2 \cdot \tau}{\sigma x - \sigma y} \quad (6.70)$$

- Tensões Tangenciais Principais

$$\tau máx = +\sqrt{\left(\frac{\sigma x - \sigma y}{2}\right)^2 + \tau^2} \quad (6.71)$$

$$\tau mín = -\sqrt{\left(\frac{\sigma x - \sigma y}{2}\right)^2 + \tau^2} \quad (6.72)$$

- Direção da Tensão Tangencial Máxima τ

$$\cot 2\varphi = \frac{2 \cdot \tau}{\sigma y - \sigma x} \quad (6.73)$$

Observação

As tensões tangenciais principais são nulas *nas seções em que aparecem as tensões principais normais.* ***As tensões tangenciais máximas*** *são inclinadas de 45° na direção das tensões principais normais.* *A direção positiva do ângulo é contada a partir da face vertical do prisma no sentido anti-horário.* *Verifica-se sempre que $2\varphi < 90°$.*

As deformações são obtidas a partir da lei de Hooke (σmáx = E.ε).

$$\varepsilon = \frac{\sigma\text{máx}}{E} \tag{6.74}$$

$$\varepsilon = \frac{\sigma\text{mín}}{E} \tag{6.75}$$

Nas medições de alongamento unitário com utilização de *strain gauges* do tipo roseta (indicado para flexotorção), é feita uma leitura em cada *strain gauge* que forma a roseta, portanto é necessário que se determinem as tensões principais experimentais e a orientação dos planos em que ocorrem as tensões principais pelas seguintes expressões respectivamente.

- Tensões Principais Normais (a partir das deformações)

$$\sigma\text{máx} = \frac{E}{2}\left(\frac{\varepsilon 1 + \varepsilon 3}{1 - \nu} + \frac{\sqrt{2}}{1 + \nu} \cdot \sqrt{(\varepsilon 1 - \varepsilon 2)^2 + (\varepsilon 2 - \varepsilon 3)^2}\right) \tag{6.76}$$

$$\sigma\text{mín} = \frac{E}{2}\left(\frac{\varepsilon 1 + \varepsilon 3}{1 - \nu} - \frac{\sqrt{2}}{1 + \nu} \cdot \sqrt{(\varepsilon 1 - \varepsilon 2)^2 + (\varepsilon 2 - \varepsilon 3)^2}\right) \tag{6.77}$$

- Direção da Tensão Máxima σ1

$$\tan 2\varphi = \left[\frac{((2 \cdot \varepsilon 2) - \varepsilon 1 - \varepsilon 3)}{(\varepsilon 1 - \varepsilon 2)}\right] \tag{6.78}$$

- Tensões Tangenciais Principais

$$\tau\text{máx} = \frac{E}{2}\left(\frac{\varepsilon 1 + \varepsilon 3}{2} + \frac{1}{\sqrt{2}} \cdot \sqrt{(\varepsilon 1 - \varepsilon 2)^2 + (\varepsilon 2 - \varepsilon 3)^2}\right) \tag{6.79}$$

$$\tau mín = \frac{E}{2}\left(\frac{\varepsilon 1 + \varepsilon 3}{2} - \frac{1}{\sqrt{2}} \cdot \sqrt{(\varepsilon 1 - \varepsilon 2)^2 + (\varepsilon 2 - \varepsilon 3)^2}\right) \quad (6.80)$$

- Direção da Tensão Tangencial Máxima τ

$$\cot 2\varphi = \left[\frac{((2 \cdot \varepsilon 2) - \varepsilon 1 - \varepsilon 3)}{(\varepsilon 2 - \varepsilon 1)}\right] \quad (6.81)$$

6.12. Exercícios Propostos

1) Uma barra de latão de L=30cm deve suportar uma carga de tração de 70Mpa. Sabendo que seu módulo de Young tem o valor de (E=101Mpa) e o coeficiente de Poisson para o latão é (ν=0,34), determine a deformação específica transversal que a barra sofre quando solicitada.

2) Defina medida estática e cite três exemplos.

3) Cite a principal vantagem quanto à utilização de *strain gauges* do tipo roseta.

4) Qual é o propósito de utilizar circuitos pontes de Wheatstone em extensometria?

5) O que é compensação de temperatura e por que é utilizada na extensometria?

6) Defina transdutor de força.

7) Explique o princípio básico de funcionamento de um transdutor indutivo.

8) Diferencie transdutor ativo de transdutor passivo.

9) Considere a barra de seção coroa - circular da Figura 6.33. Suponha que ela esteja sendo solicitada com uma força F=2000N, seu diâmetro externo D = 50mm, L=300mm, E = 2,0685 x 1011N/m2 e ε = 59 x 10^{-5}. Determine a espessura da parede da barra.

10) Considere a barra da Figura 6.35 sendo submetida a uma solicitação combinada de flexotorção. A fim de conhecer as tensões máximas e mínimas atuantes na viga quando solicitada por uma carga F, foi utilizado um *strain gauge* do tipo roseta de três elementos a 45°. As deformações $\varepsilon 1$, $\varepsilon 2$ e $\varepsilon 3$ obtidas para cada um dos gauges estão listadas na Tabela 6.1, bem como o módulo de Young e o coeficiente de Poisson. A partir destes dados, complete a Tabela 6.2.

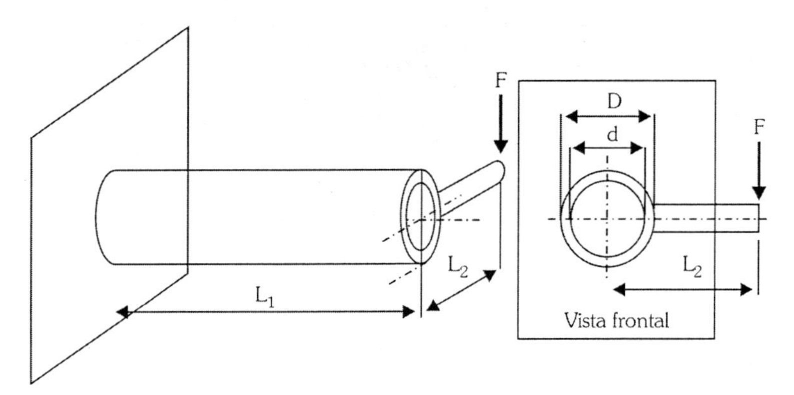

Figura 6.35

Dados:

Tabela 6.1

ε1	-21×10^{-6}	ε2	16×10^{-6}	ε3	48×10^{-6}
E	$2{,}0685 \times 10^{11} N/m^2$	ν	0,316		

Pedidos:

Tabela 6.2

σmáx.	σmín.	τmáx.	τmín.	φ (σ)	φ (τ)

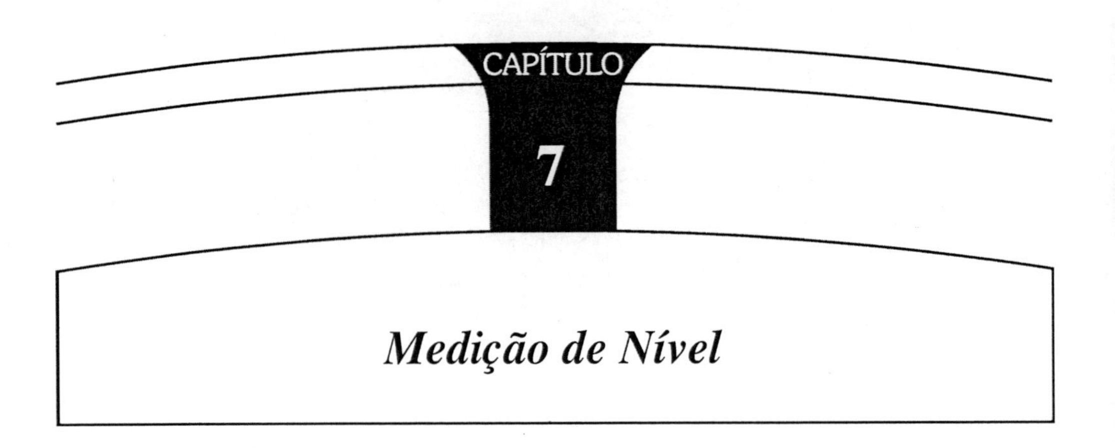

Medição de Nível

7.1. Introdução

Medir a variável nível em processos industriais é quantificar referenciais por meio de monitoramento direto ou indireto com o objetivo de avaliar e controlar volumes de estocagens em tanques ou recipientes de armazenamento. São chamados de monitoramento de nível direto quando resultam da leitura da magnitude mediante o uso de instrumentos de medida como réguas graduadas em unidade específica (m^3, litros, galões etc.), amperímetros ou apenas indicadores de limites máximo e mínimo, fornecendo uma saída proporcional ao nível que se deseja medir, e indireto quando resultam da aplicação de uma relação matemática que vincula a grandeza a ser medida com outras diretamente mensuráveis.

7.2. Classificação

As medidas de nível são aplicadas ao controle de substâncias líquidas ou sólidas. A tabela 7.1 agrupa alguns dos variados sistemas de medição de nível bastante conhecidos e aplicados industrialmente.

Tabela 7.1 - Classificação das medidas de nível (continua).

	Tecnologia aplicada	**Líquidos**	**Sólidos**
Medida direta	Medição por visores de nível	x	x
	Medição por boias e flutuadores	x	
	Medição por contatos de eletrodos	x	
	Medição por sensor por contato	x	
	Medição por unidade de grade		x
	Medição por capacitância	x	x

Tabela 7.1 - Classificação das medidas de nível (continuação).

	Tecnologia aplicada	Líquidos	Sólidos
Medida direta	Medição por empuxo	x	
	Medição por pressão hidrostática		
	Medição por célula d/p CELL		
	Medição por caixa de diafragma	x	
	Medição por tubo em U		
	Medição por borbulhamento		
	Medição por radioatividade	x	x
	Medição por ultrassom	x	x
	Medição por vibração	x	x
	Medição por pesagem	x	x

7.3. Medida Direta

É a tomada de medida cujo mecanismo ou elemento de medição tem contato direto com a substância a ser medida, podendo ser de monitoramento contínuo ou discreto. Desse modo temos:

7.3.1. Mostrador por Visores de Nível

São elementos de formatos diferenciados apropriados a cada aplicação. Consistem em uma janela de vidro de alta resistência a impacto, elevadas temperatura e pressão (560°C e 220atm quando revestidas de protetores de mica e tubo metálico), bem como ação de ácidos.

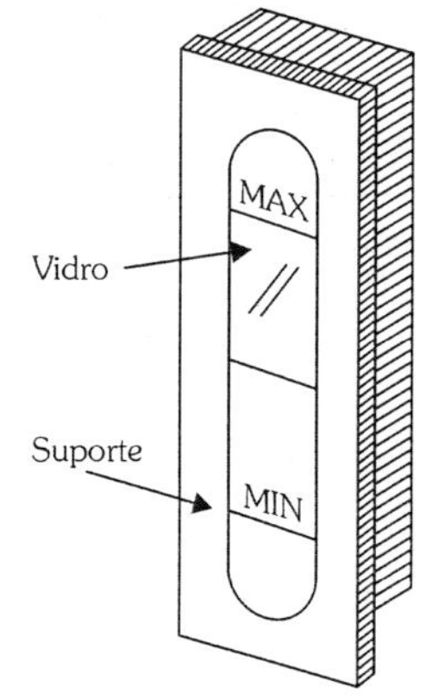

Figura 7.1a - Visor de nível de simples e sem escala. Apenas indicação de máximo e mínimo, comumente usado em pequenos reservatórios de óleo para máquinas hidráulicas, cafeteiras etc.

É transparente e pode ser montada diretamente na parede do reservatório, Figura 7.1a, ou em um tubo externo a esse, Figura 7.1b, podendo ter ou não uma escala de medição. No tipo de montagem externa ao tanque, são dotados de válvulas de bloqueio, suspiro e dreno para permitir manutenção ou substituição.

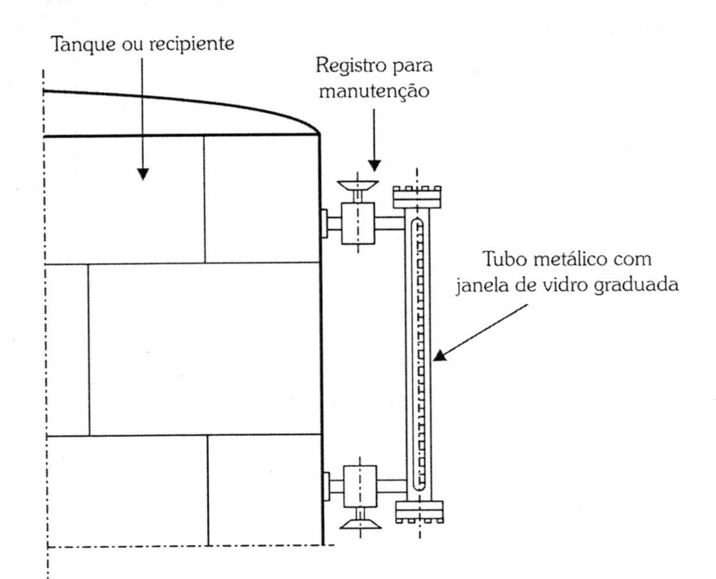

Figura 7.1b - Visor de nível de uso externo com escala graduada e registro para paradas de manutenção ou troca. Utilizado em caldeiras, tanques de combustível, reservatórios de agentes químicos etc.

7.3.2. Medição por Boias

O sistema de controle de nível por boia baseia-se na mudança de altura de um flutuador colocado na superfície do líquido. Seu movimento pode transmitir uma informação contínua, Figuras 7.2a e 7.2b, que possibilita o conhecimento da altura efetiva, em unidades de comprimento ocupado pelo fluido dentro do recipiente que o contém, ou uma informação discreta, Figuras 7.2c, 7.2d e 7.2e. Ele controla limites máximos e mínimos por meios mecânicos ou elétricos, servindo nesse caso como uma chave de nível (chave boia) que bloqueia a admissão do fluido quando atinge seu limite máximo e libera-o quando atinge o nível mínimo.

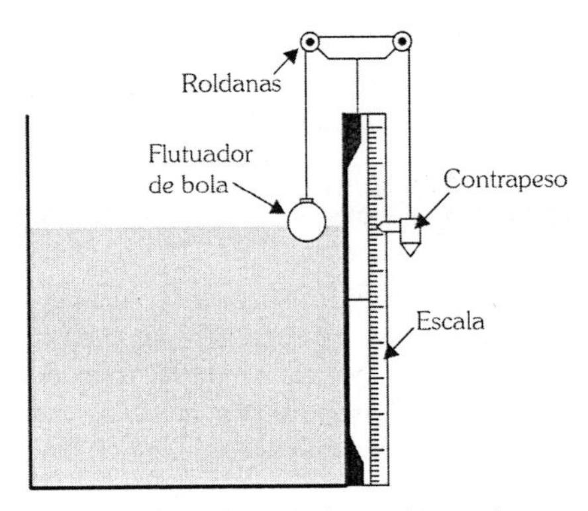

Figura 7.2a - Medição de nível contínuo com flutuador de bola e indicador no contrapeso.

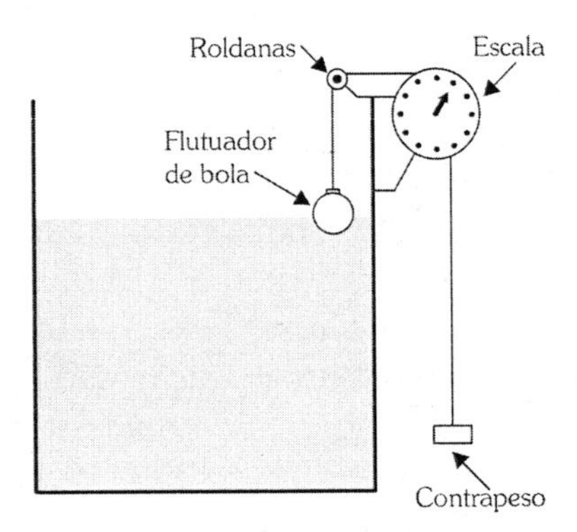

Figura 7.2b - Medição de nível contínuo com flutuador de bola e contrapeso (escala converte movimento rotacional em medida linear).

As configurações apresentadas só podem ser usadas em tanques abertos (não pressurizados). São alternativas de baixo custo, sendo apropriadas para uso em fluidos com muito baixa acidez, uma vez que a boia (flutuador) é normalmente confeccionada em material plástico e, portanto, frágil ao ataque químico.

O sistema de controle de nível por flutuador chave boia é largamente utilizado em abastecimento de caixas de privada, pequenos reservatórios domiciliares (nestes dois casos são sistemas mecânicos simples), controle de bombas para o abastecimento de reservatórios de edifícios (sistema eletromecânico).

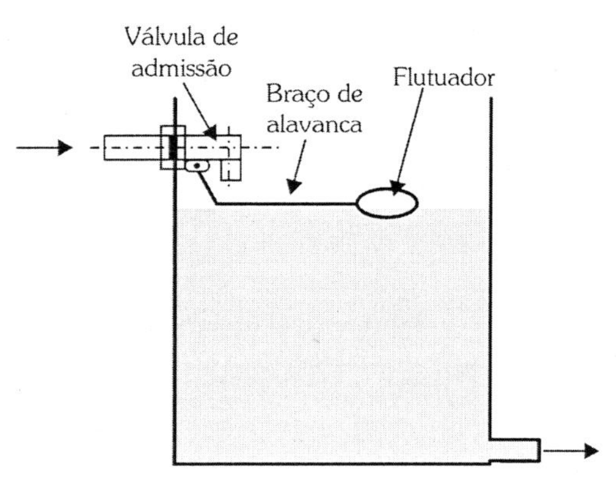

Figura 7.2c - Controle de níveis máximo e mínimo por chave boia (sistema mecânico).

Nesse sistema a válvula de admissão tem sua abertura e fechamento controlados pela ação do braço de alavanca. Em seu ponto máximo a extremidade do braço que está conectada à válvula causa o bloqueio da passagem do fluido. Em verdade, esse sistema mantém sempre o reservatório em seu nível máximo, pois o mínimo movimento descendente da boia ocasiona a abertura da válvula.

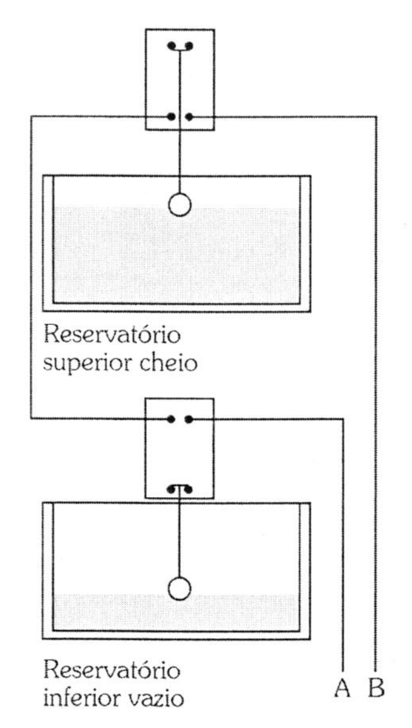

Figura 7.2d - Nestas condições o circuito está aberto.

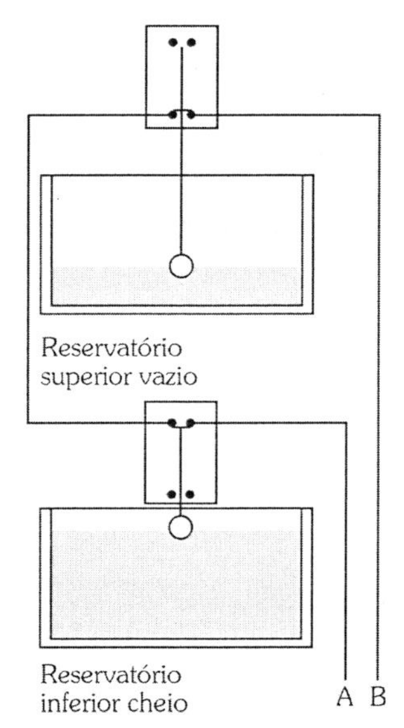

Figura 7.2e - Nestas condições o circuito está fechado e o motor bomba funciona.

As Figuras 7.2d e 7.2e apresentaram o sistema usado em edifícios para o suprimento de água, com um reservatório superior e um inferior (cisterna), dotado de controle elétrico por chave boia.

A chave boia possibilita a ligação do motor da bomba de água quando o reservatório superior está vazio e o reservatório inferior (cisterna) cheio. Em qualquer outra alternativa o motor permanece desligado.

7.3.3. Medição por Contatos de Eletrodos

Esse tipo de procedimento é particularmente aplicável à medição de nível de fluidos condutivos (condução igual ou maior que 50μS), não corrosivos e livres de partículas em suspensão.

A sonda de medição é formada por dois eletrodos cilíndricos, ou apenas um quando a parede do reservatório for metálica. O sistema é alimentado com tensão alternada de baixo valor (~10V), a fim de evitar a polarização dos eletrodos.

Pode ser utilizado para medições contínuas ou discretas. Em medições contínuas a sonda é montada verticalmente do topo para dentro do reservatório, sendo tão profunda quanto o nível que se deseje medir, Figuras 7.3a e 7.3b. A corrente elétrica circulante é proporcional à parcela do eletrodo imersa no fluido.

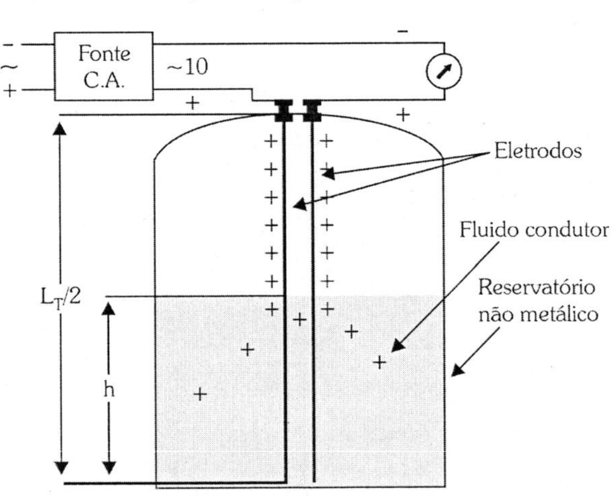

Figura 7.3a - Reservatório com par de eletrodos.

Para essa concepção construtiva a função que relaciona o nível h do fluido com a variação da corrente elétrica é obtida da seguinte forma:

A corrente elétrica de um condutor é dada por:

$$I = \frac{U}{R} \tag{7.1}$$

em que:

- I : corrente elétrica em ampere: [A]
- U: tensão elétrica em volts: [V]
- R: resistência do condutor em ohms: [Ω]

A resistência de um condutor, porém, varia em função da condutividade elétrica, da seção transversal e do comprimento do condutor.

$$R = \frac{L_T}{\varphi \cdot A} \tag{7.2}$$

em que:

- L_T: comprimento total do condutor em metros: [m]
- φ: condutividade elétrica do condutor: [m/Ω.mm²]
- A: seção transversal do condutor: [mm²]

Analisando assim a figura, verifica-se que cada um dos condutores tem comprimento igual a $L_T/2$. O comprimento total L_T máximo ocorre quando o líquido estiver no mínimo, apenas o suficiente para manter uma ponte entre os dois condutores, assim:

$$L_T = L + L \tag{7.3}$$

Entretanto, quando o fluido estiver em um nível h qualquer, o comprimento total do condutor será dado por:

$$L_T = (L - h) + (L - h) = L - 2h \tag{7.4}$$

Substituindo na equação (7.2):

$$R = \frac{2 \cdot L - 2 \cdot h}{\varphi \cdot A} \tag{7.5}$$

Substituindo agora na equação (7.1) e colocando o h em evidência, chegar-se-á à equação do nível do fluido.

$$h = \left[L - \left(\frac{U \cdot \varphi \cdot A}{2 \cdot I}\right)\right] \tag{7.6}$$

A Figura 7.3b apresenta a aplicação do sistema em um reservatório metálico (condutor). Nessa concepção não se faz necessário o segundo eletrodo, pois a carcaça cumpre o papel dele. Uma das saídas da fonte é aterrada à carcaça, e a extremidade do eletrodo central que está ligado à linha não pode fazer contato com a carcaça, devendo estar isolada.

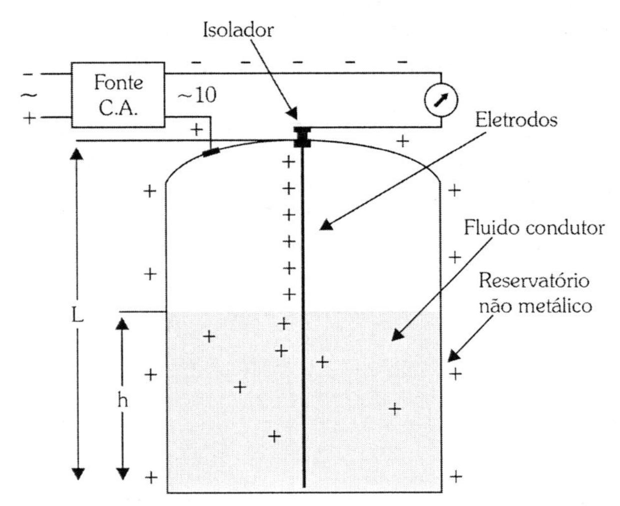

Figura 7.3b - Reservatório metálico com um eletrodo.

De forma análoga à anterior, pode-se determinar a equação do nível h. Assim, analisando a figura, vê-se que o comprimento total do eletrodo, assim como a altura do reservatório, é L, isto é, ambos têm a mesma altura.

A variação da resistência no condutor será dada por:

$$R = \frac{L - h}{\varphi \cdot A} \tag{7.7}$$

Substituindo agora na equação (7.1) e colocando o h em evidência, chegar-se-á à equação do nível do fluido.

$$h = \left[L - \left(\frac{U \cdot \varphi \cdot A}{I} \right) \right] \tag{7.8}$$

Em medições discretas (pontuais), em que o sistema funciona como chave de nível ou detecção de pontos de interesse, a sonda é posicionada horizontalmente em relação à superfície do fluido, resultando em uma corrente elétrica de amplitude constante e estável, tão logo o fluido atinja a sonda, Figura 7.3c.

A figura apresenta o sistema de eletrodos aplicados como chave de nível. O eletrodo inferior comanda por meio do relé K_2 a abertura da válvula de enchimento do tanque, sendo ativada toda vez que o nível do fluido perder o contato com o eletrodo (ficar abaixo deste). Quando do enchimento, o nível do fluido atingir o eletrodo superior, este, por intermédio do relé K_1, desliga a bomba que só será religada quando a situação inicial se repetir.

Dentre as vantagens do sistema de eletrodos está o baixo custo, flexibilidade e faixa de nível sem limites. Não podendo, porém, ser aplicados em líquidos não condutores, viscosos e que formem depósitos de partículas nos eletrodos.

É indicado para uso em tanques de *engodamento* (indústria têxtil), em controle de nível de espuma em processos de fermentação de antibióticos etc.

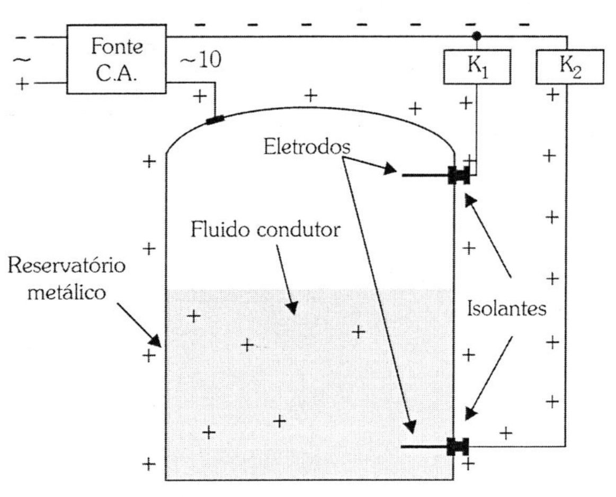

Figura 7.3c - Chave de nível por eletrodos.

7.3.4. Medição por Sensor de Contato

O sistema de barreira de ar é aplicado basicamente para o controle de níveis mínimo e máximo, ou seja, age como *chave de nível*. Trata-se de um circuito eletropneumático, dotado de um sensor, Figura 7.4a, que, ao ser alimentado por uma conexão **P**, emite por meio desse sensor em direção ao fluido um fluxo de ar a uma determinada pressão (0,1 a 0,15 bar). Esse sensor é normalmente alojado em um tubo de imersão, Figura 7.4b.

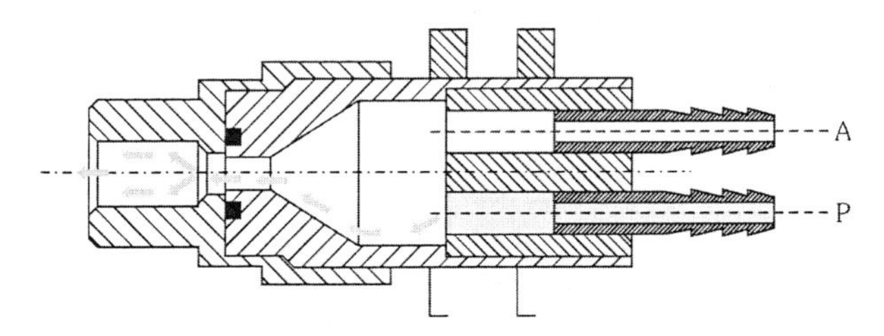

Figura 7.4a - Detalhe do sensor pneumático.

Quando o sensor está inativo, o ar de alimentação escapa pelo tubo de imersão. Assim que o fluido atinge o nível da extremidade inferior do tubo de imersão, fechando-o, aparece na saída **A** do sensor um sinal, cuja pressão é proporcional à altura do fluido, até o valor da pressão de alimentação. A pressão do sinal subsistirá enquanto o fluido mantiver a abertura fechada, Figura 7.4b.

As Figuras 7.4b e 7.4c demonstram esquematicamente duas aplicações desse sensor por contato para detecção de nível.

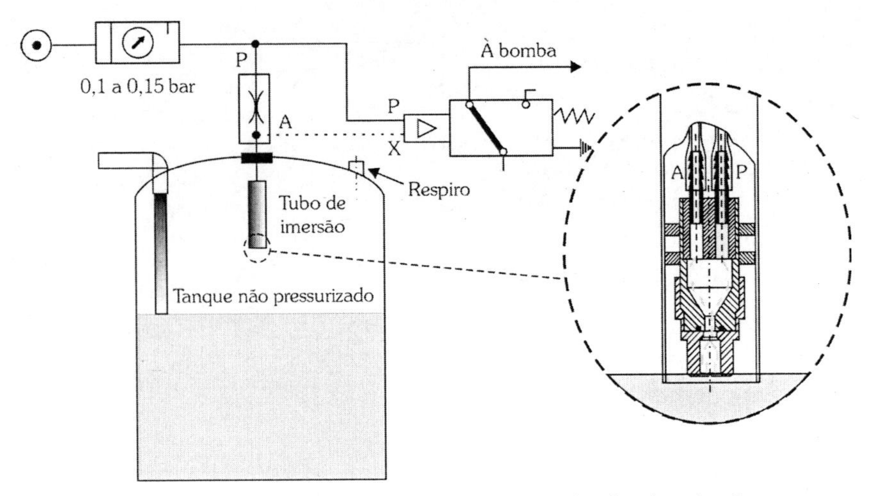

Figura 7.4b - Controle de nível simples com detalhe do tubo de imersão e sensor quando ativado pelo nível máximo do fluido.

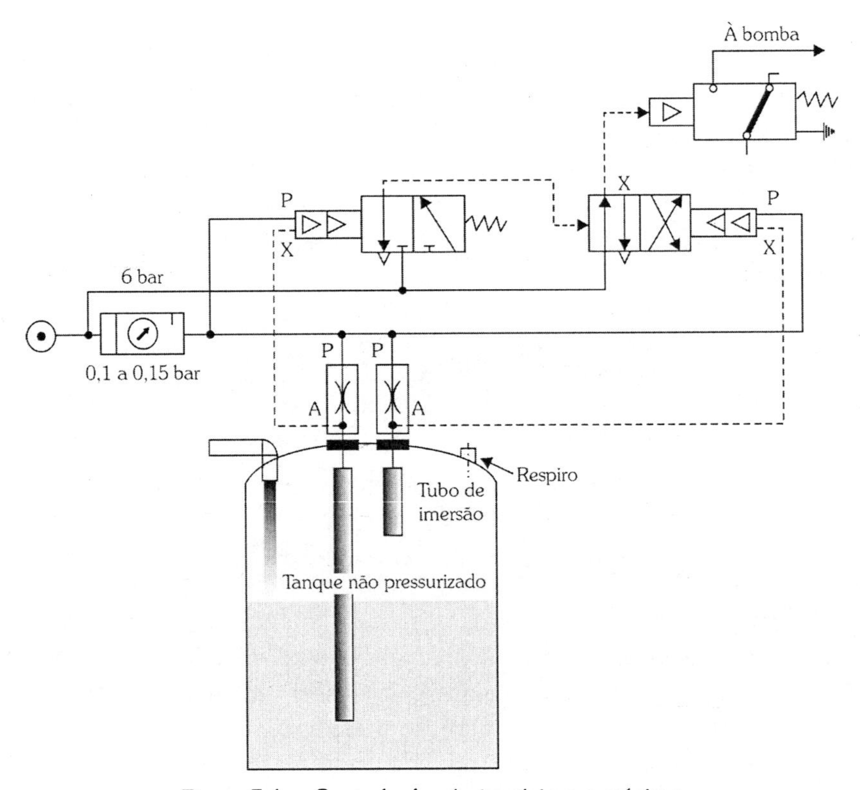

Figura 7.4c - Controle de níveis mínimo e máximo.

Visto que o tubo de imersão entra em contato com o fluido, é necessário escolher um material para ele, que não seja atacado pelo fluido nem por seus vapores. Deve-se também considerar a temperatura máxima do fluido.

Na detecção de superfícies muito movimentadas, deve-se contar com a oscilação da superfície do fluido. Nesse caso é conveniente equipar o tubo de imersão com uma camisa fechada provida com um ou vários furos pequenos no fundo. Devido a isso, o nível do fluido alinha-se no interior do tubo.

O detector pneumático de nível é muito vantajoso quando os líquidos são muito espumosos. Os sistemas eletrônicos de detecção frequentemente reagem à ação da espuma, enquanto a mudança de pressão nos emissores pneumáticos só se produz quando é alcançado o nível do líquido com sua densidade total.

Também é importante considerar que esse recurso não pode ser aplicado a fluidos que reajam com o ar, como as resinas, por exemplo, ou produtos alimentícios que somente podem sofrer contato com ar puro.

7.3.5. Medição por Unidade de Grade

É um mecanismo de medição por transmissão de momento de torção. Consiste em anéis metálicos, ligados por hastes, formando um dispositivo cilíndrico vertical. As forças são transmitidas por intermédio de um tubo torque a um relé pneumático para transmissão a um instrumento de leitura ou controlador.

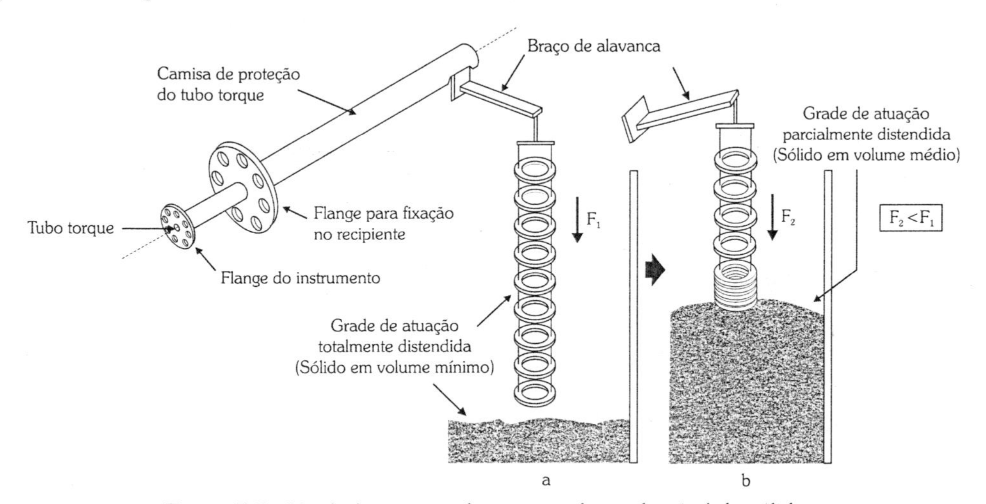

Figura 7.5 - Unidade com grade para medição de nível de sólidos.

Como pode ser visto na figura, esse mecanismo pode ser utilizado somente em medição de nível de sólidos. Quando a grade encontra-se toda expandida (nível do sólido abaixo da grade), a força peso F_1 atuante na extremidade do braço de alavanca é máxima (Figura 7.5a), ou seja, momento de torção máximo. Conforme o nível de sólidos aumenta no recipiente, os anéis metálicos da grade passam a repousar sobre o sólido, diminuindo assim a força peso para F_2.

Assim, como $F_2 < F_1$ o momento de torção diminui proporcionalmente à elevação do nível de sólidos no recipiente.

Esse mecanismo também pode ser instrumentado com *strain gauges* conforme visto no capítulo anterior.

Pode operar em temperaturas até 960°C e pressão de 130atm. É indicada para nível de sólido-granular em silos, unidade de cozimento por contato contínuo, e em unidade de processamento petroquímico como a hipersorção e hiperformação.

7.4. Medida Indireta

É obtida por meio de grandezas físicas como pressão, empuxo, propriedades elétricas, radiação, ultrassom etc.

7.4.1. Medição por Capacitância

A medição de nível por meio da capacitância é um sistema de medição com larga aplicação. Com esse sistema é possível efetuar a medição contínua do nível de líquidos e sólidos, tendo seu princípio de funcionamento baseado no funcionamento de um capacitor cilíndrico.

Um capacitor cilíndrico consiste em dois cilindros concêntricos de comprimento L cujo cilindro maior (externo) é uma casca de raio *b* e o menor (interno), um sólido de raio *a*. Seguindo então a relação em que a dimensão L>>b>a, conforme Figura 7.6a, o espaço existente entre os cilindros concêntricos é ocupado por uma substância conhecida como "*dielétrico*", que pode ser o próprio *ar ou vácuo*, um *fluido líquido* qualquer ou mesmo um *sólido*.

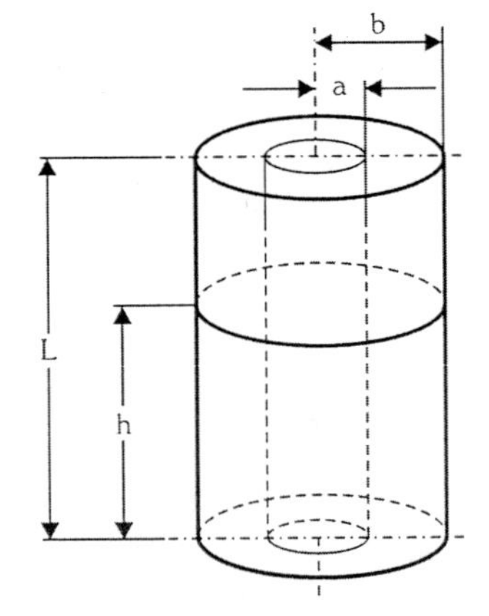

Figura 7.6a - Capacitor cilíndrico.

O sensor capacitivo pode ser montado na forma de uma sonda montada na parte superior de um reservatório, voltada para dentro e imersa no fluido que ali esteja estocado, Figura 7.6c, ou ainda uma simples haste cilíndrica metálica de *raio a*, sendo o cilindro externo o próprio tanque metálico de estocagem, Figura 7.6d.

[8]A equação que relaciona o nível da substância a ser medida com a capacitância de um capacitor cilíndrico pode ser obtida analisando a Figura 7.6a, como se fossem dois capacitores cilíndricos ligados em paralelo, Figura 7.6b.

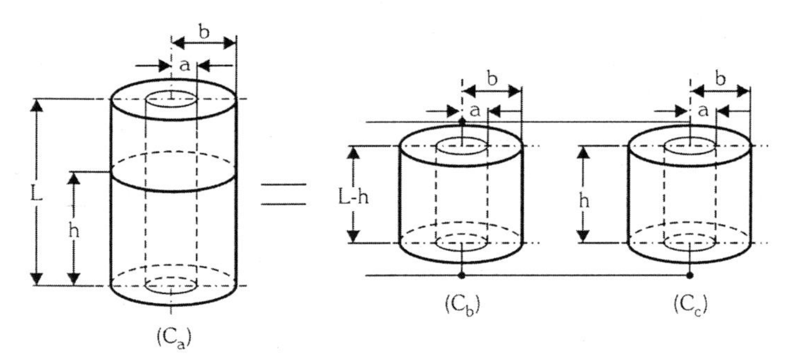

Figura 7.6b- Capacitores cilíndricos ligados em paralelo.

Lembrando que a capacidade de um capacitor cilíndrico é dada por:

$$C = \left[2 \cdot \pi \cdot \varepsilon_0 \cdot \varepsilon_r \cdot \left[\frac{L}{\ln(b/a)} \right] \right] \tag{7.9}$$

em que:

- h: nível da substância - [m]
- C: capacitância em Faraday - [F]
- b: raio da casca cilíndrica - [m]
- a: raio do cilindro interno, haste etc. - [m]
- ε_0: permissividade no vácuo ou ar - [$8{,}854187818 \times 10^{-12}$ $C^2/N.m^2$]
- ε_1: permissividade relativa da substância medida[7] - [$C^2/N.m^2$]

Desta forma, de acordo com a Figura 7.6b, as capacidades dos capacitores em paralelo serão dadas por:

$$C_b = \left[2 \cdot \pi \cdot \varepsilon_0 \cdot \left[\frac{L-h}{\ln(b/a)} \right] \right] \tag{7.10}$$

$$C_c = \left[2 \cdot \pi \cdot \varepsilon_0 \cdot \varepsilon_r \cdot \left[\frac{h}{\ln(b/a)} \right] \right] \tag{7.11}$$

---

8 A permissividade relativa da substância deve ser conhecida e estável caso se desejem baixas incertezas.

Como já referido, para qualquer nível h de substância armazenada, o recipiente comporta-se como dois capacitores cilíndricos ligados em paralelo; portanto, sua capacidade equivalente será obtida por:

$$C_a = C_b + C_c$$

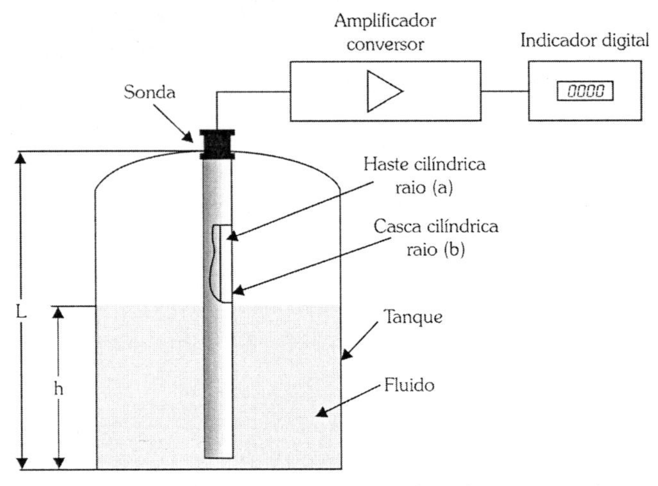

Figura 7.6c - Sonda capacitiva cilíndrica (esquemático).

Substituindo as equações (7.10) e (7.11) na expressão anterior e colocando o termo h do nível em evidência, chegar-se-á à equação do nível.

$$h = -\frac{1}{2} \cdot \left[\frac{-C_a \cdot \ln\left(\frac{b}{a}\right) + 2 \cdot \pi \cdot \varepsilon_0 \cdot L}{\pi \cdot \varepsilon_0 \cdot (\varepsilon_r - 1)} \right] \tag{7.12}$$

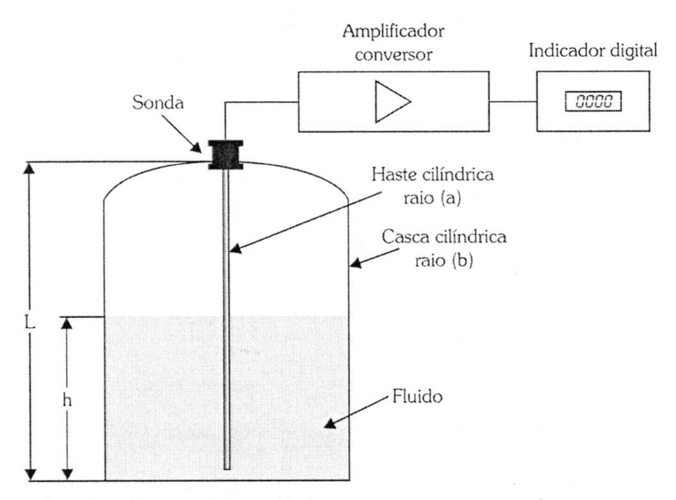

Figura 7.6d - Sonda capacitiva cilíndrica - o próprio casco do tanque cumpre o papel da casca cilíndrica, sendo o fluido e o ar o dielétrico.

Conforme o tanque for aumentando, o valor da capacitância aumenta progressivamente à medida que o dielétrico ar é substituído pelo dielétrico líquido a medir.

A medição de nível por capacitância admite ainda uma segunda variante em termos de sonda capacitiva. Pode-se usar também o princípio do capacitor de placas paralelas.

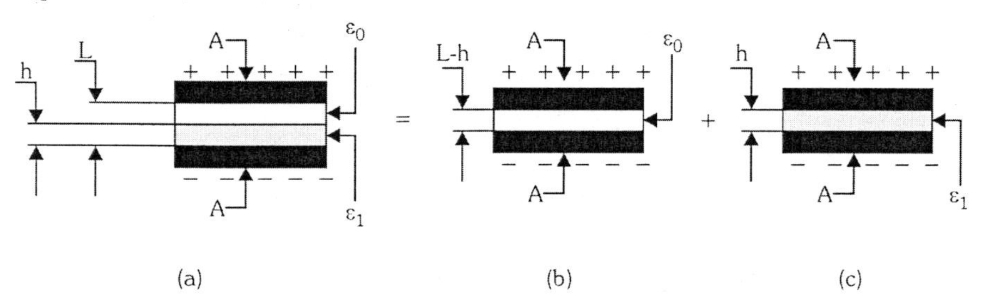

Figura 7.7 - Capacitor de placas paralelas com dois dielétricos diferentes.

A Figura 7.7 apresenta um capacitor de placas paralelas em que foram inseridos dois *dielétricos* diferentes, lembrando que a capacitância de um capacitor de placas paralelas com um dielétrico é dada por:

$$C = \frac{\varepsilon_0 \cdot \varepsilon_r \cdot A}{L} \quad (7.13)$$

Assim, para as Figuras 7.9 e 7.9e as equações serão respectivamente:

$$C_b = \frac{\varepsilon_0 \cdot A}{L - h} \quad (7.14)$$

$$C_c = \frac{\varepsilon_0 \cdot \varepsilon_1 \cdot A}{h} \quad (7.15)$$

Entretanto, a Figura 7.7a equivale a uma composição em série dos capacitores *b* e *c*, e a equação de sua capacitância será obtida por:

$$\frac{1}{C_a} = \frac{1}{C_b} + \frac{1}{C_c} \quad (7.16)$$

Desta forma, substituindo as expressões (7.14) e (7.15) na equação (7.16) e colocando o *h* (nível) em evidência, ter-se-á:

$$h = -\left[\frac{\varepsilon_r \cdot \left(-C_a \cdot L + \varepsilon_0 \cdot A\right)}{C_a \cdot \left(\varepsilon_r - 1\right)}\right] \quad (7.17)$$

em que:

- ε_0: permissividade no vácuo ou ar - [8,854187818x10^{-12} $C^2/N.m^2$]
- ε_r: permissividade elétrica relativa da substância a ser medida (ver apêndice A)
- A: área da placa paralela - [m^2]
- L: distancia entre placas - [m]
- C_a: capacitância em Faraday - [F]

Que transpondo para a situação de medição de nível, representa a equação do nível da substância dentro do recipiente.

A Figura 7.8 apresenta a aplicação desse princípio em um recipiente contendo uma substância qualquer.

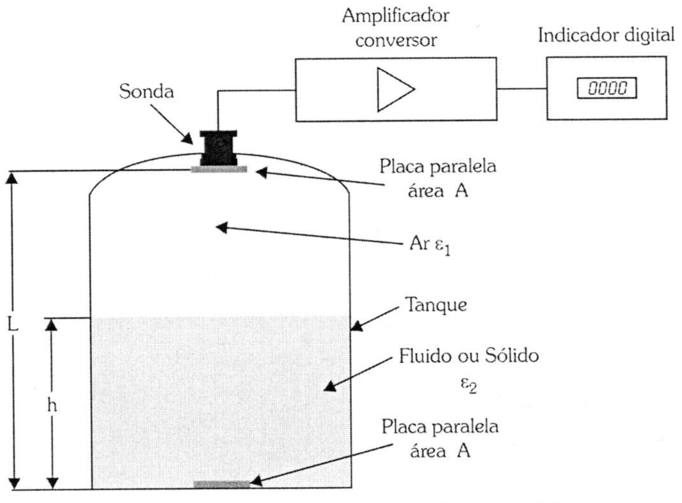

Figura 7.8 - Sonda capacitiva de placas paralelas.

> *A configuração da Figura 7.8 é bastante apropriada para medição de nível de sólidos.*

As técnicas de medição de nível por capacitância podem ser aplicadas também a substâncias condutoras, neste caso, as placas dos capacitores são revestidas por um material isolante (normalmente teflon). A relação entre C_a e h nas expressões (7.12) e (7.17) deve ser modificada a fim de considerar o efeito dielétrico do isolante.

> *Apesar da variada gama de aplicações, o sistema de medição por capacitância pode se tornar impreciso se a substância a ser medida for contaminada por outros agentes que venham a modificar sua permissividade elétrica.*

7.4.2. Medição por Empuxo

O sistema de medição por flutuadores segue o princípio de Archimedes, cujo enunciado aparece em seguida.

> *"Todo corpo mergulhado em um fluido sofre a ação de uma força vertical dirigida de baixo para cima."*
>
> *Archimedes*

Nesse sistema, um elemento (flutuador) com densidade maior que o líquido cujo nível se deseja medir é suspenso por uma mola, um dinamômetro ou uma barra de torção.

À medida que o nível do líquido aumenta, o peso aparente de flutuador diminui, fazendo atuar o mecanismo de indicação ou de transmissão. Entretanto, para o uso adequado desse medidor, a densidade do líquido deve ser conhecida e constante.

Denomina-se empuxo a força exercida pelo fluido do corpo nele submerso ou flutuante, sendo determinada pela expressão:

$$F_E = V \cdot \gamma \tag{7.18}$$

em que:

- F_E: força de empuxo - [N]
- V: volume de fluido deslocado - [m^3]
- γ: peso específico do fluido - [N/m^3]

Sendo o flutuador um cilindro, quando totalmente submerso, pode-se concluir que o volume de fluido deslocado será igual ao volume do cilindro, portanto:

$$V = A \cdot h \tag{7.19}$$

em que:

- A: seção transversal do flutuador - [m^2]
- h: altura do flutuador (nível do fluido) - [m]

Substituído na expressão (7.18):

$$F_E = A \cdot h \cdot \gamma \tag{7.20}$$

Isolando o h na equação, obtém-se a expressão para o nível do fluido em função da força de empuxo.

$$h = \frac{F_E}{A \cdot \gamma} \tag{7.21}$$

Comumente se usa para medição de nível com flutuador um deslocador (displacer) que sofre o empuxo do nível de um líquido, transmitindo para um indicador esse movimento por meio de um tubo de torque, Figura 7.9.

O medidor deve ter um dispositivo de ajuste para densidade do líquido cujo nível estamos medindo, pois o empuxo varia com a densidade.

Para o dispositivo da Figura 7.9, uma vez que o diâmetro do flutuador é conhecido, assim como o peso específico do fluido, basta ler a força de empuxo indicada pelo ponteiro na escala e aplicar a equação 7.21 para obter o nível h do fluido.

Lembrando os tópicos estudados no capítulo anterior, é fácil ver que esse mecanismo pode ser instrumentado com *strain gauges* colados sobre um eixo de torção fixo ou uma simples haste de flexão, como na Figura 7.10.

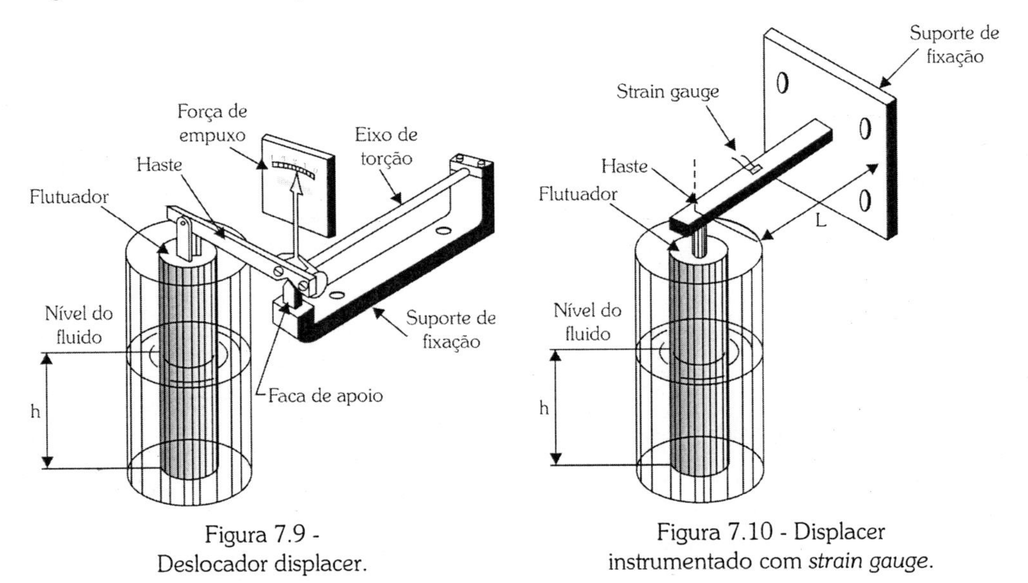

Figura 7.9 - Deslocador displacer.

Figura 7.10 - Displacer instrumentado com *strain gauge*.

Essa concepção permite baixa incerteza na medida, pois o sinal elétrico enviado pelo *strain gauge* devido à microdeformação causada pela força de empuxo, após um devido tratamento, pode ser convertido eletronicamente já em distância linear equivalente (nível h), sendo apresentada em um indicador com display digital.

A medida de deformação por deflexão da haste, nesse caso, é dada pela equação (6.60) do capítulo anterior.

$$\varepsilon = \frac{\sigma_{máx.}}{E} = \frac{M_Z/W}{E}$$

Sendo a seção da haste retangular de dimensões (a x b) e comprimento L, Figura 7.11, é possível relacionar a equação da deformação com a equação 7.20 da força de empuxo, como mostrado em seguida.

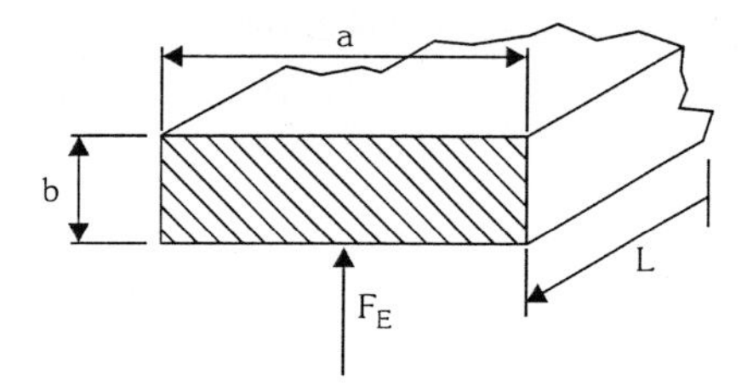

Figura 7.11 - Detalhe da haste da Figura 7.4.

Conforme tabela na seção de anexos, o momento fletor máximo para essa configuração de fixação e esforço aplicado é:

$$M_Z = F_E \cdot L \tag{7.22}$$

O momento resistente é dado por:

$$W = \frac{b \cdot a^2}{6} \tag{7.23}$$

Substituindo-as na já citada equação 6.60, ter-se-á:

$$\varepsilon = \frac{F_E \cdot L}{6 \cdot E \cdot b \cdot a^2} \tag{7.24}$$

Substituindo agora a força de empuxo por sua equação (7.20) e pondo o termo h em evidência, chega-se à equação do nível em função da deformação medida com o *strain gauge*:

$$h = 6\frac{\varepsilon \cdot E \cdot b \cdot a^2}{A \cdot \gamma \cdot L} \tag{7.25}$$

7.4.3. Medição por Pressão Hidrostática

7.4.3.1. Medição por Célula d/p CELL

Pressão hidrostática é a exercida por um fluido líquido em equilíbrio estático, que se distribui de modo uniforme em todas as direções de contato com o recipiente que o contém, sendo, é claro, de valor diretamente proporcional à profundidade da tomada de medida (7.26).

Assim, se a tomada de medida for feita no fundo do recipiente no qual está armazenado, a pressão hidrostática terá seu valor máximo, Figura 7.12.

$$P \alpha h \tag{7.26}$$

Para transformar essa proporcionalidade em igualdade, deve-se multiplicar seu termo de referência h por um coeficiente de proporcionalidade, que nesse caso será o peso específico γ do fluido.

Assim:

$$P = \gamma \cdot h \tag{7.27}$$

O nível h será então:

$$h = \frac{P}{\gamma} \tag{7.28}$$

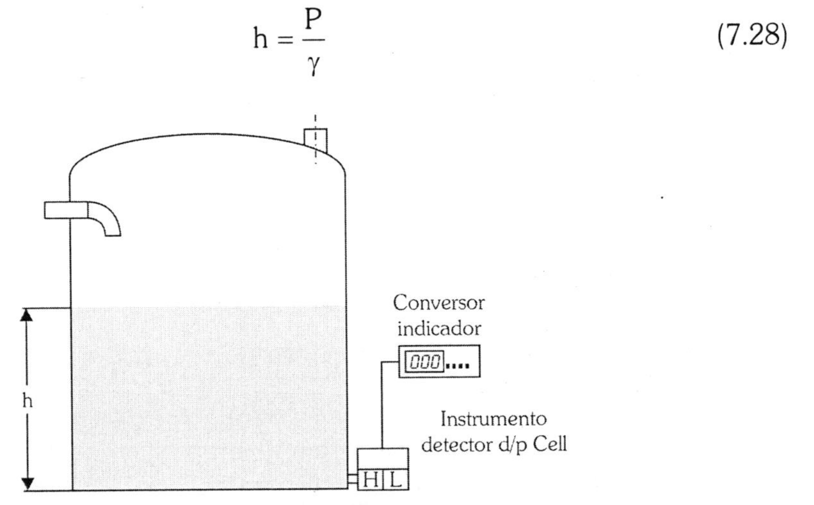

Figura 7.12 - Medição de pressão hidrostática. O instrumento é uma célula d/p CELL.

O instrumento detector é uma célula do tipo d/p CELL que mede a pressão exercida por um líquido, utilizando para tal um transmissor de células de pressão diferencial. Esse transmissor transmite quer um sinal pneumático, quer um sinal eletrônico a um indicador distante.

A pressão hidrostática exerce uma força contra um diafragma de aço da câmara de pressão (H), sendo este equilibrado contra a pressão atmosférica da câmara de pressão inferior (L). Qualquer desequilíbrio é detectado pelo transmissor que contém um amplificador que envia um sinal em proporção direta ao nível no tanque.

Este procedimento é apropriado a tanques abertos ou mesmo fechados, porém com respiradouros, tampas contendo ventanas, tanques não pressurizados.

Quando o recipiente ou tanque é totalmente selado (no caso de fluidos líquidos armazenados sob pressão), o nível do fluido pode ser obtido por intermédio da pressão diferencial entre as partes superior e inferior do tanque. Neste caso, o nível será relacionado à diferença de pressão, ΔP, de acordo com a seguinte relação, Figura 7.13:

$$h = \frac{\Delta P}{\gamma} = \frac{P_2 - P_1}{\gamma} \quad (7.29)$$

Em ambas situações há no mercado uma série imensa de equipamentos de vários fabricantes, apropriados para os mais variados tipos de fluidos químicos, sejam ácidos, viscosos ou não, condutores ou não condutores e que possibilitam leitura do nível em formato analógico ou digital.

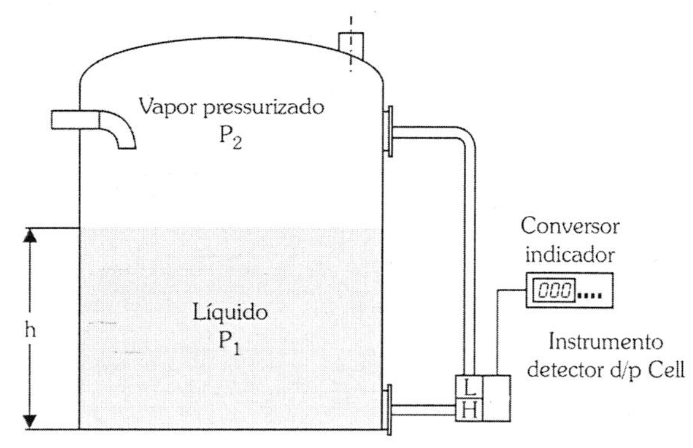

Figura 7.13 - Medição de pressão diferencial.

7.4.3.2. *Medição por Caixa de Diafragma*

A medição por caixa de diafragma é uma variante da medição por pressão hidrostática, porém de custo bastante reduzido, pois o sistema é composto por uma simples caixa de diafragma imersa até o fundo do tanque, tendo em sua extremidade um capilar que se estende até a parte externa do tanque, sendo conectado a um manômetro de pressão, Figuras 7.14a e 7.14b.

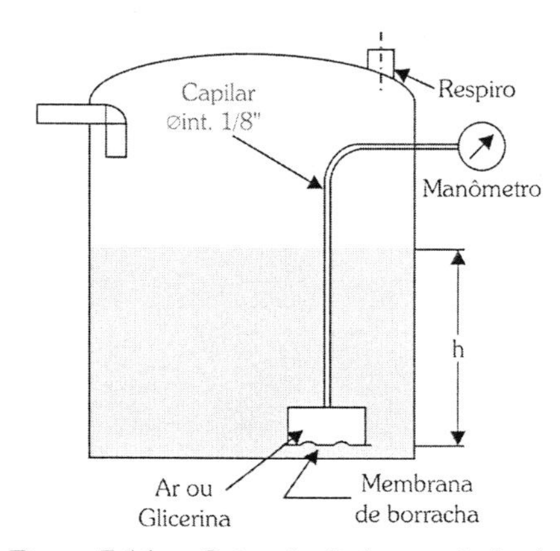

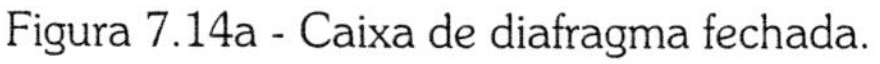

Figura 7.14a - Caixa de diafragma fechada.

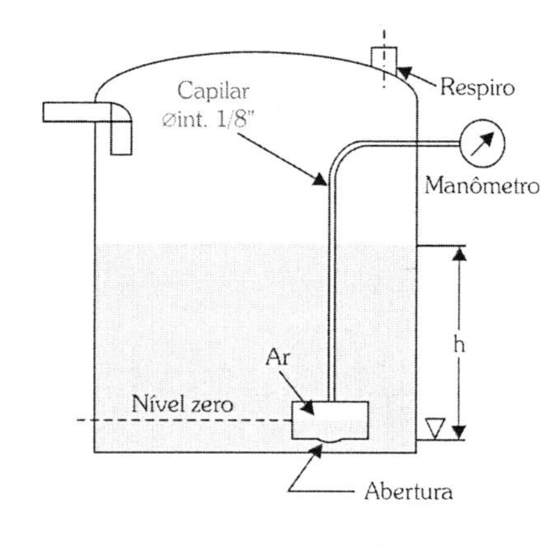

Figura 7.14b - Caixa de diafragma aberta.

Sua utilização é restrita a tanques não pressurizados e o diafragma pode ser do tipo fechado ou aberto, podendo ainda estar localizado fora do tanque, Figura 7.14c.

Na caixa de diafragma fechada, Figura 7.14a, a pressão hidrostática do líquido deforma a membrana flexível de neopreme para dentro da caixa, comprimindo o fluido em seu interior que pode ser o próprio ar ou glicerina. Assim, a pressão indicada no manômetro será proporcional à profundidade em que a caixa se encontra e o nível h pode ser obtido a partir da equação (7.23), citada anteriormente.

Na caixa de diafragma aberta o processo é o mesmo, somente que o líquido do tanque entra no diafragma, comprimindo o ar em seu interior que irá movimentar o manômetro, acusando a pressão da coluna de líquido que se forma dentro da caixa.

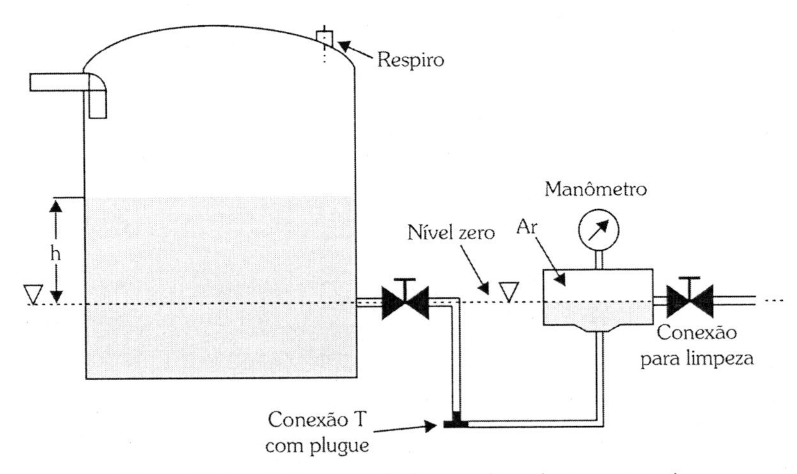

Figura 7.14c - Caixa com diafragma (instalação externa).

Nesse caso o nível de referência zero é dado pelo ponto na superfície da coluna de líquido atingida dentro da caixa.

Algumas das características da medição por diafragma são:

- Medição na faixa de pressões de 0,30m a 15m H_2O;
- Baixo custo;
- Fácil limpeza;
- Construção simples;
- Permite uso até temperatura de 65°C.

7.4.3.3. Medição por Tubo em U

A medição de nível por tubo em U é mais uma das variantes, e talvez a mais barata de todas, da medição por pressão hidrostática.

O sistema consiste em um simples tubo em U contendo mercúrio, instalado no fundo de um reservatório não pressurizado ou aberto, e considerando que o reservatório venha sempre a conter o mesmo tipo de líquido. Isso quer dizer que será sempre o mesmo peso específico. Em vez da escala de pressão, pode ser registrada no tubo uma escala apropriada que permita a leitura do nível do líquido diretamente neste, Figura 7.15.

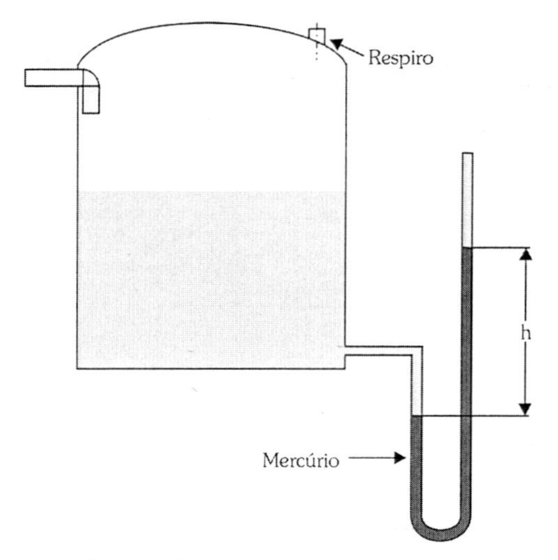

Figura 7.15 - Medida de móvel com manômetro em U.

7.4.3.4. Medição de Nível por Borbulhamento

É também outra variante da medição por pressão hidrostática. Nesse sistema é importante que o peso específico do líquido permaneça sempre constante.

O sistema é alimentado com um suprimento de ar ou gás com uma pressão aproximadamente 20% maior que a máxima pressão hidrostática exercida pelo líquido. O suprimento de alimentação é continuamente introduzido na parte superior de um tubo mergulhado e sai em borbulhas pela sua extremidade inferior.

A vazão de suprimento é ajustada por uma válvula de agulha até que se observe a formação de bolhas em pequenas quantidades, havendo então, um borbulhamento sensível no líquido em medição. No outro braço da tubulação é instalado um manômetro que indica o valor da pressão devido ao peso da coluna líquida, Figura 7.16. Com o uso de um manômetro, como mostra a figura, o nível pode ser obtido pela equação 7.29.

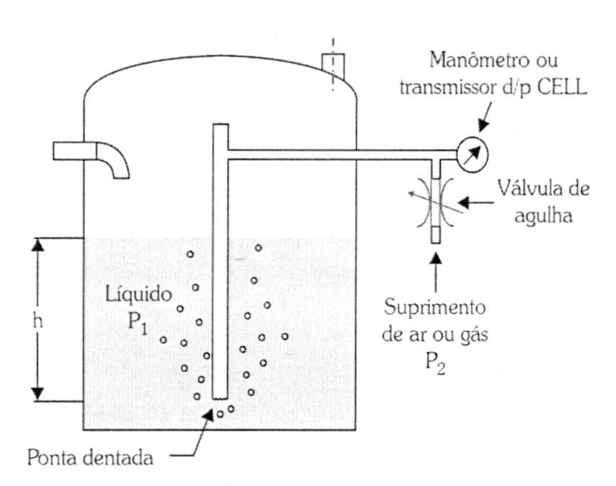

Figura 7.16a - Medição de nível por borbulhamento.

A Figura 7.16b apresenta uma outra variação para esse mesmo sistema, em que o nível do líquido pode ser lido diretamente em uma coluna d'água ou mercúrio formada em um trecho de tubo de vidro.

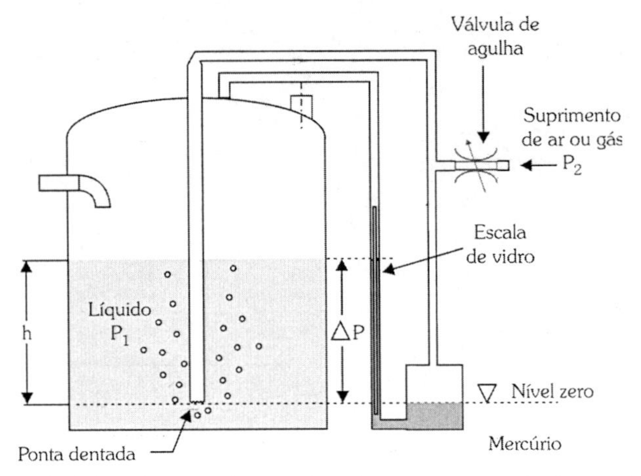

Figura 7.16b - Medição de pressão diferencial por borbulhamento.

Entre os cuidados a serem tomados pode-se citar a observância quanto ao diâmetro da tubulação, a importância da válvula de agulha e o tubo de borbulhamento deve ter ponta dentada. A ponta dentada (serrilhada) causa a explosão da bolha inicial na saída do tubo formando outras bolhas menores, distribuindo-as no fluido de forma mais igualitária.

É um sistema indicado para fluidos corrosivos, líquidos viscosos, líquidos com sólidos arrastados ou em suspensão, líquidos em que se precipitam sólidos após o resfriamento. Fácil instalação, construção simples e podem ser usados até profundidades de 200m.

7.4.4. Medição de Nível por Radiação

A medição de nível de líquidos ou sólidos armazenados em tanques ou reservatórios por meio de radiação é um processo caro e não muito difundido, principalmente porque só deve ser utilizado em situações em que for completamente impossível a aplicação de algum outro sistema de menor risco e, portanto, que necessite menor grau de proteção.

A faixa do espectro radioativo normalmente utilizado é o de raios gama que possuem energia bastante elevada e, consequentemente, um grande poder de penetração. A unidade básica de medida da intensidade radioativa é o curie, em homenagem a Marie Curie que, em 1898, descobriu que certos elementos emitiam energia naturalmente e denominou essas emissões de raios gama.

Constatou-se então experimentalmente que, apesar de seu elevado poder penetrante, os raios gama, ao atravessarem as substâncias sólidas de massa impenetrável, perdiam um pouco de sua intensidade. Tal perda devia-se à densidade do meio, à "total" espessura do material e ainda à distância entre a fonte emissora e o detector.

Em termos de aplicações práticas, o desenvolvimento dos sensores de nível radiativos começou quando da passagem da tecnologia do laboratório para a indústria. Tal mudança provocou a necessidade de produzir detectores adequados, bem como a produção em massa de radioisótopos. A produção de ambos ocorreu por volta de 1950-1960.

Os sensores que utilizam radioatividade são usados na indústria em vários tipos de aplicação para além da medição de nível, e como já mencionado, devido aos problemas que levantam, só devem ser utilizados quando for completamente impossível aplicar outro método de medida.

Esses sensores são constituídos por um reservatório; num dos seus lados está localizada uma fonte de raios gama (emissor) e do lado oposto um conjunto de células de medida (receptor). Chama-se costumeiramente detector esse conjunto de células, Figura 7.17.

O princípio de funcionamento do sensor radioativo reside na absorção de um feixe radioativo pelo produto do qual se quer medir uma determinada característica, neste caso o nível. A fonte emite raios gama (γ), empregando normalmente o cobalto (^{60}Co; meia-vida $\rightarrow$ T=5,3 anos) ou o césio (^{137}Cs; meia-vida $\rightarrow$T=33 anos).

A fonte radioativa é colocada normalmente no exterior do reservatório. Suas emissões atravessam o reservatório e são recebidas pelas células de detecção. Há, porém, como já citado, uma redução da intensidade da radiação ao atravessar o reservatório, a qual é continuamente convertida em sinal elétrico.

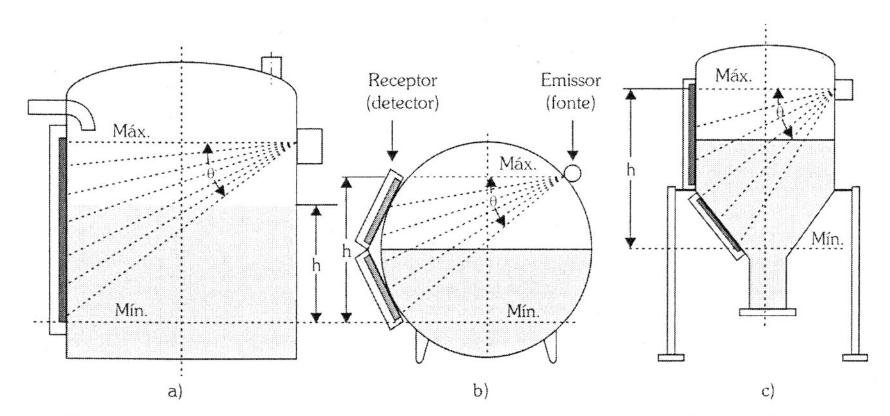

Figura 7.17 - Reservatórios equipados com controlador de nível por radiação.

A quantidade de radiação recebida pelo detector é uma função da absorção dos raios gama pelo fluido. A radiação, I, medida pelo detector é relacionada ao comprimento do mensurado no trajeto da onda, x, de acordo com a seguinte função:

$$I = I_0 \cdot e^{-\mu \cdot \rho \cdot x} \tag{7.30}$$

em que:

- I: intensidade de radiação gama detectada
- I_0: ntensidade de radiação gama emitida pela fonte
- e: xponencial (2,718)
- μ: coeficiente de absorção
- ρ: densidade do meio
- x: comprimento do mensurado no trajeto da onda

A expressão que relaciona essas variáveis com o nível h do fluido ou sólido acondicionados nos tanques e reservatórios é dada por:

$$h = \left[\frac{\ln\left(\frac{I}{I_0}\right)}{\mu \cdot \rho} \cdot \cos\theta \right] \tag{7.31}$$

> *O θ é o ângulo de abertura do feixe de raios gama emitido pela fonte em relação ao que efetivamente é absorvido pelo receptor ao longo do comprimento deste. Quanto maior o ângulo, menor será o valor obtido para h, e θ sempre será menor que 90 graus (θ <90), pois para θ = 90 < h= 0, Figura 7.17. Quanto maior o ângulo de abertura do feixe de raios gama, menor será o valor obtido para h. O ângulo θ sempre será menor que 90 graus (θ <90), pois para θ = 90h o valor de h será nulo, (h= 0).*

Existem sensores de nível radioativos apropriados para a medição contínua e para medição discreta, sendo o princípio de funcionamento o mesmo para ambas aplicações, Figura 7.18. Quando a altura do reservatório é elevada, pode-se utilizar um sensor constituído por uma ou duas fontes e vários detectores colocados em linha, Figura 7.19.

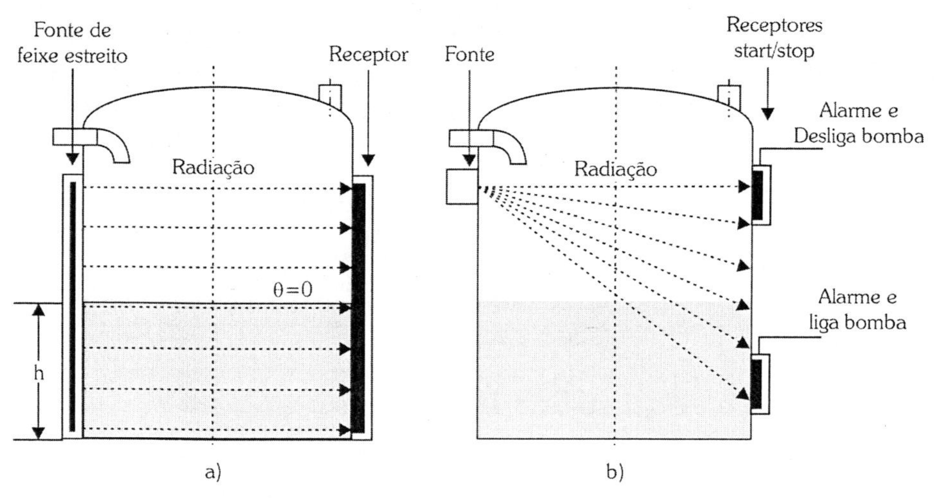

Figura 7.18 - (a) Medição de nível contínua; (b) controle de nível máximo e mínimo (uso como chave de nível).

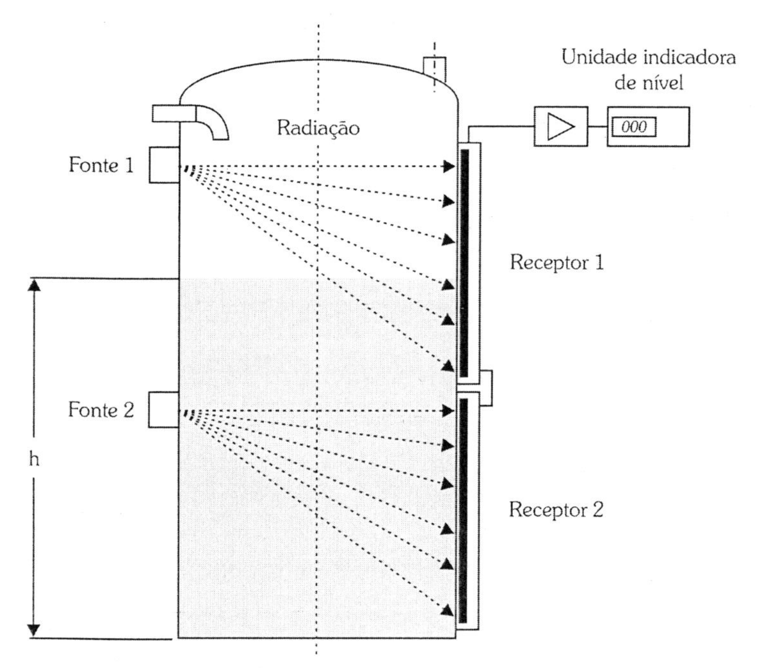

Figura 7.19 - Controle de nível contínuo por radiação gama em tanques muito altos.

Quanto ao tipo de detector utilizado pode ser um contador de Geiger, uma câmara de ionização ou de cintilação. Para qualquer um desses detectores o material usado para a sua construção pode ser o plástico PVC que possui elevada resistência à umidade e aos choques.

O mais simples e antigo detector de radiação é o tubo de Geiger-Muller, ou contador de Geiger. Quando exposto à radiação, emite intenso sinal na forma de ruído. O componente funcional desse detector é um cilindro metálico cheio de um gás inerte, que age como um dos eletrodos. Um fio de metal que desce para o centro age como o outro eletrodo. São usados como isoladores de coberturas de vidro.

É necessária uma tensão relativamente elevada para provocar um fluxo de corrente entre os eletrodos. Quando o tubo é exposto à radiação gama, o gás ioniza-se e as partículas ionizadas transportam a corrente de um eletrodo para o outro. Quanto mais radiações gama alcançam o gás no tubo, mais são os pulsos gerados. A velocidade resultante do pulso é contada pela associação eletrônica dos circuitos, cujas medições são em pulso por segundo.

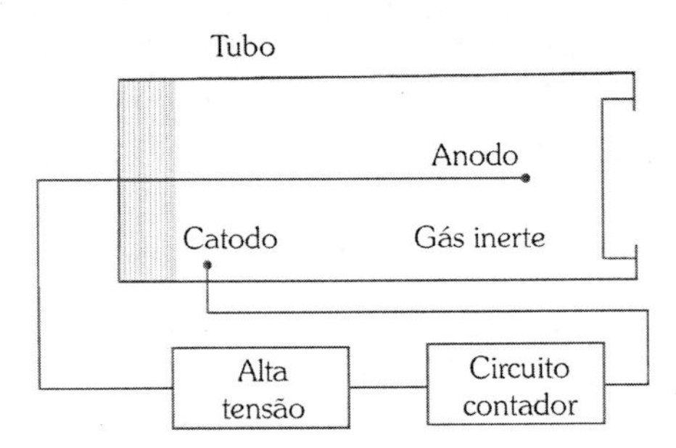

Figura 7.20 - Esquema de montagem de um detector do tipo tubo de Geiger-Muller.

Esse detector pode ser usado como um interruptor de nível se estiver calibrado para induzir ou não uma mudança quando a radiação indicar um estado elevado ou baixo do nível. O tubo detector de Geiger-Muller pode ser usado apenas com um único dispositivo de detecção.

Esse detector comparativamente ao custo da fonte é relativamente barato, de pequenas dimensões e oferece uma grande segurança.

A câmara de ionização é um detector de nível contínuo, confeccionada a partir de um tubo metálico com 4 a 6 polegadas de diâmetro externo contendo um gás pressurizado a várias atmosferas. Uma pequena voltagem de polarização é aplicada a um grande eletrodo, que se encontra dentro da câmara de ionização, fixo e concêntrico a esta.

Ao mesmo tempo que a energia dos raios gama atinge a câmara, um sinal muito pequeno (medido em picoamperes) é detectado enquanto o gás é ionizado. Essa corrente que é proporcional à quantidade de radiação gama recebida pelo detector é amplificada e transmitida como um sinal de medição de nível.

Nas aplicações de medição de nível, a câmara de ionização recebe a maior parte da ionização, portanto o seu *output* (sinal de saída) será maior quando o nível for menor. À medida que o nível sobe e a quantidade de radiações gama absorvidas é maior, a corrente de saída do detector decresce proporcionalmente.

O sistema é calibrado para ler 0% de nível quando a corrente de saída estiver no seu ponto mais alto. 100% de nível marca o valor mais baixo da corrente de saída. Prováveis desvios à linearidade podem ser corrigidos utilizando um software apropriado.

A câmara de ionização é mais apropriada para zonas em que há vibração ou com condições ambientes bastante adversas.

A câmara de cintilação ou detector de cintilação contém um tubo fotomultiplicador. Essa câmara possui um plástico cintilador especial, e também resistente à umidade e aos choques. Esse cintilador é utilizado quando se pretende minimizar a atividade da fonte e maximizar a precisão da medição.

A câmara de cintilação é cinco a dez vezes mais sensível que a câmara de ionização. É também mais cara. No entanto, apesar disso, acaba sendo preferível recorrer a ela, pois permite utilizar uma fonte de menor tamanho ou obter uma medição mais correta.

Quando os raios gama atingem o material cintilador (fósforo), ele é convertido em flashes visíveis que contêm fótons, partículas de luz. Esses fótons aumentam em número à medida que vão também aumentando as radiações gama. Os fótons vão desde o plástico cintilador até o tubo fotomultiplicador, que passam pelo fenômeno conhecido como *Criação de pares*, onde um fóton muito energético ($E>10^9$ eV) se converte num par partícula/antipartícula, neste caso um elétron (e^-) e um pósitron (e^+). A variável de saída é diretamente proporcional às radiações gama que incidem no cintilador.

Os cintiladores estão disponíveis numa série de formas, tamanhos e comprimentos. Um dos últimos modelos consiste num cabo de fibra óptica que permite um aumento da sensibilidade por meio da instalação de mais filamentos no feixe. Outra vantagem do cabo de fibra óptica é a sua produção em vários comprimentos que são flexíveis, permitindo uma adaptação à geometria do reservatório. Tal vai simplificar a medição de níveis em reservatórios esféricos, cônicos ou de outras formas.

O grande poder penetrante da radiação nuclear é devido à energia dos fótons que é expressa em eletronvolt (ev). O isótopo mais comum usado para a medição de nível é o césio 137 (Cs), cuja energia é de 0,56 Mev (megaeletronvolt). Outro isótopo que também pode ser usado é o cobalto 60, (Co), que tem um valor de energia de 1,33 Mev. Apesar de o cobalto ter maior energia e, consequentemente, maior poder penetrante, verifica-se que o seu tempo de vida é curto.

Quando um isótopo se desintegra, perde força. O tempo que um isótopo demora a perder metade da sua força é chamado de meia-vida. A meia-vida do cobalto 60 é 5,3 anos, o que é reduzido. Ao longo de pouco tempo a fonte teria pouca força e acabaria por ser substituída ao fim de mais ou menos cinco anos. Tal fato tornaria extremamente dispendiosa a utilização deste princípio de medição.

O césio já não tem este problema. A meia-vida dele é 33 anos. Esse tempo é suficiente para que a fonte esteja bem forte durante vários processos, justificando assim seu alto investimento inicial.

Quanto à utilização desse tipo de sensor, é destinado basicamente à medição de nível em:

- Tanques agitados;
- Autoclaves;
- Reatores de altas e baixas pressões;
- Vaporizadores com vácuo;
- Tanques com produtos quentes;
- Canos;
- Tanques de abastecimento;
- Reatores de leito fluidizado.

São citadas em seguida algumas das vantagens e a desvantagem da medição de nível por radiação.

Vantagens

- Medição independente da pressão, temperatura e propriedades físicas e químicas do produto;
- Medição de nível contínua, e não existe contacto com o produto a ser medido;
- Uso de fontes de radiação em forma laminar, que permitem a linearização do sinal de medida;
- Adotáveis para todas as formas de recipientes (cilíndricos, cônicos, esféricos, etc.);
- Compensação imediata quando a radiação se desintegra;
- Elevada segurança operacional;
- Elevada exatidão em situações em que os outros medidores de nível falham;
- Não requer praticamente nenhuma manutenção;
- Fácil de calibrar (apenas é preciso um ponto de referência);
- Fácil de instalar;
- Pode ser usado para medições em condições mais adversas, por exemplo, com produtos altamente viscosos e corrosivos, ou a altas pressões e temperaturas;
- Serve para sólidos e também para líquidos.

Principal desvantagem

- Só pode ser usado em último recurso, quando for impossível aplicar outro método de medição. Esse aparelho é extremamente caro, além de exigir elevadas condições de segurança.
- Quando inoperante ou desativado por defeito, é lixo nuclear.

7.4.5. Medição de Nível por Ultrassom

O ultrassom é uma onda sonora de altíssima frequência que não pode ser percebida pelo ouvido humano cuja faixa audível varia de 20Hz a 20kHz. Sua velocidade é uma função do módulo volumétrico de elasticidade (ou módulo de compressão) e da densidade do meio no qual se propaga.

$$v = \sqrt{\frac{B}{\rho}} \tag{7.32}$$

em que:

- v: velocidade de propagação da onda - [m/s]
- B: módulo volumétrico de elasticidade - [Pa]
- ρ: densidade do meio de propagação - [Kg/m^3]

Na medição de nível sua aplicação se dá pela medição do tempo em que ela é emitida e recebida, quando a partir da emissão por uma fonte de ultrassom propaga-se até refletir devido à colisão com um meio de densidade diferente do qual está se propagando, Figura 7.21.

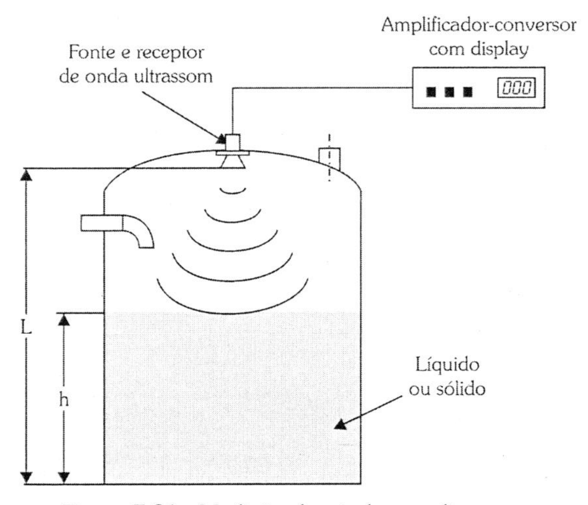

Figura 7.21 - Medição de nível com ultrassom.

Medindo então o tempo de trânsito, o nível h do fluido ou sólido estocado será dado por:

$$h = L - t \cdot \sqrt{\frac{B}{\rho}} \qquad (7.33)$$

em que:

- L: altura da fonte emissora - receptora no tanque - [m]
- t: tempo total de propagação da onda - [s]

Medindo então o tempo de trânsito, o nível h do fluido ou sólido estocado será dado por:

$$h = L - t \cdot \sqrt{\frac{B}{\rho}} \qquad (7.33)$$

em que:

- L: altura da fonte emissora - receptora no tanque - [m]
- t: tempo total de propagação da onda - [s]

Nesta concepção de montagem, como mostra a figura, deve-se considerar a variação da velocidade de propagação da onda no ar em função da temperatura, cuja sensibilidade é da ordem de 0,607[m/°C.s].

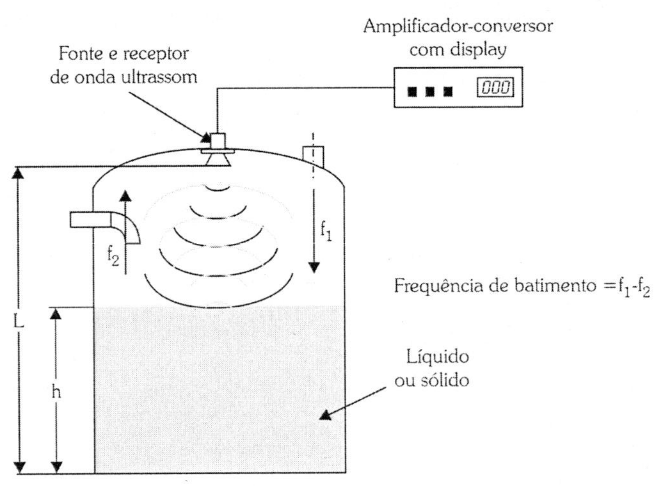

Figura 7.22 - Medição de nível por análise do batimento.

Alguns aparelhos trabalham com a diferença de frequência, ou seja, os batimentos. Toda onda, ao ser refletida, quando retorna à origem, estará retornando com uma leve variação da frequência. Da superposição das ondas emitidas às refletidas se originam modulações de batimentos oscilantes, que serão proporcionais às variações no tempo dos deslocamentos das duas ondas. Esses batimentos são processados e analisados, permitindo assim o conhecimento do nível h da substância armazenada no tanque, não sofrendo a influência da temperatura.

O sistema admite ainda uma outra variante bastante comum, que é a colocação da fonte emissora - receptora no fundo do tanque. Essa técnica é particularmente interessante quando se deseja determinar a interface (transição) entre dois líquidos imiscíveis ou líquidos/precipitados.

7.4.6. Medição de Nível por Micro-Ondas

De forma análoga ao sistema de medição por ultrassom, a medição de nível por micro-ondas é feita por meio de um emissor-receptor de pulsos eletromagnéticos. A fonte emissora de formato cônico emite pulsos eletromagnéticos em direção à substância armazenada. Ao colidirem com um meio de densidade diferente, esses pulsos são refletidos e captados pelo receptor, que mede a diferença entre o comprimento das micro-ondas emitidas e refletidas.

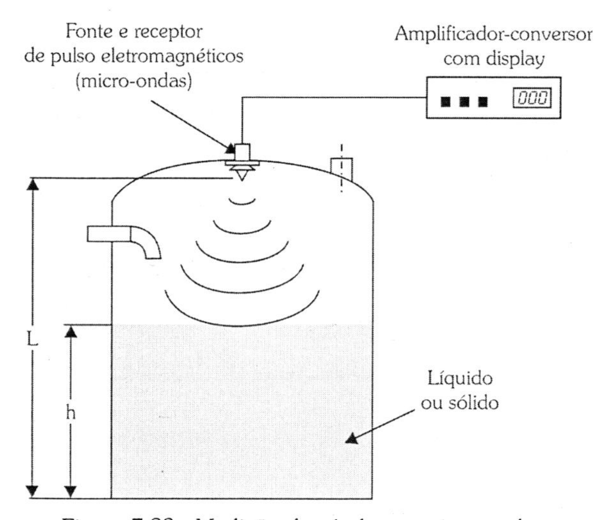

Figura 7.23 - Medição de nível com micro-ondas.

A equação da velocidade com que o nível h varia será então:

$$V = \frac{\Delta\lambda}{\lambda} \cdot c \tag{7.34}$$

em que:

- $\Delta\lambda$: magnitude do deslocamento do comprimento de onda Doppler - [nm]
- λ: comprimento de onda emitida pela fonte - [nm]
- c: velocidade da luz no vácuo - [$\approx 3{,}00 \times 10^8$m/s]

A equação do nível h será então:

$$h = \left[L - \left(t \cdot \frac{\Delta\lambda}{\lambda} \cdot c\right)\right] \quad (7.35)$$

em que:

- t: tempo total entre emissão e recepção da micro-onda - [s]

7.4.7. Medição de Nível por Vibração

Esse princípio de medição utiliza-se de dois osciladores piezelétricos fixados dentro de um tubo, gerando vibrações nesse tubo à sua frequência de ressonância.

A frequência ressoante do tubo varia de acordo com a sua profundidade de imersão na substância líquida ou sólida armazenada. Um circuito PLL[9] é utilizado para acompanhar essas vibrações e ajustar a frequência aplicada ao tubo pelos osciladores piezelétricos. A medida do nível h é obtida em função da frequência de saída do oscilador quando o tubo está em ressonância.

Lembrando que os osciladores piezelétricos convertem a ação mecânica, como no caso a pressão sonora originada pela vibração, em sinais elétricos proporcionais, bem como sinais elétricos em vibrações proporcionais. Por isso são utilizados como fonte de emissão e recepção nesse sistema.

O tubo imerso responde de acordo com o mesmo princípio de um tubo ressonante fechado. O nível h da substância armazenada no tanque age como se fosse um nodo de deslocamento, no qual a amplitude de deslocamento de um elemento oscilante de ar é zero, Figura 7.24.

---

9 PLL ou Phase Locked Loop é o nome de um dos mais importantes circuitos que atualmente encontramos em aplicações eletrônicas digitais ou analógicas. O PLL trabalha com frequências do mesmo modo que um amplificador operacional trabalha com tensões.

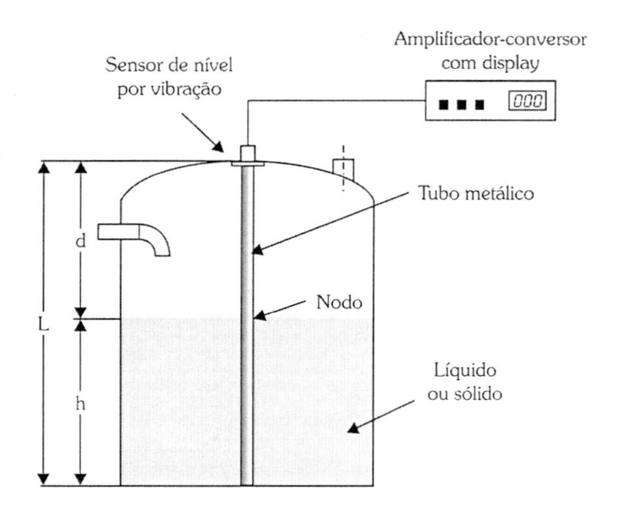

Figura 7.24 - Medição de nível por vibração (o sensor é montado dentro do tubo).

As frequências ressonantes do tubo são dadas por:

$$f = n \cdot \frac{v}{4 \cdot d} \tag{7.36}$$

Colocando, porém, d em função de L e h, pois d=(L–h), e colocando o nível h em evidência, resulta em:

$$h = \frac{1}{4}\left[\frac{(4 \cdot f \cdot L) - (n \cdot v)}{f}\right] \tag{7.37}$$

em que:

- f: frequência ressonante do tubo - [Hz]
- L: comprimento total do tubo = altura do tanque - [m]
- v: velocidade de propagação do som no ar - [343 m/s]
- n: número harmônico - [1, 3, 5, ...]

7.4.8. Medição de Nível por Pesagem

É um meio relativamente simples de medir o nível de líquidos ou sólidos armazenados em tanques e recipientes. Basicamente se utiliza uma célula de carga convenientemente instalada (tanque montado sobre plataforma de pesagem) e devidamente ajustada aos valores que se pretendem como níveis mínimo e máximo ocupados pela substância armazenada, Figura 7.25.

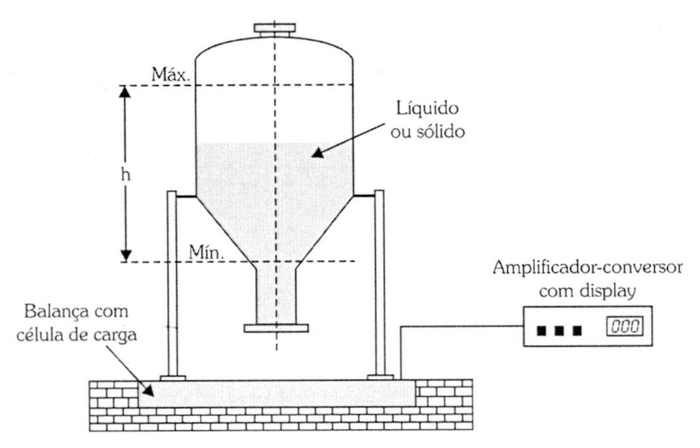

Figura 7.25 - Medição de nível por pesagem.

Vale lembrar que, apesar de a célula de carga medir carga estática em unidades de massa [kg], a carga armazenada em um tanque ou recipiente qualquer é diretamente proporcional ao nível h ocupado pela substância. Assim, a escala pode ser estabelecida em [m], bastando, no ajuste do conversor, relacionar a microdeformação da célula diretamente com o nível h da substância.

É óbvio também que a densidade da substância armazenada deve variar o mínimo possível, mantendo assim a medida de nível h com um erro aceitável.

7.4.9. Medição de Nível por Pá Rotativa

A chave de nível do tipo pá rotativa é um instrumento eletromecânico utilizado na detecção e controle de nível de silos contendo materiais sólidos como granulados, minérios, brita, entre outros.

As pás da chave permanecem em constante rotação em baixa velocidade movidas por um pequeno motor localizado no interior do invólucro. Esse motor é automaticamente desligado quando o produto atinge uma das pás, impedindo a rotação normal e, deste modo, prolongando a vida útil do componente.

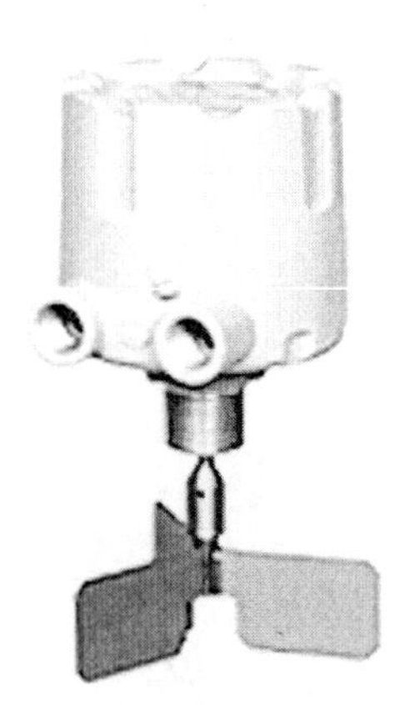

Figura 7.26 - Chave de nível pá rotativa.

Apresenta construção robusta, fácil instalação (topo ou lateral) e operação, diversos modelos de pás para diferentes produtos, ajuste de sensibilidade e versões para altas temperaturas e para áreas classificadas.

Devido ao seu princípio, pode ser aplicado em silos que armazenam diferentes materiais sem a necessidade de efetuar alteração de configuração ou ajuste.

Características

- Medição independente da pressão, temperatura e propriedades físicas e químicas do produto;
- Medição de nível contínua, e não existe contato com o produto a ser medido;
- Várias opções de pás em função do tipo de produto monitorado;
- Versões para altas temperaturas;
- Ideal para silos que armazenam diferentes tipos de materiais;
- Sensibilidade ajustável em campo;
- Desligamento automático do motor quando em contato com o produto;
- Não é afetado pela presença de pó ou poeira;
- Montagem em topo ou lateral.

7.5. Exercícios

1) Conceitue medida de nível contínua e medida de nível discreta.

2) Explique o princípio da medição de nível por eletrodos de contato e cite suas limitações de uso.

3) Considere dois tanques que utilizam o princípio de medição por capacitância e contêm a mesma substância armazenada. Por meio das equações obtenha o valor da capacitância C_a, considerando os seguintes valores:

Capacitor cilíndrico

Dimensões da sonda

- $a = 3mm$
- $b = 25mm$
- $L = 4m$
- $C_a = ?$

Capacitor de placas paralelas

- $A = 7m^2$
- $L = 4m$
- $C_a = ?$

- $\varepsilon_0 = 8,854187818 \times 10^{-12}\ C^2/N.m^2$ (ar ou vácuo)
- $\varepsilon_0 = 2,652563454 \times 10^{-11}\ C^2/N.m^2$ (óleo de oliva)
- $h = 2m$

4) Um medidor de nível por empuxo foi instrumentado por *strain gauges*. Considere os seguintes valores e determine o valor da deformação obtida pelo *strain gauge* (fluido com $\gamma = 4950 N/m^3$).

Dimensões do êmbolo:

- D = 50mm
- H = 1,5m (nível do fluido=comprimento submerso do êmbolo)

Barra instrumentada:

- A =100mm
- B = 20mm
- L = 1,5m
- $E = 2{,}068 \times 10^{11} N/m^2$

5) Explique o princípio de funcionamento de uma célula do tipo d/p CELL.

6) Explique o princípio de medição de nível por caixa de diafragma fechada.

7) Em se tratando de medição de nível por radiação, explique o que significa o termo "*meia-vida*" e por que as fontes de radiação nesse sistema utilizam o césio (^{137}Cs).

8) O que é câmara de ionização e como funciona?

9) Um tanque de armazenamento com L= 6m tem seu nível controlado por ultrassom. Sabendo que o aparelho é montado no topo do tanque e o nível h detectado de substância contida nele é de 4m, calcule o tempo t que a onda sonora leva de sua saída na fonte até sua recepção que se encontra no mesmo aparelho (velocidade do som = 343m/s).

10) Explique o princípio de operação do sistema de medição de nível por vibração.

Medição de Vazão Volumétrica

8.1. Introdução

Em alguns processos da indústria química, petrolífera, produção de tintas, leite, refrigerantes etc., o controle contínuo da variável vazão dos fluidos envolvidos nos processos é de extrema importância.

A variável vazão pode ser obtida de forma direta ou indireta. A medida direta consiste na determinação do volume ou massa de fluido que atravessa uma seção num dado intervalo de tempo. Os métodos de medida indireta da vazão exigem a determinação da carga, diferença de pressão, ou velocidade em diversos pontos numa seção transversal. Os métodos mais precisos são as determinações gravimétricas ou volumétricas, nas quais a massa ou volume é medido por balanças ou por tanques calibrados num intervalo de tempo que é medido por cronômetros.

As medidas de pressão e velocidade são tratadas inicialmente, seguidas pelos medidores de deslocamento positivo e medidores de vazão.

8.2. Definição

Fluxo ou vazão de um fluido Q é o volume de fluido por unidade de tempo que flui através de um orifício ou duto de seção transversal A, a uma velocidade média v.

A unidade de Q no SI é m^3/s.

$$Q = A \cdot v \tag{8.1}$$

8.3. Medida de Pressão

A medida de pressão é necessária em muitos dispositivos que servem para determinar a velocidade de uma corrente de fluido ou a sua vazão, devido à relação entre a velocidade e pressão, dada pela equação da energia.

$$\frac{\delta Q_H}{\delta t}+\left(\frac{p_1}{\rho_1}+gh_1+\frac{v_1^2}{2}+u_1\right)\rho_1 v_1 A_1=\frac{\delta W}{\delta t}+\left(\frac{p_2}{\rho_2}+gh_2+\frac{v_2^2}{2}+u_2\right)\rho_2 v_2 A_2 \quad (8.2)$$

A pressão estática de um fluido é a sua pressão quando a velocidade não é perturbada pela medida. A Figura 8.1*a* mostra a tomada *piezométrica* que é um método de medida de pressão estática. Quando as linhas de corrente do escoamento são paralelas, como indicado, a variação de pressão é hidrostática na direção normal a elas, portanto, medindo a pressão junto à parede, podemos determiná-la em qualquer outro ponto da seção transversal. A tomada *piezométrica* deve ser pequena, com seu comprimento pelo menos o dobro do diâmetro, e deve ser normal à superfície, sem rebarbas na extremidade, pois formam pequenos vórtices que distorcem a medida. Um pequeno arredondamento da abertura é permitido. Qualquer desalinhamento ou rugosidade na tomada pode provocar erros na medida, portanto é aconselhável usar diversas tomadas piezométricas interligadas por um *anel piezométrico*, Figura 8.2b. Quando as superfícies nas vizinhanças da tomada são rugosas, a medida não é de confiança. Para pequenas irregularidades é possível alisar a superfície em torno da tomada.

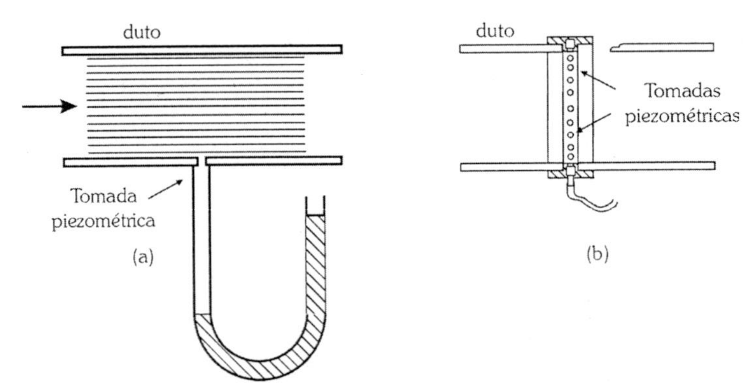

Figura 8.1 - Dispositivo para medida de pressão estática
(a) tomada piezométrica simples; (b) anel piezométrico.

A tomada piezométrica pode ser conectada a um manômetro comum ou do tipo Bourdon, a um micromanômetro ou ainda a um transdutor eletrônico. Os transdutores dependem de deformações muito pequenas de um diafragma, causadas por variações de pressão, para produzir um sinal eletrônico. O princípio pode ser de um extensômetro elétrico com circuito de ponte de Wheatstone, o do movimento num transformador diferencial, o de uma câmara de capacitância ou do comportamento piezoelétrico de um cristal sob tensão (consultar capítulo 6).

8.3.1. Lei de Poseuille

A lei de Poseuille estabelece que o fluxo de um fluido através de um tubo cilíndrico de comprimento L e raio de seção transversal r é dado por:

$$Q = \frac{\pi r^4 (p_1 - p_2)}{8\mu L} \tag{8.3}$$

em que:

- $(p_1 - p_2)$ = diferença de pressão entre a tomada na entrada e na saída da tubulação.
- μ = viscosidade do fluido em poseuille.
- r = raio interno do tubo
- Q = vazão volumétrica

1 poseuille Pl = 1 N.s/m^2 = 1 kg/m.s
1 poise (P) = 0,1 kg/m.s
1 centipoise (cP) = 10^{-3}kg/m.s

8.4. Medida de Velocidade

A determinação da velocidade em vários pontos de uma tubulação permite a avaliação da vazão, portanto a medida da velocidade é uma etapa importante no cálculo desta.

Normalmente, utiliza-se um dispositivo que não mede diretamente a velocidade, mas determina uma grandeza mensurável que pode ser relacionada com ela. *O tubo de Pitot* trabalha baseado nesse princípio e é um dos métodos mais precisos na determinação de velocidades. A linha de corrente que passa por 1 passa pelo ponto 2, chamado *ponto de estagnação*, onde o fluido está em repouso, e lá se divide passando em torno do tubo.

A Figura 8.2 mostra um tubo de vidro, com uma curva em ângulo reto, usado para medir a velocidade v num canal por onde escoa fluido. A abertura do tubo é dirigida para montante de tal modo que o fluido escoe para dentro da abertura até que se estabeleça uma pressão no interior, suficiente para suportar o impacto da velocidade. Imediatamente antes da entrada o fluido está em repouso.

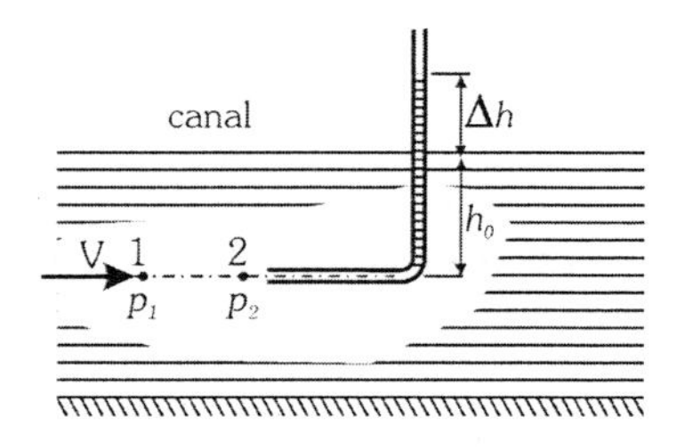

Figura 8.2 - Tubo de Pitot simples.

A pressão em 2 é conhecida a partir da coluna de líquido no interior do tubo. A equação de Bernoulli, entre os pontos 1 e 2, que se encontram em mesma cota, fornece:

$$\frac{v^2}{2g} + \frac{p_1}{\gamma} = \frac{p_2}{\gamma} = h_0 + \Delta h \tag{8.4}$$

Como $p_1 / \gamma = h_0$, a equação se reduz a:

$$\frac{v^2}{2g} = \Delta h \tag{8.5}$$

Em que a velocidade será dada por:

$$v = \sqrt{2g\Delta h} \tag{8.6}$$

Na prática, em uma situação como a apresentada, é muito difícil ler com precisão a altura Δh a partir de uma superfície livre.

O tubo de Pitot mede a *pressão de estagnação*, que é também chamada de *pressão total*, que se compõe de duas partes, a pressão estática h_0 e a pressão dinâmica Δh, expressas em comprimento de coluna do líquido que está escoando, Figura 8.2. A pressão dinâmica está relacionada com a carga da velocidade pela equação (8.6).

Se combinarmos as duas medidas de pressão, por meio de um manômetro diferencial, obteremos a altura correspondente à pressão dinâmica. A Figura 8.3 ilustra um sistema desse tipo. A equação de Bernoulli aplicada entre 1 e 2 é:

$$\frac{v^2}{2g} + \frac{p_1}{\gamma} = \frac{p_2}{\gamma} \tag{8.7}$$

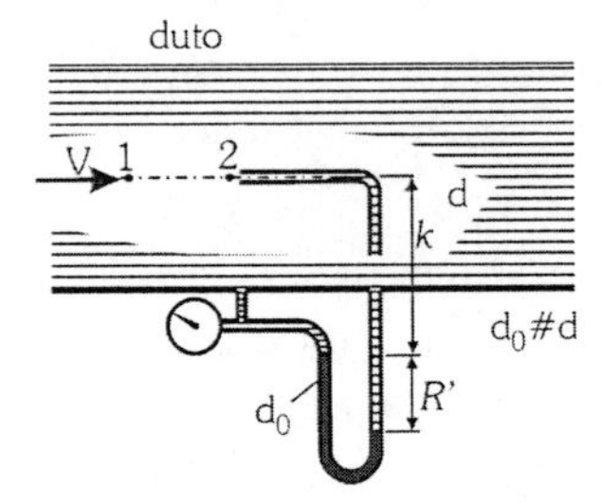

Figura 8.3 - Tubo de Pitot e tomada piezométrica.

A equação manométrica, em unidades de comprimento de coluna de água, é:

$$\frac{p_1}{\gamma}d + kd + R'd_0 - (k + R')d = \frac{p_2}{\gamma}d \qquad (8.8)$$

Simplificando (8.8), introduzindo $(p_2 - p_1)/\gamma$ em (8.7) e resolvendo em relação à v, resulta:

$$v = \sqrt{2gR'\left(\frac{d_0}{d} - 1\right)} \qquad (8.9)$$

O tubo de Pitot também é insensível ao alinhamento com o escoamento, resultando baixa incerteza se o tubo tiver um desalinhamento menor que 15° com as linhas de fluxo.

8.5. Orifício

Um medidor de vazão é um dispositivo que determina, geralmente por uma única medida, a quantidade (peso ou volume) por unidade de tempo que passa através de uma dada seção. Entre os medidores de vazão estão os orifícios, bocal, medidor Venturi, rotâmetro e vertedor.

8.5.1. Orifício num Reservatório

Pode-se usar um orifício para medir a vazão de saída num reservatório ou a vazão através de um tubo. O orifício num tanque pode estar na parede ou no fundo, como mostram as Figuras 8.4a, b, c, d, e. O orifício pode ter arestas vivas ou arredondadas, necessitando a equação ser corrigida por um coeficiente de contração ε e de velocidade φ conforme a tabela.

Coeficiente de contração ε		Coeficiente de velocidade φ
Arestas vivas	0,62	Para água $\varphi = 0{,}97$
Arestas arredondadas	0,97	

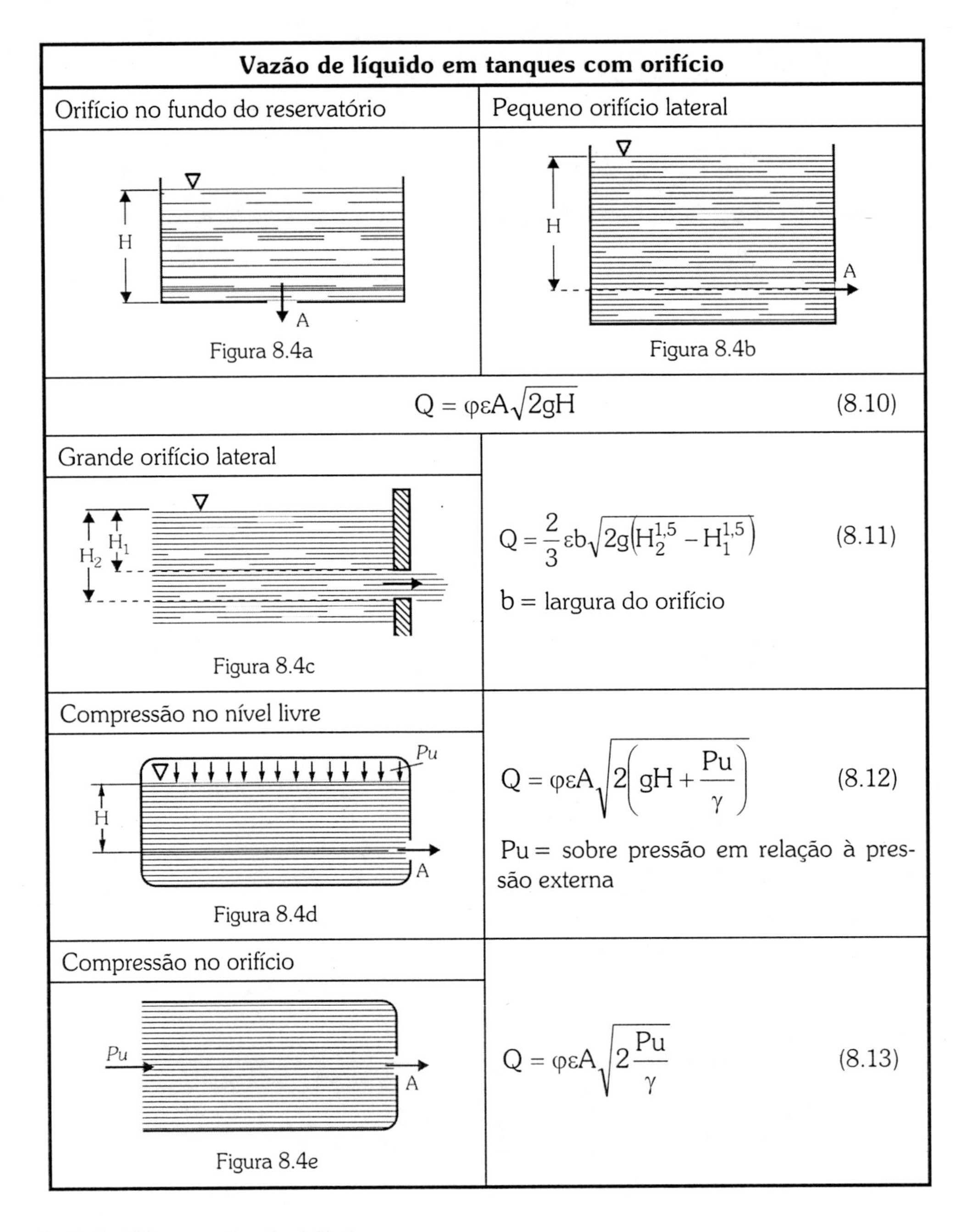

Vazão de líquido em tanques com orifício	
Orifício no fundo do reservatório	Pequeno orifício lateral
Figura 8.4a	Figura 8.4b
$$Q = \varphi \varepsilon A \sqrt{2gH} \qquad (8.10)$$	
Grande orifício lateral	$$Q = \frac{2}{3} \varepsilon b \sqrt{2g\left(H_2^{1,5} - H_1^{1,5}\right)} \qquad (8.11)$$ b = largura do orifício
Figura 8.4c	
Compressão no nível livre	$$Q = \varphi \varepsilon A \sqrt{2\left(gH + \frac{Pu}{\gamma}\right)} \qquad (8.12)$$ Pu = sobre pressão em relação à pressão externa
Figura 8.4d	
Compressão no orifício	$$Q = \varphi \varepsilon A \sqrt{2 \frac{Pu}{\gamma}} \qquad (8.13)$$
Figura 8.4e	

8.5.2. Placa de Orifício

Uma outra forma de obter a vazão de um fluido é utilizar uma placa de orifício instalada num tubo, a qual provoca uma contração no jato jusante da abertura do orifício, Figura 8.5.

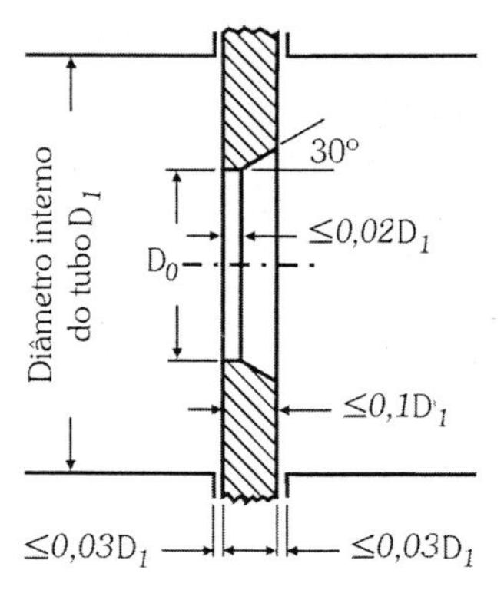

Figura 8.5 - Placa de orifício VDI.

A aplicação desse tipo de instrumento é feita em conjunto com um manômetro (tubo em U) que permite a leitura da pressão diferencial entre os lados anterior e posterior à placa, e da equação apropriada que permite obter o valor da vazão em função do tipo de placa de orifício utilizada, e deve ser corrigida por um coeficiente de vazão C obtido na Figura 8.6, que é resultante de uma relação entre a área do orifício A_0, a seção transversal do tubo A_1 e o número de Reynolds Re.

$$Q = CA_0\sqrt{\frac{2\Delta p}{\rho}} \tag{8.14}$$

Se, entretanto, a placa de orifício estiver equipada com um manômetro em U que utiliza em seu interior um fluido de densidade maior que o fluido circulante na tubulação, a equação da descarga será:

$$Q = CA_0\sqrt{2gh\left(\frac{\rho_0}{\rho} - 1\right)} \tag{8.15}$$

em que:

- ρ_0 : massa específica do fluido manométrico em Kg/m^3
- ρ: massa específica do fluido circulante na tubulação em Kg/m^3
- $\rho_0 > \rho$
- h : altura manométrica em m
- g : aceleração da gravidade $9{,}81\ m/s^2$
- A_0: área do orifício da placa em m^2
- Re : número de reynolds
- v_1: velocidade do fluido na tubulação [m/s]
- D_1: diâmetro interno da tubulação [m]
- ρ: massa específica do fluido [kg/m^3]
- μ : viscosidade do fluido [N.s/m^2]

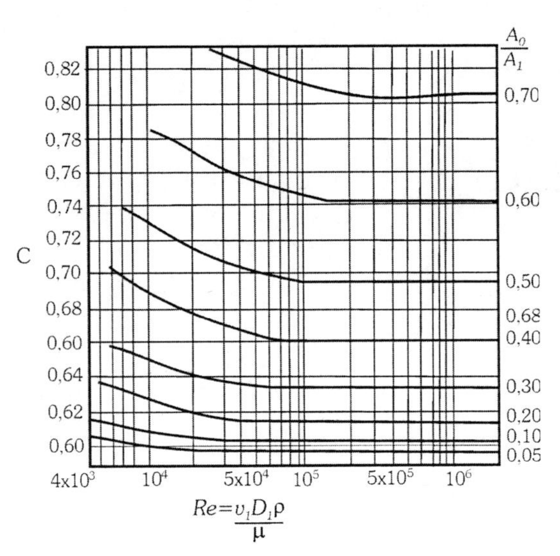

Figura 8.6 - Coeficiente de vazão C (NACA Tech. Mem. 952, Ref. 11.).

Para selecionar o coeficiente de vazão C na Figura 8.6 e aplicar a equação 8.14 ou 8.15, torna-se necessário o conhecimento da velocidade v_1 do fluido a fim de obter o número de Reynolds e, de posse deste e da relação A_0/A_1, selecionar C. Entretanto, a velocidade v_1 é desconhecida, mas pode ser aproximada com grau de incerteza relativamente pequeno a partir de método interativo computacional para encontrar o fator de atrito de *Darcy-Weisbac*, em que usaremos a equação de *Souza-Cunha-Marques*, 1999 (incerteza = 0,123%), inicialmente a partir da relação *L/D*crítico em (8.20) e, posteriormente, a própria equação de Darcy-Weisbac para encontrar a velocidade.

Equação de Souza-Cunha-Marques

$$\frac{1}{\sqrt{f}} = -2\log_{10}\left[\frac{k}{3{,}7D} - \frac{5{,}16}{Re}\cdot\log_{10}\left(\frac{k}{3{,}7D} + \frac{5{,}09}{Re^{0{,}87}}\right)\right] \quad (8.16)$$

Equação de Darcy-Weisbac

$$\Delta P = f\cdot\rho\cdot\frac{L}{D_1}\cdot\frac{v_1^2}{2} \quad (8.17)$$

Parâmetros para fator de atrito em tubos lisos

$$f = 0{,}3164\cdot Re^{-1/4};\rightarrow Re \le 10^5 \quad (8.18)$$

$$f = 0{,}184\cdot Re^{-0{,}2};\rightarrow 10^4 \le Re \le 10^5 \quad (8.19)$$

Relação L/D

$$(L/D_1)_{critico} = 0{,}623 \cdot Re^{1/4} \tag{8.20}$$

Em que:

- k : rugosidade equivalente da parede do tubo [m]
- L : comprimento do tubo [m]
- ΔP : queda de pressão ao longo de L [Pa]
- Re : número de Reynolds
- v_1 : velocidade do fluido na tubulação [m/s]
- D_1 : diâmetro interno da tubulação [m]
- ρ : massa específica do fluido [kg/m³]

8.5.3. Medidor Venturi

O medidor Venturi foi idealizado pelo cientista italiano Venturi em 1791 e usado como medidor de vazão em 1886 por Clemens Herschel, sendo constituído de um bocal convergente - divergente, Figura 8.7.

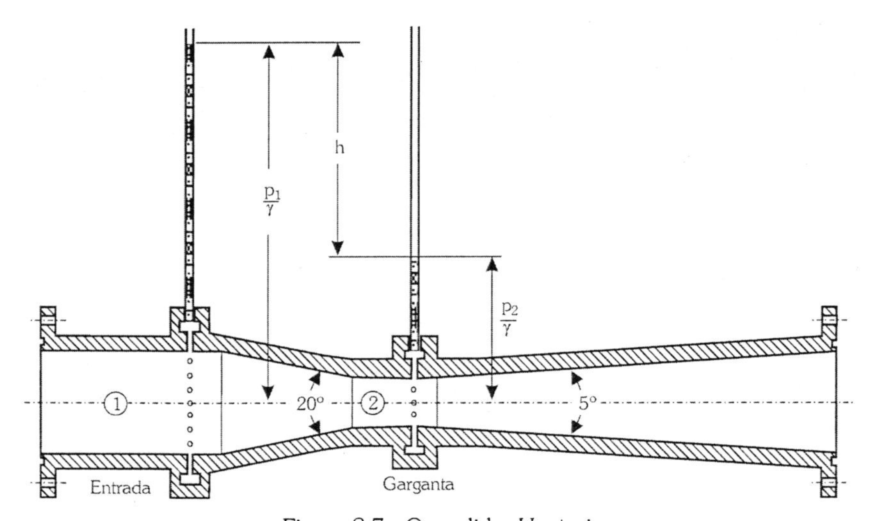

Figura 8.7 - O medidor Venturi.

Ele tem uma seção a montante do mesmo diâmetro do conduto, que por uma seção cônica convergente (ângulo geralmente de 20 a 30°) leva-o a uma seção mínima, garganta do Venturi, e através de uma seção cônica divergente (ângulo geralmente de 5 a 14°) gradualmente retorna ao diâmetro do conduto.

O difusor cônico divergente gradual a jusante da garganta fornece excelente recuperação da pressão, o que garante uma pequena perda de carga nesse tipo de aparelho, geralmente compreendida entre 10 a 15 por cento da carga de pressão entre as seções (1) e (2).

Deve-se salientar que esse tipo de aparelho é relativamente caro em relação, por exemplo, a um medidor do tipo placa de orifício, porém, por propiciar pequena perda de carga, é recomendado para instalações onde há uma vazão de escoamento elevada e onde se deseja um controle contínuo. Para diminuir o custo do medidor Venturi, ele é formado por ângulos maiores que chegam a 30° e 14°, respectivamente, no convergente e divergente.

A especificação de um medidor Venturi é feita pelos diâmetros do conduto e da garganta, e este último deve ser projetado para propiciar uma pressão (pressão mínima) maior que a pressão de vapor do fluido que escoa, evitando desta forma que ele vaporize na temperatura do escoamento, o que caracterizaria o fenômeno denominado de cavitação.

Os valores de D_2/D_1 podem oscilar entre ¼ e ¾, porém uma relação comum é ½. Uma relação pequena oferece maior precisão, porém aumenta a possibilidade de ocorrer o fenômeno de cavitação, que danificaria estruturalmente o Venturi.

Para obter resultados precisos, o medidor Venturi deve ser precedido por um tubo reto, isento de singularidades, com um comprimento mínimo de dez vezes o seu diâmetro maior.

A equação para obter a vazão a partir desse tipo de medidor Venturi é uma função da seção transversal da garganta A_2, altura manométrica h, relação entre os diâmetros D_2/D_1, sendo corrigida ainda por um coeficiente de vazão C obtido no gráfico da Figura 8.8.

$$Q = CA_2\sqrt{\frac{2gh}{1-\left(\frac{D_2}{D_1}\right)^4}} \qquad (8.21)$$

Se o medidor Venturi estiver equipado com um manômetro em U que utiliza em seu interior um fluido de densidade maior que o fluido circulante na tubulação, a equação da descarga será:

$$Q = CA_2\sqrt{\frac{2gh\left(\frac{\rho_0}{\rho}-1\right)}{1-\left(\frac{D_2}{D_1}\right)^4}} \qquad (8.22)$$

em que:

- ρ_0 : massa específica do fluido manométrico em kg/m^3
- ρ : massa específica do fluido circulante na tubulação em kg/m^3
- $\rho_0 > \rho$
- h : altura manométrica em m
- g : aceleração da gravidade 9,81 m/s^2
- D_2/D_1 : relação entre os diâmetros do Venturi

O gráfico representado na Figura 8.8 foi obtido pelos professores R.L. DAUGHERTY e A.C. INGERSOLL, do Instituto de Tecnologia da Califórnia, para uma faixa bastante grande de viscosidade, desde a da água a uma série de óleos, em que trabalharam com medidor VENTURI com D_2/D_1 = ½.

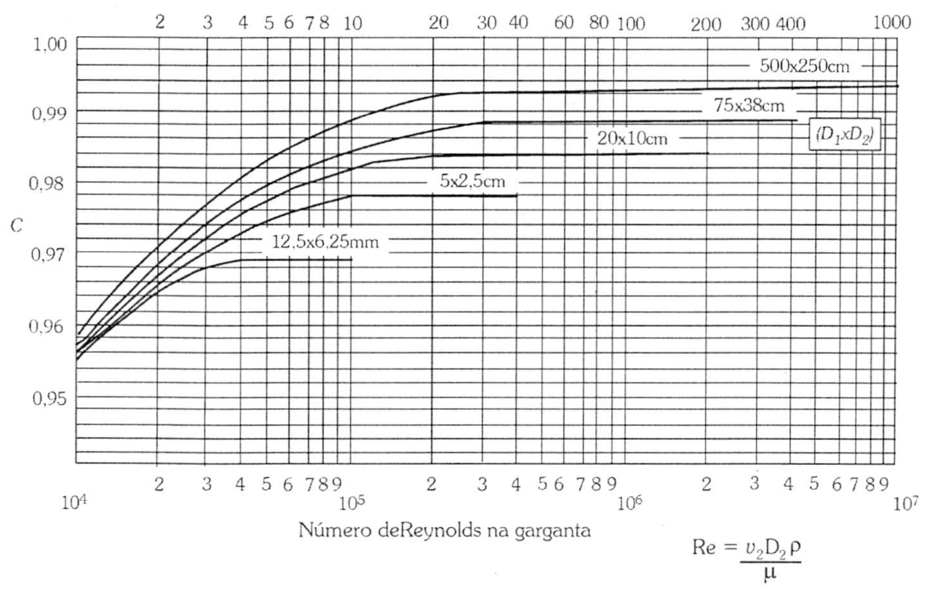

Figura 8.8 - Coeficiente de vazão C (R.L.DAGHERTY e A.C. INGERSOLL).

8.5.4. Bocal

O bocal ISA (*Instrument Society of America*), originalmente bocal VDI, apresentado nas Figuras 8.9 e 8.10, é semelhante a uma placa de orifício, porém mostra uma contração gradual no orifício de forma que seu coeficiente de contração tem valor unitário.

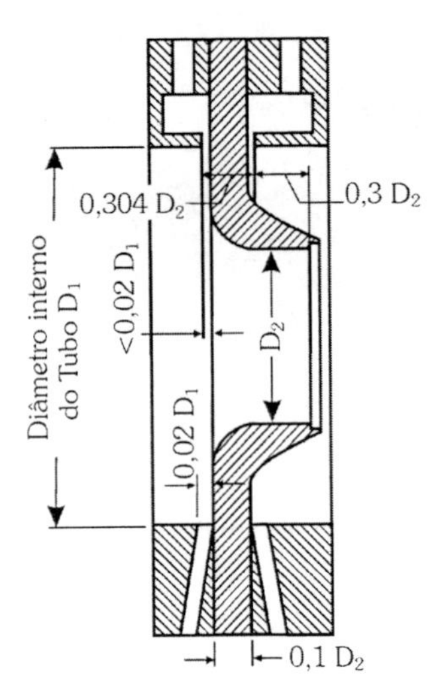

Figura 8.9 - Bocal ISA (VDI).

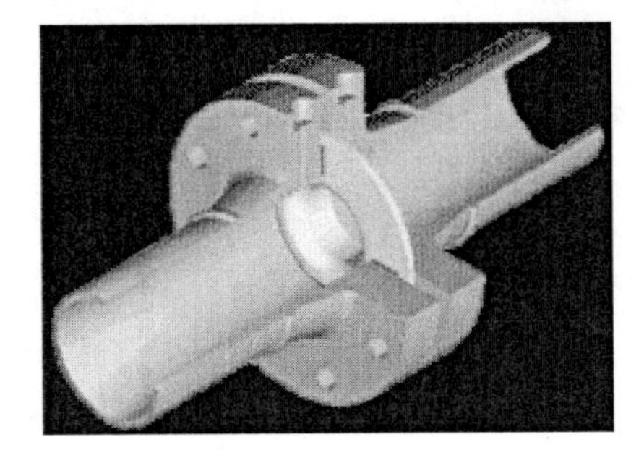

Figura 8.10 - Modelo 3D gerado em CAD.

Assim como na placa de orifício, o bocal requer a utilização de um manômetro para a leitura da pressão diferencial.

A equação que permite o conhecimento da vazão é semelhante à da placa de orifício, sendo uma função da diferença de pressão do fluido anterior e posterior ao bocal, área da contração do bocal A_2, e um coeficiente de vazão C obtido na figura 8.11 através da relação A_2 / A_1 e o Número de Reynolds Re.

$$Q = CA_2\sqrt{\frac{2\Delta p}{\rho}} \tag{8.23}$$

Se a placa de orifício estiver equipada com um manômetro em U que utiliza em seu interior um fluido de densidade maior que o fluido circulante na tubulação, a equação da descarga será:

$$Q = CA_2\sqrt{2gh\left(\frac{\rho_0}{\rho} - 1\right)} \tag{8.24}$$

em que:

- ρ_0: massa específica do fluido manométrico em Kg / m^3
- ρ : massa específica do fluido circulante na tubulação em Kg / m^3
- $\rho_0 > \rho$
- h: altura manométrica em m

- g: aceleração da gravidade 9,81 m/s^2
- A_2: área do furo do bocal em m^2

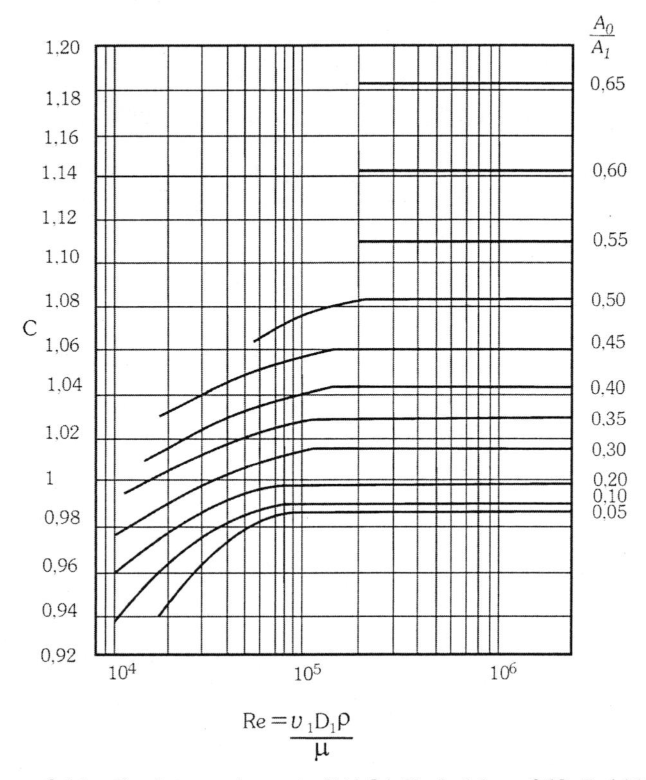

Figura 8.11 - Coeficiente de vazão (*NACA Tech. Mem. 952, Ref.11*).

8.5.5. Rotâmetro

Os rotâmetros são medidores de vazão de área variável, nos quais escoa líquido, gás ou vapor em um tubo cônico vertical, de baixo para cima, no qual há um flutuador. Esse tubo pode ser de vidro, plástico ou metal, dependendo da aplicação.

Como o peso do flutuador é constante, o aumento da vazão requer um aumento de área livre de escoamento, uma vez que a perda de carga do flutuador permanece constante. Desta forma, a posição de equilíbrio do flutuador indica a vazão.

Esses medidores são amplamente utilizados em processos industriais, onde há necessidade de observação instantânea da vazão. São muito adequados para baixas vazões, em que apresentam uma excelente relação de desempenho e custo. Não são afetados por variações do perfil de velocidade na entrada, não necessitando, portanto, de trechos retos a montante.

Embora possa ser visto como um medidor de pressão diferencial, o rotâmetro é um caso à parte por sua construção especial. As Figuras 8.12 e 8.13 mostram um arranjo típico.

Para evitar inclinação, o flutuador tem um furo central pelo qual passa uma haste fixa. A posição vertical y do flutuador é lida numa escala graduada, Figura 8.12 (está afastada por uma questão de clareza. Em geral, é marcada no próprio vidro).

Se não há fluxo, o flutuador está na posição inferior 0. Na existência de fluxo, o flutuador sobe até a posição tal que a força para cima resultante da pressão do fluxo torna-se igual ao peso dele.

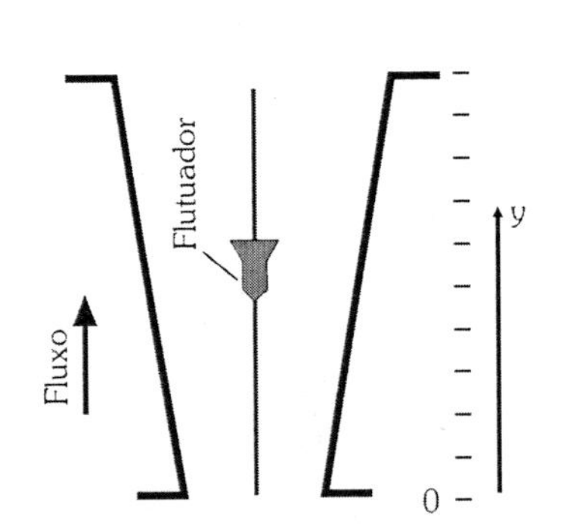

Figura 8.12 - Ilustração esquemática de um rotâmetro.

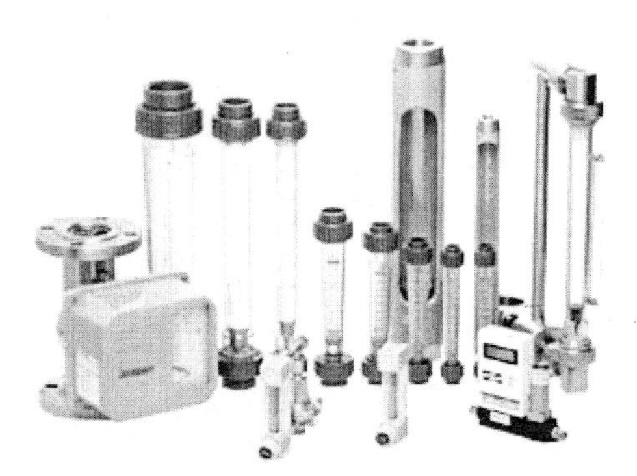
Figura 8.13 - Rotâmetros comerciais. (Fonte OMEL Bombas e Comp. Ltda.)

Notar que, no equilíbrio, a pressão vertical que atua no flutuador é constante, pois o seu peso não varia. O que muda é a área da seção do fluxo, ou seja, quanto maior a vazão, maior a área necessária para resultar na mesma pressão.

Como a vazão pode ser lida diretamente na escala, não há necessidade de instrumentos auxiliares como os manômetros dos tipos anteriores. Entretanto, ela também pode ser obtida através de uma relação entre alguns parâmetros dimensionais:

$$Q = CA_2 \sqrt{\frac{2V_F(\rho_F - \rho)g}{\rho A_F\left[1-\left(\frac{S_2}{S_1}\right)^2\right]}} \qquad (8.25)$$

em que:

- C : coeficiente de vazão
- S_2 : área entre o tubo e o flutuador

- V_F : volume do flutuador
- ρ_F : massa específica do flutuador
- ρ : massa específica do fluido
- g : aceleração da gravidade
- S_F : área máxima do flutuador no plano horizontal
- S_1 : área do tubo na posição do flutuador

8.5.6. Vertedores

A medição de vazão em canais abertos, ou seja, fluxo de fluidos em que a pressão na superfície livre é igual à pressão atmosférica, é feita por meio de vertedores que consistem na redução da seção de escoamento pela introdução de uma placa vertical no canal, permitindo que o fluido escoe sobre ou através dela por meio da gravidade.

Determina-se a vazão, medindo-se a altura da superfície de fluido a montante. Os vertedores construídos a partir de chapas metálicas ou de outro material, de tal modo que o jato ou *jorro* passe livremente ao deixar a face de montante, são chamados *vertedores de soleira delgada,* Figura 8.14. Outros, tais como os *vertedores de soleira espessa,* mantêm o escoamento numa direção longitudinal.

Os vertedores podem ser do tipo retangular pleno, retangular contraído, triangular com ângulo de abertura 90°, 45°, ou 22,5° (½ x 90°, ½ x90°, ¼ x 90°) e calha Parchal.

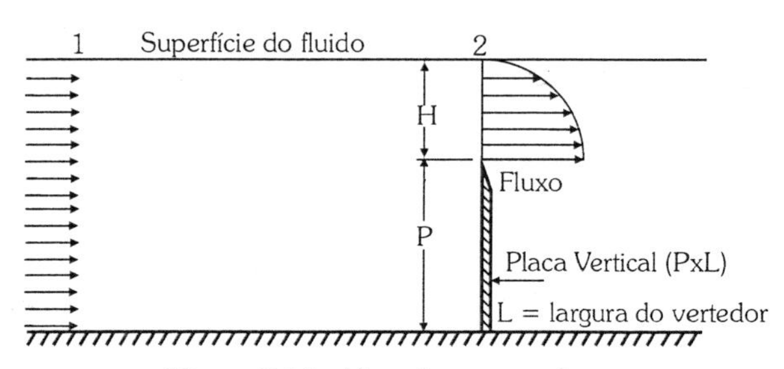

Figura 8.14 - Vertedor retangular de soleira delgada (esquemático).

A equação da descarga para esse tipo de vertedor é:

$$Q = 1{,}838 \cdot \sqrt[2]{H^3} \qquad (8.26)$$

Entretanto, esse tipo de vertedor possui os seguintes limites de aplicação:

- $P \geq 0{,}10m$
- $0{,}03m \leq H \leq 0{,}75m$
- $H/P \leq 1{,}0$
- $B = L \geq 0{,}30m$, em que (B) é a largura do canal.

Quanto aos limites de precisão, pode-se afirmar que, obedecidas as condições citadas anteriormente, estima-se uma precisão de 1% nas medidas de vazão.

Quando o vertedor não ocupa toda a largura do canal, aparecem contrações laterais, como ilustrado na Figura 8.15. Uma correção empírica é conseguida subtraindo-se 0,1H de L para cada contração. Diz-se que o vertedor da Figura 8.14 tem as contrações laterais suprimidas.

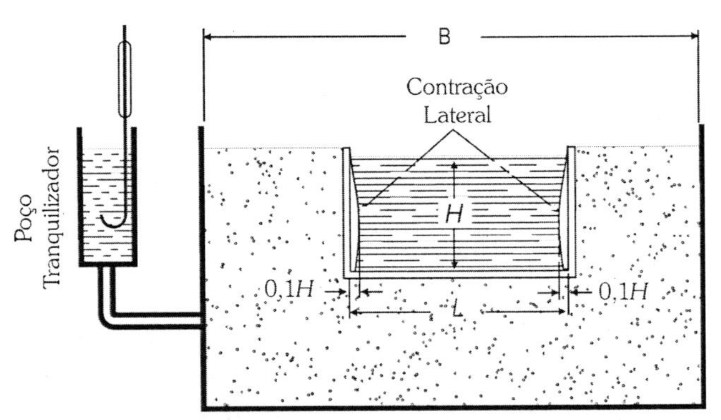

Figura 8.15 - Vertedor horizontal com contração.

A carga H é medida a uma distância suficiente a montante do vertedor para evitar a contração da superfície. Uma ponta, montada num poço tranquilizador ligado a uma tomada piezométrica, determina a cota da superfície do fluido a partir da qual a carga é determinada.

A equação da descarga desse tipo de vertedor deve então considerar a influência da contração que será o coeficiente b. Assim:

$$Q = 1{,}838 \cdot b\sqrt[2]{H^3} \qquad (8.27)$$

Entretanto, $b = B - 2H$, que substituindo na equação, será:

$$Q = 1{,}838 \cdot (B - 0{,}2H)\sqrt[2]{H^3} \qquad (8.28)$$

sendo:

- Q : vazão em m^3/s
- B : largura do canal em metros (m)
- b : largura da contração em metros (m)

- H: altura da lâmina mínima d'água sobre a crista do vertedor em metros (m)

Entretanto, esse tipo de vertedor possui os seguintes limites de aplicação:

- A largura do vertedor (b) contraído deve ser igual à largura do canal (B), menos um quinto da altura H (máxima) da lâmina d'água (H) sobre a crista do vertedor.
- $0{,}075m \leq H \leq 0{,}60m$;
- $P \geq 0{,}30m$;
- $(L - 0{,}2H) \geq 0{,}30m$.

Quanto aos limites de precisão, pode-se afirmar que, obedecidas as condições citadas anteriormente, estima-se uma precisão de 1% nas medidas de vazão.

Já o vertedor triangular de placa delgada, Figura 8.16, é o mais preciso mecanismo de medida de vazão em canal aberto em escoamento livre.

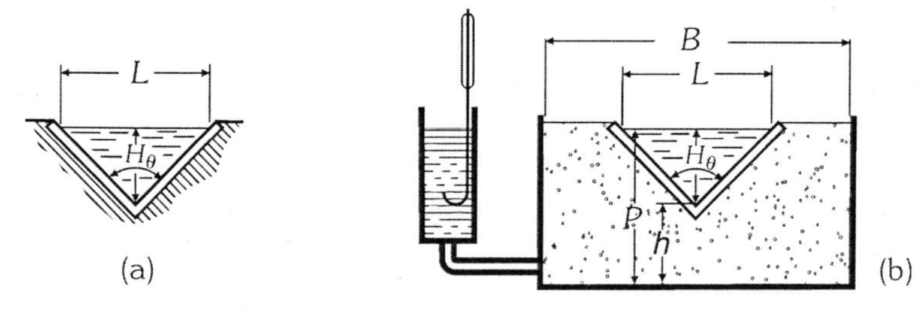

Figura 8.16 - (a) Vertedor triangular de placa delgada (b); vertedor triangular de placa delgada com contração.

O vertedor triangular com contração possui a base do triângulo de medida menor que a largura do canal (L<B), conforme a Figura 8.17.

A equação de descarga para esse tipo de vertedor com ângulo central igual a 90° é dada por:

$$Q = 1{,}4\sqrt[2]{H^5} \tag{8.29}$$

Esse tipo de vertedor possui os seguintes limites de aplicação:

- $0{,}05m \leq H \leq 0{,}38m$
- $H/P \leq 0{,}4$
- $B \leq 0{,}90m$
- $H/B \leq 0{,}20m$
- $h > 0{,}45m$

Quanto aos limites de precisão, pode-se afirmar que, obedecidas as condições mencionadas anteriormente, estima-se uma precisão de 1% nas medidas de vazão.

Com relação à escolha do tipo de vertedor mais apropriado, pode-se afirmar que:

- Para vazões menores que 30 l/s, os vertedores triangulares oferecem maior precisão;
- Para vazões estimadas entre 30 l/s e 300 l/s, os vertedores triangulares e retangulares oferecem mesma precisão;
- Para vazões acima de 300 l/s, os vertedores retangulares são os mais indicados por possuírem coeficientes de vazão mais bem definidos.

Os vertedores triangulares de parede delgada são os mais precisos, econômicos e fáceis de instalar. Permitem determinações de vazões contínuas quando se instala um registrador do mecanismo da variação da lâmina d'água a montante do vertedor.

A medida da altura da lâmina d'água (carga hidráulica) é efetuada a montante do vertedor, fora da influência da curvatura da superfície líquida sobre o vertedor. Esse método de medição não é adequado para líquidos com elevados teores de sólidos em suspensão.

8.6. Exercícios

1) A tomada piezométrica é usada para medir a:

a) pressão num orifício estático

b) velocidade num escoamento

c) pressão total

d) pressão dinâmica

e) pressão do fluido não perturbado

2) Um tanque retangular de seção transversal $8m^2$ foi cheio até uma altura de 1,3m em 12 minutos pelo escoamento permanente de um líquido. A vazão em litros por segundo é:

a) 14,5

b) 870

c) 901

d) 6471

e) Nenhumas das respostas anteriores

3) O tubo de Pitot simples mede a:

a) pressão estática

b) pressão dinâmica

c) pressão total

d) diferença entre a pressão estática e a dinâmica

e) velocidade no ponto de estagnação

4) Um reservatório de 5.000 litros de água possui ao fundo um registro de esfera que, quando aberto, permite que ele se esvazie em dez minutos. Qual o diâmetro do furo da esfera, em milímetros (considere aresta arredondada e nível da água no reservatório cheio de 1,5m)?

a) 40

b) 52

c) 50

d) 45,6

e) Nenhumas das respostas anteriores

5) Qual a velocidade de esvaziamento do reservatório anterior em m/min?

a) 0,18

b) 0,15

c) 0,12

d) Nenhumas das respostas anteriores

6) Que volume de água em m^3 escoará em uma hora por um tubo de comprimento 200m e diâmetro interno 12cm, se a diferença de pressão medida nas duas extremidades é de 220mmHg (milímetros de mercúrio)? Adote a viscosidade da água a 25°C como $0{,}894 \times 10^{-3}$N. s /m^2.

a) 175

b) 173,7

c) 8,35

d) 180

e) Nenhumas das respostas anteriores

7) Um tubo de Venturi é utilizado para medir a vazão em uma tubulação cujo diâmetro interno é o mesmo de entrada do Venturi (12,5cm) cuja garganta tem diâmetro 6,25cm. Sabendo que o número de Reynolds para esse escoamento é R x 10^5 e a altura manométrica é h = 28cm, qual será esse valor da vazão em m^3/h?

a) 0,00718

b) 25,88

c) 3,50

d) 0,073

e) Nenhumas das respostas anteriores

8) Um bocal é utilizado para medir a vazão de água em uma tubulação de diâmetro interno 135mm. Sabendo que o diâmetro do furo do bocal é 100mm, o número de Reynolds é 5 x 10^6 e que ele está equipado com um manômetro de mercúrio cuja leitura é 25cm, qual será o valor do fluxo Q para esse escoamento, em m^3/s?

a) 0,007

b) 0,068

c) 0,061

d) 0,860

e) Nenhumas das respostas anteriores

9) Com relação aos rotâmetros pode-se afirmar que:

a) Podem ser utilizados em uma ampla gama de vazões com qualquer tipo de fluido.

b) O aumento da seção transversal do rotâmetro é inversamente proporcional à elevação do fluxo.

c) O peso do flutuador não tem relação nenhuma com o processo de medição.

d) Há uma proporcionalidade direta entre o aumento do fluxo do fluido que por ele circula e o aumento da sua seção transversal.

e) Nenhumas das respostas anteriores.

10) Dois vertedores retangulares, sendo um deles com contração e outro sem, têm medidas (B=1m) e (H=30cm). Suas vazões em m^3/s serão respectivamente:

a) 0,283 e 0,302

b) 0,518 e 0,551

c) 0,265 e 0,302

d) 0,302 e 0,356

e) Nenhuma das respostas anteriores

CAPÍTULO

9

Conversores A/D e D/A

9.1. Introdução

O avanço das tecnologias de informação tornou possível ao homem otimizar, conferir maior grau de precisão e expandir possibilidades de captação e interpretação de dados em todas as áreas do conhecimento aplicado. Sua primeira geração surgiu em 1959, com a montagem do famoso Eniac, nome dado ao primeiro computador criado pelo homem e capaz de realizar operações simples em milésimos de segundo. Era dotado de 18.000 válvulas com dimensões de 9m x 3m x 15m, além da necessidade de ser arrefecido por um dispendioso sistema condicionador de ar.

A partir do surgimento e aperfeiçoamento das tecnologias que permitiram a criação dos transistores e posteriormente dos circuitos integrados, tornou-se possível evoluir do Eniac a sofisticados computadores de dimensões dezenas de vezes menores e que podem ser operados atualmente até mesmo por crianças.

Nas áreas da ciência aplicada buscou-se utilizar esse ferramental para coletar, monitorar e processar informações relativas à evolução no tempo dos mais variados processos químicos e físicos. Entretanto, a natureza possui sua própria linguagem de expressão, que pode ser traduzida em termos de variações eletroquímicas, físicas etc., bastante diferente da linguagem utilizada pelos computadores e analisadores, que têm como base de comunicação o sistema numérico conhecido como binário.

O sistema binário (sistema à base de zeros e uns - 0 e 1) ou estados biestáveis são precisos e simples de representar eletronicamente. Assim, nos computadores, as informações são representadas por uma série de estados *ligado-desligado*. Associando o algarismo 1 ao estado ligado e o 0 ao estado desligado, é possível simular com circuitos eletrônicos o sistema binário de numeração.

Sabe-se que, em um sistema de numeração, cada algarismo em um número possui dois valores:

a) Valor intrínseco, por ser um algarismo;

b) Valor de posição, por ocupar um lugar dentro do número.

No sistema de numeração de base 10 (decimal), o número 5.325 pode ser representado da seguinte forma:

Pesos			
1.000	100	10	1
MILHARES	CENTENAS	DEZENAS	UNIDADES
5	3	2	5

As unidades têm sempre o peso 1 em qualquer sistema de numeração. O peso de uma posição pode ser obtido multiplicando a base pelo peso da posição anterior. Assim, o peso da posição dezenas é:

$$\text{Peso} = 10 \times 1 = 10$$

Em que:

- $10 \rightarrow$ base
- $1 \rightarrow$ peso da posição anterior

O valor da posição é obtido multiplicando o valor intrínseco do número pelo peso de sua posição. O número 5.325 pode ser escrito assim:

$$5.325_{10} = 5 \times 1 + 2 \times 10 + 3 \times 100 + 5 \times 1.000$$

A mesma ideia pode ser aplicada aos números binários. Seja o número na base dois: 100101_2.

Pesos					
32	16	8	4	2	1
1	0	0	1	0	1

O valor decimal deste número é:

$$100101_2 = 1 \times 32 + 0 \times 16 + 0 \times 8 + 1 \times 4 + 0 \times 2 + 1 \times 1 = 37_{10}$$

Uma informação do tipo *sim-não* é chamada *bit (binary digit)*, assim os números binários podem ser representados eletronicamente por um conjunto de *bits* (conjunto de estados ligado-desligado).

A posição dos *bits* na palavra tem o significado de que o *bit* menos significativo (*Low Significative Bit* - LSB) é o último da direita e o *bit* mais significativo (*More Significative Bit* - MSB) está mais à esquerda da palavra.

$$2^{N-1} \ldots 2^7\ 2^6\ 2^5\ 2^4\ 2^3\ 2^2\ 2^1\ 2^0$$

MSB LSB

Normalmente se usa um conjunto de 8 *bits* para representação de números, chamado byte. Assim, quando se diz que uma memória RAM tem capacidade de armazenamento temporário de 256M bytes de informações (comum nos computadores modernos), significa que ela tem capacidade para armazenar 256.000.000 conjuntos de 8 *bits* (estados biestáveis).

Em processamento de dados, dá-se o nome de *palavra* a determinado conjunto de *bytes*. O número de bytes que forma a palavra é função do projeto do computador.

Com um conjunto de 8 *bits* é possível representar até $2^8 = 256$ estados. Como o computador consegue armazenar e "entender" números binários, para que ele possa armazenar um caractere alfanumérico (letras, números e caracteres especiais), é preciso adotar um código em binário (arranjo de 8 *bits*) para todos os símbolos a serem armazenados. Os fabricantes de computadores criaram vários códigos de representação; o código ASCII (*American Standard Code for Information Interchange*) é um dos mais utilizados.

Cada caractere, portanto, é armazenado em um *byte*. Os números (não os caracteres alfanuméricos) são armazenados em mais de um *byte*.

Normalmente, os números inteiros são armazenados em dois *bytes*; há, portanto, quinze *bits* para a representação do número e um *bit* para a representação do sinal. Nestas condições, utilizando palavras de 8 *bits*, o maior número inteiro que pode ser armazenado é $2^{15} = 32.768$. Assim, o conjunto de números inteiros que pode ser armazenado no microcomputador compreenderá o intervalo -32.768 a +32.768.

Os números reais (com ponto decimal) são armazenados em 4 ou 5 *bytes*, o que depende da precisão utilizada na máquina.

Alguns computadores representam números reais de duas formas:

- Precisão simples, utilizando quatro *bytes;*
- Precisão dupla ou expandida, utilizando oito *bytes*.

A precisão é melhorada dobrando o consumo de memória.

Cada *byte* (memória) tem um endereço (número) que é utilizado pelo microprocessador para fazer referência a dados ou instruções armazenados. Apesar de ter sido colocado que é comum o arranjo de oito *bits* para formação da *palavra* e elas são referenciadas normalmente com dois *bytes*, os microprocessadores modernos permitem endereçamentos com 32 ou até 64 *bits*. Isso que dizer $2^{32} = 4.294.967.296$ bytes (4GB - gigabytes) e nesse caso o maior número inteiro que pode ser armazenado estará compreendido no intervalo $\pm 2^{63}$.

9.2. Sinais Analógicos e Sinais Digitais

Como estudado anteriormente, a natureza expressa suas variações por meio de reações eletroquímicas, físicas etc. Utilizando sensores adequados, essas variações podem ser captadas e convertidas em sinais elétricos proporcionais (como já visto nos capítulos anteriores) que são conhecidos como sinais analógicos e podem ser lidos por instrumentos apropriados, como no caso, voltímetros, amperímetros, frequencímetros etc.

Em verdade, sinais analógicos são todos aqueles que podem assumir qualquer valor dentro de determinados limites e levam a informação na sua amplitude. Os sinais analógicos podem ser classificados de duas formas:

- Sinais variáveis;
- Sinais contínuos.

Os sinais analógicos variáveis podem ser representados por um conjunto de senoides (podem ser decompostas) de frequência mínima e máxima, como, por exemplo, sinais senoidais de frequência constante, Figura 9.1a, e que representam a informação por meio de sua amplitude. Já os sinais analógicos contínuos podem ser decompostos numa soma cuja frequência mínima é zero. Ou seja, um sinal que tem certo nível fixo durante um tempo indefinido, Figura 9.1b.

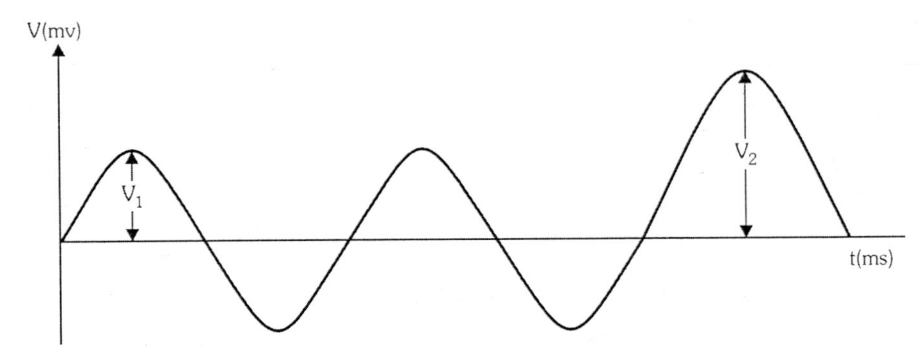

Figura 9.1a - Sinal analógico variável.

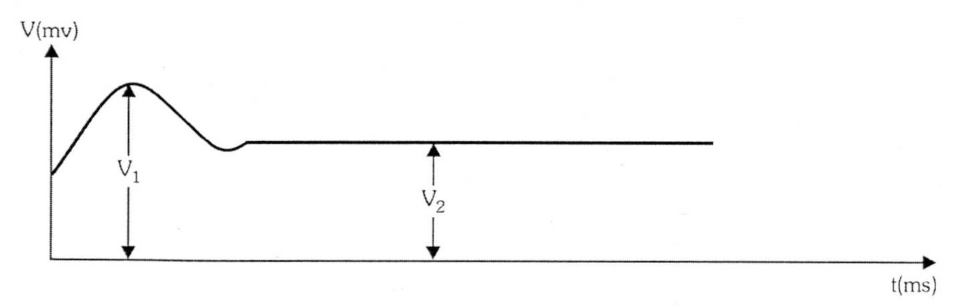

Figura 9.1b - Sinal analógico contínuo.

Os sinais digitais são aqueles que estabelecem um número finito de estados entre os valores máximo e mínimo do sinal em estudo. O sinal digital mais utilizado na comunicação de dados é, como já fora exposto, o código binário, o qual, para representar uma dada informação (sinal), precisa de um certo número de estados binários que depende, é claro, da variável e da incerteza pretendida. As "n" variáveis binárias podem ser representadas de duas formas:

- **Em série:** sequência de níveis de zero e um, Figura 9.2a.
- **Em paralelo:** sequências simultâneas de outros tantos sinais binários independentes num único instante de tempo t, Figura 9.2b.

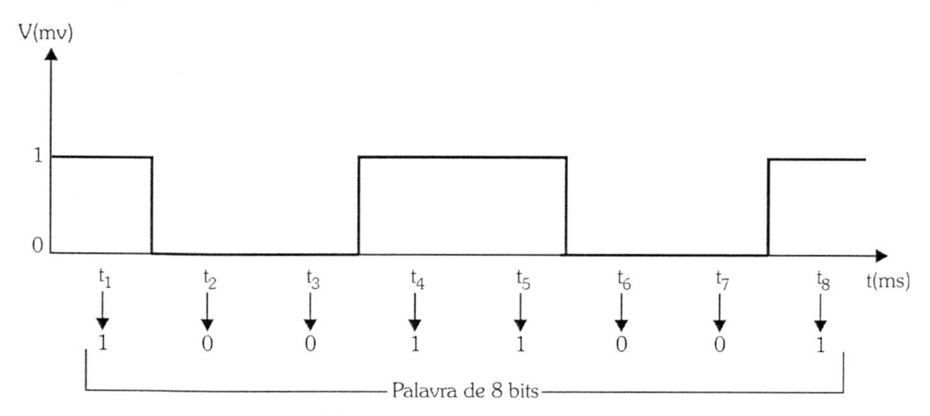

Figura 9.2a - Sinal binário no formato série.

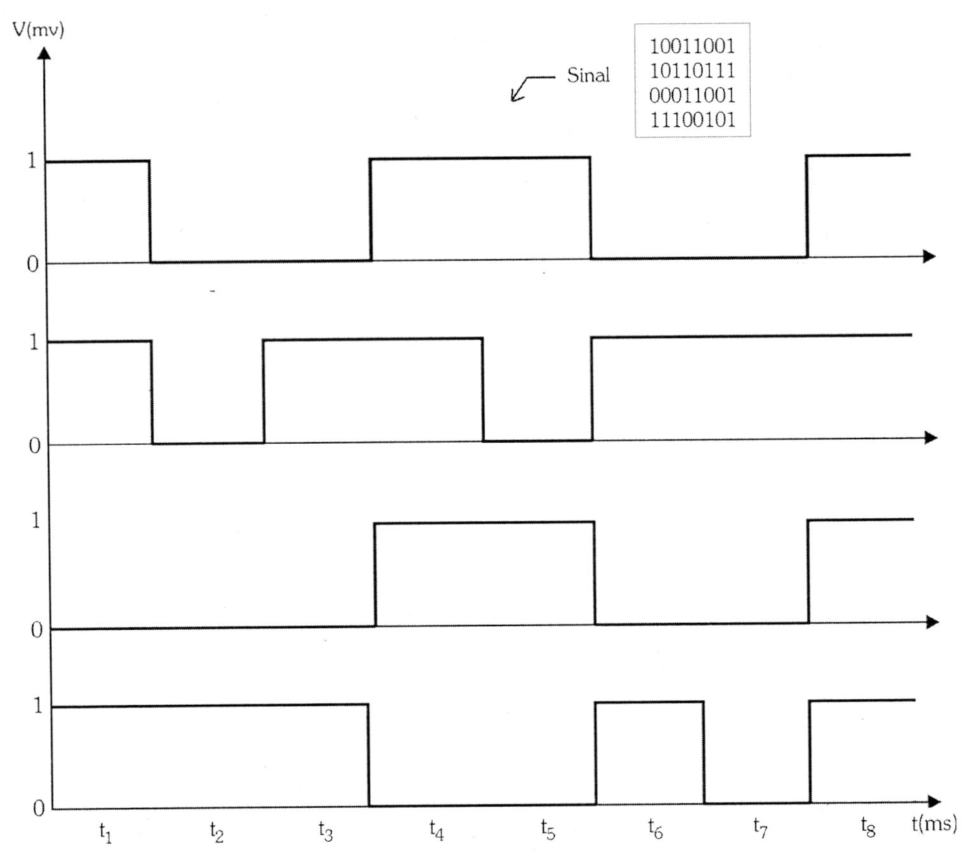

Figura 9.2b - Sinal binário no formato paralelo.

> *O formato binário serial é utilizado quando a comunicação se dá por meio de um só fio, como, por exemplo, na comunicação por fibra óptica. Já o formato binário paralelo é comumente usado em comunicações com hardwares como algumas impressoras, por meio de vários fios que acionam motores de passo.*

9.3. Conversão Analógico/Digital

O número de níveis em que um sinal analógico pode ser dividido é uma função do número de *bits* da palavra. Por exemplo, se existem N *bits*, haverá 2^N níveis. Em consequência, uma palavra de 8 *bits* tem 2^8 níveis (estados biestáveis, como já fora dito). A Figura 9.3 mostra um sinal analógico de 0 a 1,5V, numa palavra de 4 *bits*. Não havendo sinal, todos os *bits* na palavra são 0. Quando a tensão de entrada for igual a 0,1V, o primeiro *bit* é 1.

Quando a tensão é 0,2V, o primeiro *bit* muda para 0 e o segundo muda para 1. Cada aumento de 0,1V na entrada resulta na soma de um *bit* na palavra. Assim, as regras básicas para a soma dos números binários são:

$$0+0=1;\ 0+1=1;\ 1+1=10$$

Entrada em V	Palavra	Sinal
0.0	0000	
0.1	0001	
0.2	0010	
0.3	0011	
0.4	0100	
0.5	0101	
0.6	0110	
0.7	0111	
0.8	1000	
0.9	1001	
1.0	1010	
1.1	1011	
1.2	1100	
1.3	1101	
1.4	1110	
1.5	1111	

Figura 9.3 - Conversão analógico/digital.

Genericamente falando, um conversor A/D (analógico/digital) recebe uma tensão analógica de entrada e depois de um certo tempo produz um código digital de saída que representa a entrada analógica. Muitos tipos importantes de conversores A/D possuem um conversor D/A como parte de seus circuitos.

Em qualquer processo de conversão de sinal analógico em digital reconhecem-se quatro passos diferentes:

1) Amostragem;

2) Retenção;

3) Quantificação;

4) Codificação.

Inicialmente, os dois primeiros passos realizavam-se por meio de amplificadores, enquanto os dois últimos passos eram realizados pelo conversor A/D propriamente dito.

O desenvolvimento verificado no campo do desenho de circuitos integrados possibilitou que um só chip, Figura 9.4, tivesse todo o processo de conversão analógico/digital.

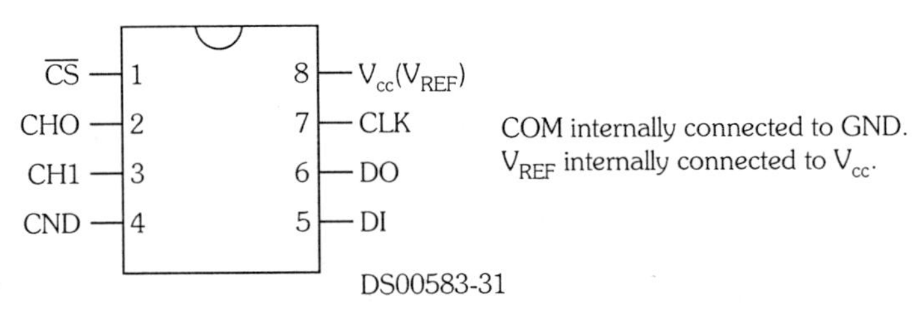

Figura 9.4 - Conversor ADC0832 2-Channel MUX Dual-In-Line Package (N) - vista superior.

9.3.1. Amostragem

Começando pelo primeiro passo, o de amostragem, é lógico pensar que a forma mais fácil de converter um sinal analógico em digital é ir tomando diferentes amostras do sinal, o mais próximo possível umas das outras, representar o seu valor instantâneo por um código digital e trabalhar já com o dito código.

É lógico supor que, quanto mais amostras tomarmos, mais fácil será reconstruir o sinal original, mas também devemos pensar que o número de amostragens que possamos ter será determinado pela própria velocidade dos circuitos que utilizamos. Assim, chegaremos a um ponto em que a tecnologia atual não permitirá realizar a dita conversão A/D por falta de velocidade nos circuitos.

Se tivéssemos um sinal analógico com uma certa largura de banda, poderíamos dizer que a mínima velocidade de amostragem, para poder reproduzir o sinal analógico original sem distorção, será a do dobro da frequência mais alta do dito sinal. Este é o denominado teorema de amostragem de Nyquist.

9.3.2. Retenção

O passo seguinte, o de retenção, é também provocado pelas próprias limitações dos componentes eletrônicos. Assim, o próprio conversor A/D necessita de um certo tempo, denominado tempo de conversão, para realizar a dita conversão. Este é o tempo que decorre desde de que começa a quantificação até que obtemos o código digital na saída. A velocidade de amostragem não pode ser tão rápida que troque o valor da entrada antes de ter o valor de saída, a menos que tenhamos um circuito de retenção ou armazenamento da amostragem.

9.3.3. Quantificação

O passo de quantificação é o encarregado de dar uma determinada magnitude de cada uma das amostragens que vamos recebendo. Como os dados se representam de forma binária (zeros e uns lógicos), a resolução ou a sensibilidade da quantificação estará em relação direta com o fundo de escala do conversor e número de *bits* que dispomos para quantificar a amostragem. A resolução ou sensibilidade pode definir-se como:

> *Resolução ou sensibilidade de um conversor A/D é a mínima variação do sinal analógico que provoca uma variação do código de saída até ao imediatamente superior ou inferior.*

Assim,

$$S = \frac{1}{2^N} \cdot FE \qquad (9.1)$$

em que:

- S: sensibilidade do conversor A/D
- N: número de *bits* disponíveis para quantificar a amostragem (palavra)
- FE: fundo de escala do conversor

Entre cada um dos diferentes códigos de saída haverá sempre uma certa quantidade de sinal, para cujos valores máximo e mínimo teremos um só código de saída. Este é o denominado *erro de quantificação* que interessa que seja sempre o menor possível e que estará em função do número de *bits* que permite utilizar o conversor A/D.

Para exemplificar o que fora exposto neste item, consideremos um conversor A/D do tipo ADC0831 de 8 *bits* (conversor do tipo de aproximação sucessiva), com fundo de escala de 5V. Assim, aplicando a equação 9.1, teremos:

$$S = \frac{1}{2^8} \cdot 5V = \frac{1}{256} \cdot 5V \cong 0{,}020V = 20mV$$

Ou seja, o menor sinal analógico que ele consegue ler corresponde a uma tensão de 20mV.

9.3.4. Codificação

Quanto à codificação, ao utilizar um sistema binário, o número de diferentes *bits* que temos no conversor para a quantificação será em função do número de *bits* do conversor e vice-versa. Apesar de no final e devido principalmente à complexidade dos circuitos, à medida que aumenta o número de *bits*, quem limita realmente as possibilidades de um conversor A/D é o número de *bits* de saída. A relação entre o número de níveis para a quantificação e o número de *bits* utilizados é dada pela seguinte equação:

$$P \leq 2 \cdot n \qquad (9.2)$$

em que:

- n: número de dígitos
- P: quantidade de diferentes níveis de quantificação

9.4. Tipos de Conversores A/D

Existem várias técnicas para realizar os conversores A/D, mas podem agrupar-se em dois grandes blocos:

- **Conversores de cadeia aberta:** em que não existe nenhum tipo de alimentação interna, obtendo a informação de forma direta.
- **Conversores de cadeia fechada:** possuem um ramo de alimentação do qual faz parte geralmente um conversor D/A, conforme mencionado no início desta exposição, e cujo funcionamento será visto mais adiante.

A Figura 9.5 ilustra um diagrama de blocos de um circuito de captura e manutenção (*sample and hold*). Esse tipo de circuito utiliza-se para amostragem do sinal analógico durante um certo intervalo de tempo e para manter o valor armazenado (geralmente num condensador) enquanto dura a conversão analógico/digital propriamente dita.

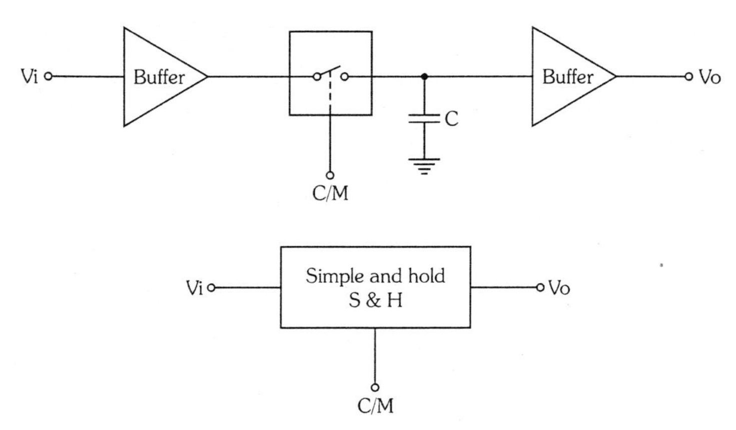

Figura 9.5 - Circuito de Captura e Manutenção *(simple and hold)*.

9.4.1. Conversor A/D com Comparador

O conversor A/D com comparadores, Figura 9.6, possui um número de comparadores igual ao número de níveis de quantificação que desejarmos, em que se compara o valor de amostragem com um valor de referência determinado para cada comparador. As saídas dos comparadores vão a um codificador que proporciona o código de saída da conversão.

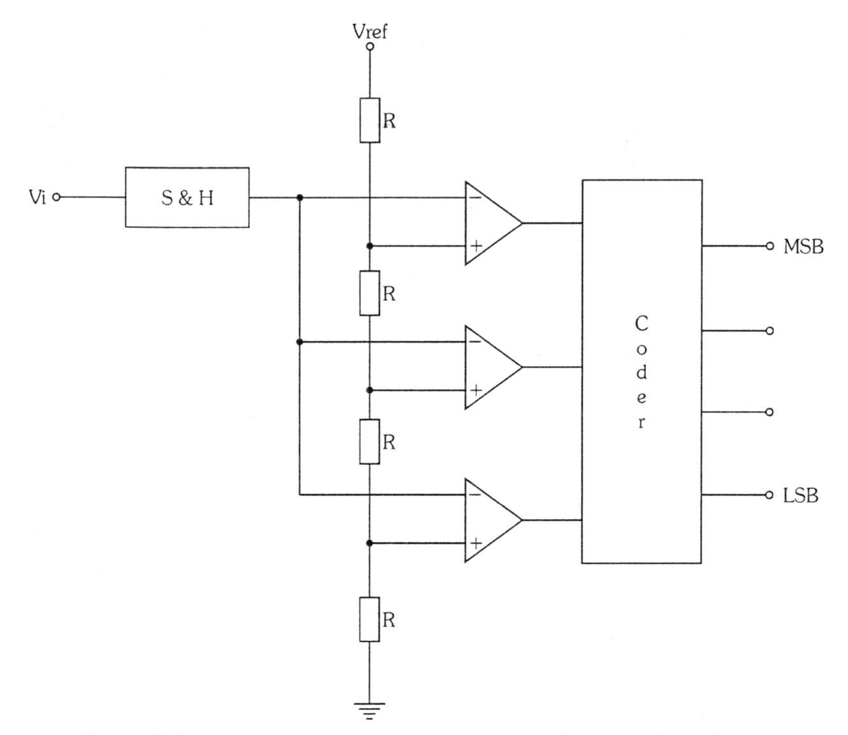

Figura 9.6 - Conversor A/D com comparadores do tipo cadeia aberta.

Tem como vantagem a velocidade de conversão extremamente rápida, na ordem de nanossegundos (ns), mas é expressivamente caro por necessitar de 2^N-1 comparadores para converter N bits.

9.4.2. Conversor A/D com Rampa em Escada

É o mais simples internamente e o seu funcionamento baseia-se num comparador sobre o qual se aplica o sinal analógico de entrada, Figura 9.7. A sua saída ativa um comparador que se coloca a zero inicialmente. A saída do contador aplica-se a um conversor D/A, o qual proporciona a tensão de comparação. Enquanto o sinal do conversor D/A supera o sinal analógico de entrada, o contador detém-se e o código armazena-se no buffer de saída, no entanto há dois inconvenientes: é lento e o tempo de conversão depende do sinal de entrada.

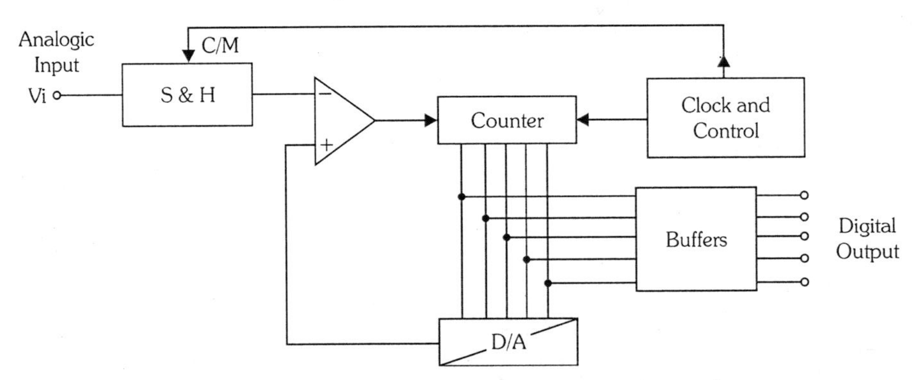

Figura 9.7 - Conversor analógico com rampa de escada.

9.4.3. Conversor A/D de Aproximações Sucessivas

É semelhante ao de rampa de escada, com a diferença de que substitui o contador por um circuito chamado de registro de aproximações sucessivas (REG). O circuito varia o conteúdo do registro, fazendo as comparações com a metade do valor anterior, de forma que se o valor de comparação estiver acima do valor médio, será 1, e se não estiver, será um zero lógico. Com esse sistema evita-se que o tempo de conversão varie com o sinal de entrada e consegue-se maior velocidade de conversão, Figura 9.8.

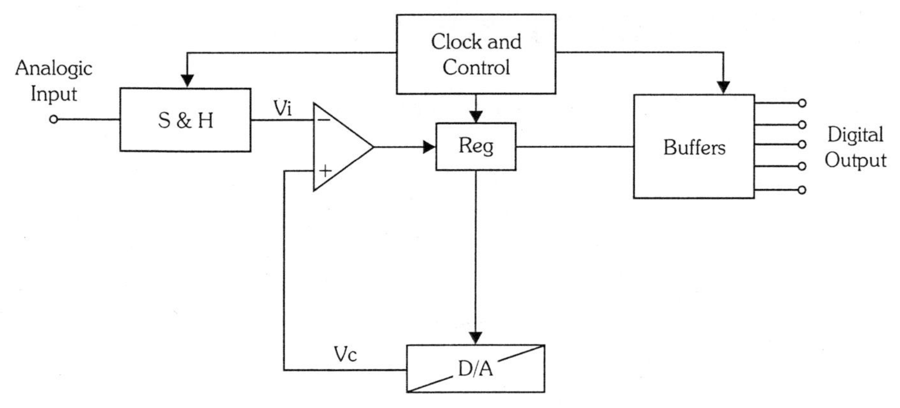

Figura 9.8 - Conversor A/D de aproximações sucessivas.

9.4.4. Conversor A/D de Rampa Única

São bem mais simples que os dois anteriores, já que não utilizam o conversor D/A e são um pouco lentos, mas não têm grande linearidade. No princípio da medição, o integrado começa gerar uma rampa e o contador a contar. Quando o nível da rampa supera o sinal de entrada, o comparador báscula e o contador detêm-se, dando o valor digital do sinal de entrada. O inconveniente é que sua saída depende da frequência de relógio que, por sua vez, depende da temperatura, Figura 9.9.

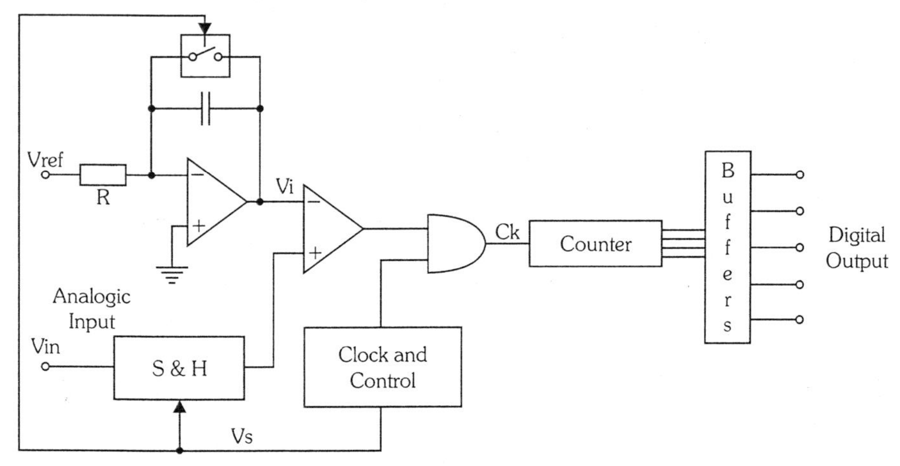

Figura 9.9 - Conversor A/D de rampa única.

9.4.5. Conversor A/D de Dupla Rampa

Esse tipo de conversor tenta solucionar o inconveniente que existe no conversor de rampa única. Para isso, o integrado gera duas rampas, sendo uma positiva e outra negativa, de modo que compensa as derivações de frequência e capacidade no resultado final. A rampa negativa é gerada pela tensão análoga de entrada, alcançando um certo nível V, durante um certo tempo fixo T. No final do tempo gera-se uma segunda rampa positiva, partindo do valor anterior. Quando a rampa passa por zero, o contador detém-se e o código de saída é proporcional à tensão analógica de entrada, Figura 9.10.

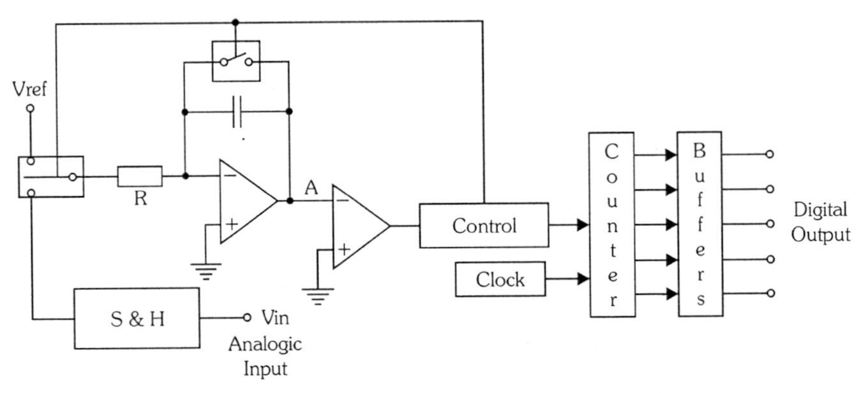

Figura 9.10 - Conversor A/D de dupla rampa.

9.5. Conversão Digital/Analógico

Normalmente, quando monitoramos processos por meio de conversores analógicos/digitais, desejamos poder interagir neles, efetuando correções, iniciando e modificando parâmetros, assim como finalizando-os a qualquer momento que for necessário. Nesse caso, é preciso a existência de um novo sistema de conversão que possibilite interpretar os dados os quais inserimos no computador, ou que sejam gerados automaticamente por meio de um programa de supervisão, e convertê-los no formato analógico. Esse recurso é possibilitado com a utilização de um conversor D/A, digital/analógico, Figura 9.11.

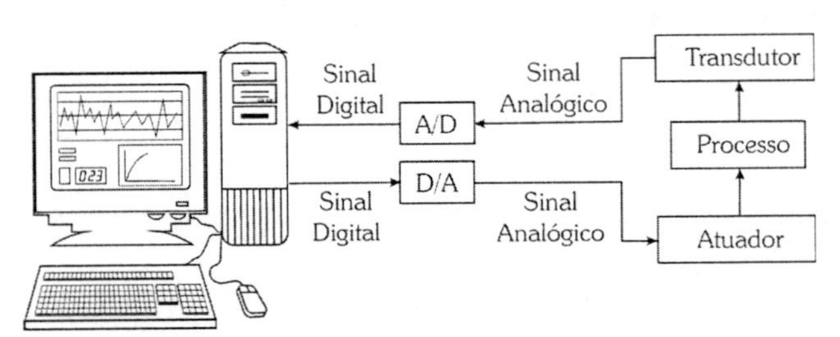

Figura 9.11 - Monitoramento e controle de um processo por interface A/D e D/A.

Os conversores D/A são dispositivos que recebem na sua entrada um sinal digital, em forma de palavras de "n" *bits* (correspondentes ao processador digital que as envia), proporcionando, na sua saída, uma informação analógica cujo formato pode ser tanto em forma de tensão como de corrente.

A cada código de entrada corresponde um único valor de tensão, ainda que, posteriormente, o sinal seja filtrado de modo que a variação de um nível de saída em relação ao seu antecessor e ao seu precedente seja o mais parecido possível com o original. Ou seja, assim como no conversor A/D se faz uma amostragem do sinal analógico para obter variações digitais, na conversão D/A deve-se realizar a passagem inversa, de forma a obter-se a mesma série de amostragem de origem.

Apesar de se supor que, neste caso, é possível variar a tensão de referência por meio da atuação de um sinal gerado para tal efeito, isso proporciona a possibilidade de adequar o sinal de saída às necessidades que venham a existir em cada caso, sem por isso perder-se a informação do sinal analógico original. Essa colocação é feita porque, na maioria dos casos, os códigos digitais de entrada correspondem a um sinal analógico conhecido.

É possível entender melhor o funcionamento interno de um conversor A/D quando observado o seu diagrama de blocos geral, Figura 9.12.

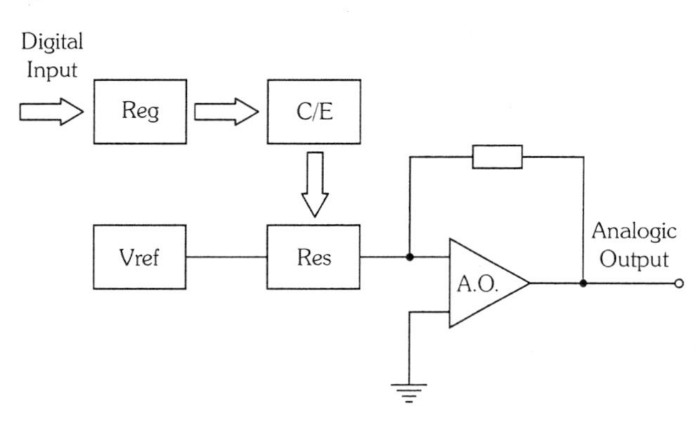

Figura 9.12 - Diagrama de blocos de um conversor D/A (DAC).

O primeiro bloco, REG, costuma ser formado por um conjunto de registros que tem por finalidade armazenar a informação do sinal digital de entrada enquanto a conversão é realizada, de forma que as linhas de entrada não tenham que manter sempre o dado na entrada. Além disso, em alguns casos, a informação pode vir com os dados em série, necessitando então que seja feita a correspondente transformação para dados em paralelo a fim de que seja possível trabalhar com eles.

O bloco C/E, comutadores eletrônicos, seleciona as diferentes resistências do bloco RES (rede de resistência), cuja função é proporcionar as tensões de referências para cada uma das linhas de entrada que tem a palavra. Assim, diante de uma entrada de nível lógico 1 na linha três, por exemplo, a resistência correspondente à linha será selecionada e a sua tensão soma-se ao resto das linhas.

O bloco de resistências, RES, é o encarregado de criar a tensão ou corrente correspondente a cada linha para que a saída obtida no amplificador operacional final seja proporcional ao código fornecido.

A tensão de referência, Vref, seleciona o fim de escala da tensão de saída, para que seja possível variar esse parâmetro conforme seja necessário.

Por último, o amplificador operacional de saída, AO, é o encarregado de fornecer a tensão ou corrente final proporcional ao código de entrada.

9.5.1. Parâmetros

Tendo sido analisado brevemente o diagrama de blocos do conversor D/A, será apresentada uma rápida visão dos fatores que influenciam seu funcionamento e determinam seu comportamento final.

Assim, no bloco de comutadores eletrônicos C/E, os quais são compostos geralmente por transistores de tecnologia bipolar ou com transistores de efeito de campo, esses transistores devem ser complementares, e ao mesmo tempo, devem apresentar uma resistência interna bastante fraca para que, comparada com a resistência que vai comutar, não influencie a própria medição.

Quanto à configuração que se utiliza na rede de resistências, pode variar e determina os diferentes tipos de conversores D/A que podem ser encontrados no mercado.

Como sucedeu com os conversores A/D, existe uma série de parâmetros que definem as características dos conversores D/A, e são de conhecimento imprescindível, sobretudo para que se tenha certeza quanto ao conversor que se deseja escolher e para poder diferenciá-los quanto ao seu uso.

Assim, por exemplo, a resolução ou sensibilidade de um conversor D/A é definida como:

> *Resolução ou sensibilidade de um conversor D/A é a menor variação na tensão de saída quando um código de entrada sofre um incremento ou diminuição de um* ***bit****.*

O tempo de estabelecimento equivale ao tempo que decorre desde que o código digital é colocado na entrada até que a saída alcance o nível analógico correspondente.

A margem dinâmica determina os valores máximos e mínimos entre os quais vai variar o sinal lógico de saída. Em relação à margem dinâmica está o *erro de deslocamento* que é definido como:

Erro de deslocamento é a tensão, ou corrente, de saída quando a palavra digital de entrada corresponde ao valor analógico zero.

Relacionado da mesma forma está o *erro de fim de escala* que é definido como:

Erro de fim de escala é o desvio que sofre a pendente da função de transferência do seu valor ideal, devido às próprias variações dos componentes utilizados.

Um conversor D/A é *monotônico* se sua saída aumenta conforme a entrada binária é incrementada de um valor para o próximo.

A saída em modo corrente ou modo tensão determina a variável analógica com a qual se vai trabalhar, e que deve ser proporcional ao código de entrada. A saída em modo tensão determina como resultado um conversor D/A mais lento em relação àquele que utiliza a saída em modo corrente.

A Figura 9.13 esquematiza como a obtenção da saída de um conversor D/A, tanto em modo corrente como em modo tensão, pode ser trocada por meio de um amplificador operacional.

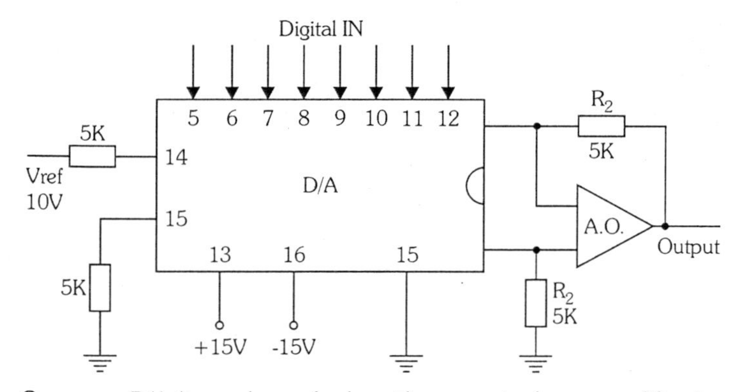

Figura 9.13 - Conversor D/A (troca do modo de saída por meio de um amplificador operacional).

9.6. Tipos de Conversores D/A

A Figura 9.14 apresenta o que poderia ser considerado o conversor D/A mais simples e menor. Prescindindo dos registros de entrada, há um grupo de comutadores eletrônicos, ou seja, ativa-se por tensão um grupo de resistências que proporciona corrente correspondente a cada *bit* de entrada. Por último é ativado o amplificador operacional de saída que funciona como somador e fornece o sinal analógico proporcional ao dado de entrada.

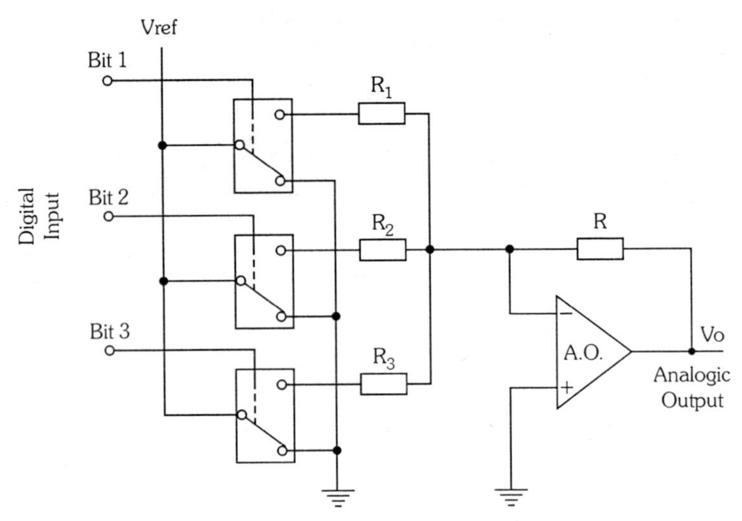

Figura 9.14 - Conversor D/A (tipo básico).

9.6.1. Conversor D/A com Resistências Ponderadas

Nesse tipo de conversor obtém-se a rede de resistências a partir de uma delas, R, dividindo as outras sucessivamente por potências crescentes de 2, Tabela 9.1. A função de transferência desse tipo de conversor é dada pela seguinte equação:

$$Vo = \frac{R_L}{R \cdot Vref \cdot \left(S_0 + 2S_1 + \ldots 2^{n-1} \cdot S_{n-1}\right)} \qquad (9.3)$$

Esse conversor tem como inconveniente que sua exatidão depende da precisão das resistências utilizadas, além da necessidade de empregar um grande número delas e serem de valores elevados, Figura 9.15.

Tabela 9.1 - Relação R da rede de resistências.

$R_0 = \frac{R}{2^0} = R$	$R_1 = \frac{R}{2^1} = \frac{R}{2}$	$R_2 = \frac{R}{2^2} = \frac{R}{4}$
$R_3 = \frac{R}{2^3} = \frac{R}{8}$	$R_{n-2} = \frac{R}{2^{n-2}}$	$R_{n-1} = \frac{R}{2^{n-1}}$

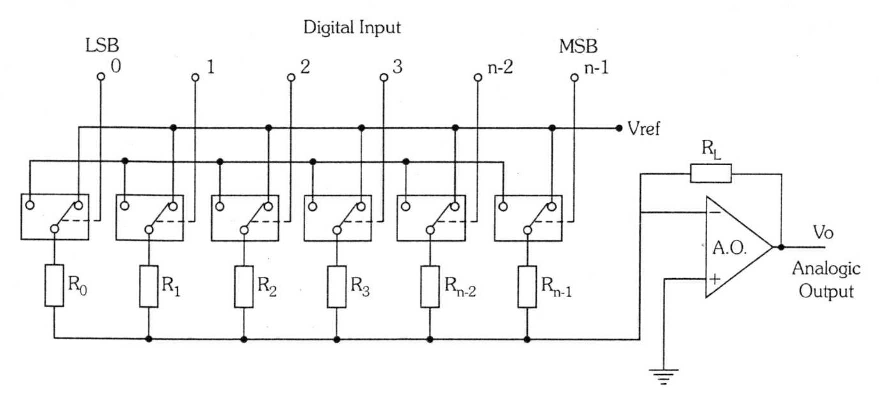

Figura 9.15 - Conversor D/A com resistências ponderadas.

9.6.2. Conversor D/A de Ponderação Binária

Esse conversor busca solucionar o problema da exatidão devido à variação das resistências, conforme citado no caso anterior, utilizando-se para isso de transistores internos do tipo *multiemissor*, ou seja, para conseguir que a corrente aumente de forma proporcional para cada *bit*, incrementa-se o número de emissores do transistor na quantidade correspondente, utilizando um valor de resistência fixo.

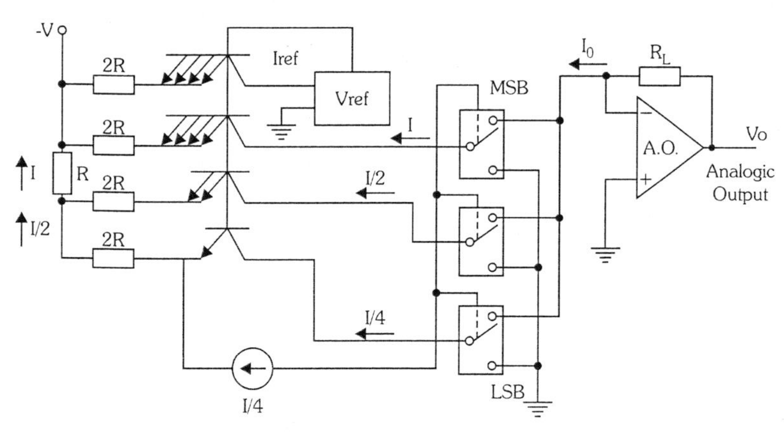

Figura 9.16 - Conversor D/A de ponderação binária.

O problema que esses conversores apresentam é obter transistores iguais e com os seus diferentes emissores, proporcionando a mesma quantidade de corrente para uma mesma tensão, Figura 9.16.

9.6.3. Conversor D/A em Escada R-2R

Esse conversor possui algumas características interessantes, entre elas a de que a resistência que é vista a partir de cada um dos nós (1, 2, 3, ... n-1), olhando para qualquer direção, é sempre a mesma. Esse fato significa que a corrente proveniente dos comutadores se divide em duas correntes iguais e de valor equivalente à metade da corrente que entrou no nó correspondente; assim, cada vez que a corrente atravessa um novo nó, volta a dividir-se em duas, e a corrente que chega ao amplificador operacional tem um valor inversamente proporcional ao código digital de entrada e de uma potência de 2, Figura 9.17.

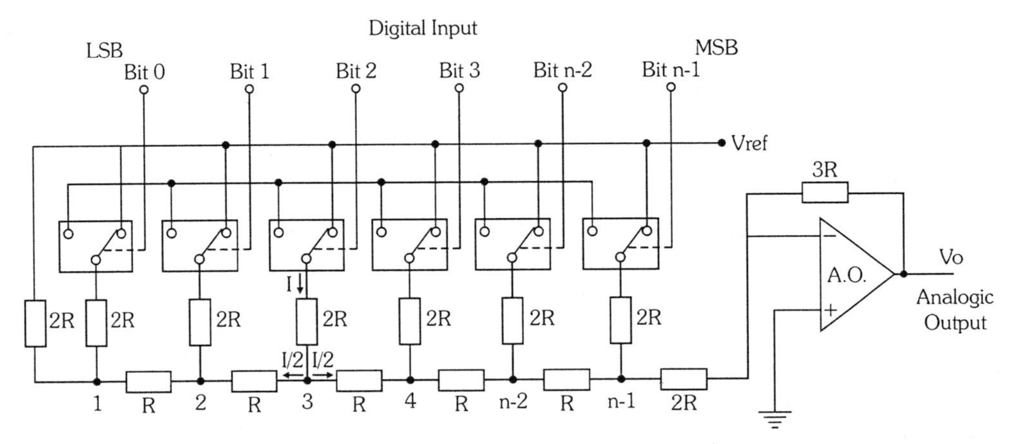

Figura 9.17 - Conversor D/A em escala R-2R.

9.6.4. Conversor D/A R-2R de Atenuação Binária

Nesse conversor, o esquema interno é praticamente idêntico ao anterior, mas com a particularidade de que as correntes são geradas por transistores. Para isso, todos os transistores devem ser idênticos e com o mesmo circuito de polarização. Esse tipo de circuito, da mesma forma que o anterior, tem a vantagem de que, ao apresentar uma impedância constante (vista a partir do amplificador operacional), qualquer que seja o conteúdo das entradas, controla-se mais facilmente o funcionamento do amplificador operacional. Ao mesmo tempo, ao serem quase todas as resistências do mesmo valor, é possível conseguir que todas elas sejam mais estáveis e precisas, Figura 9.18.

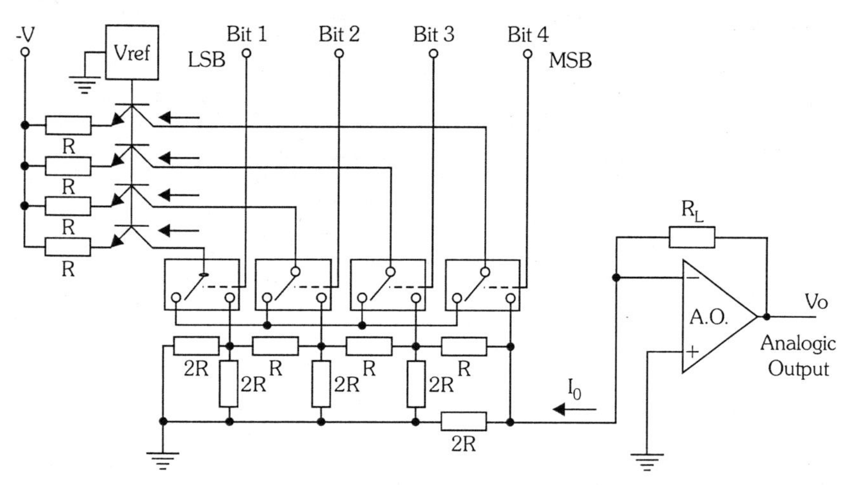

Figura 9.18 - Conversor D/A R-2R de atenuação binária.

9.6.5. Conversor D/A com Sistema de Resistências Ponderadas e Rede R-2R

Esse conversor surge na tentativa de utilizar as vantagens de cada um dos dois métodos. O primeiro tem menor número de resistências, mas seus valores chegam a ser demasiado altos e de grande diversidade, o que produz problemas quanto à velocidade do conversor e obtenção das resistências.

O segundo utiliza poucos valores de resistências e de baixo valor, o que ajuda a obter maior velocidade de conversão. A admissão de R_1 é dar aos *bits* de menor peso uma corrente 16 vezes menor que aos de peso maior, Figura 9.19.

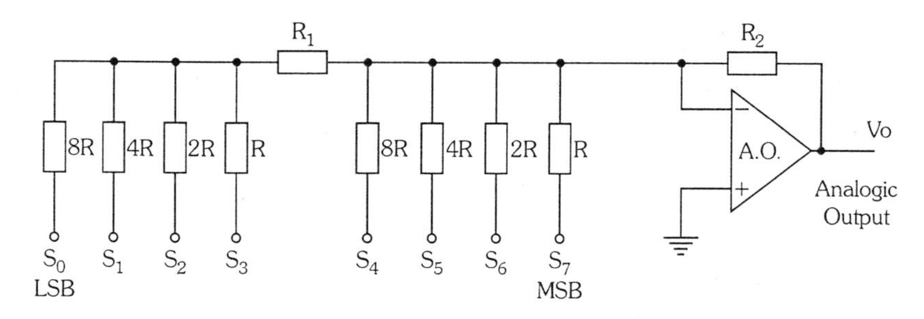

Figura 9.19 - Conversor D/A com sistema de resistências ponderadas e rede R-2R.

9.7. Exercícios

1) Converta no formato decimal esta sequência binária:

Sequência binária	Decimal
110011011001	
001111000101	
111110000101	
101010101010	
100111011110	

2) Qual é o número de *bits* comunicado por um conversor A/D cujo fundo de escala é 100mV e a resolução 0,025mV?

3) Considere a seguinte situação: deseja-se instrumentar um termopar do tipo J com um conversor A/D a fim de monitorar a temperatura de um experimento por meio de um PC. É usado então um conversor A/D de 8 *bits*, sendo 650°C a temperatura máxima do experimento. Considerando então somente o erro do termopar do tipo J que é de 0,75% para a faixa de 227 a 760°C, qual valor deve ser ajustado como fundo de escala para esse conversor a fim de que sua resolução seja no mínimo igual ao erro do termopar?

4) Defina resolução de um conversor A/D e D/A.

5) Qual característica diferencia conversores de cadeia aberta de conversores de cadeia fechada?

6) Qual é a função da tensão de referência Vref num conversor A/D ou D/A?

7) Cite os dois inconvenientes dos conversores D/A de resistência ponderada.

8) Defina erro de fim de escala.

9) Defina conversor monotônico.

10) Quantos *bits* são necessários para um conversor D/A ter uma saída de fundo de escala de 10 mA com resolução menor do que 40 μA?

APÊNDICE

A

Tabelas

Derivadas Fundamentais

Regras de Derivação		
Função	**Derivada**	
$y = c \cdot x^n + C$	$\frac{\partial y}{\partial x} = c \cdot n \cdot x^{n-1}$	
$y = \sqrt{x}$	$\frac{\partial y}{\partial x} = \frac{1}{2 \cdot \sqrt{x}}$	
$y = \sqrt[n]{x}$ para n>2	$\frac{\partial y}{\partial x} = \frac{\sqrt[n]{x}}{n \cdot x}$	
$y = \frac{x^n}{z}$	$\frac{\partial y}{\partial x} = \frac{x^{n-1} \cdot n}{z}$	$\frac{\partial y}{\partial z} = -\frac{x^n}{z^2}$
$y = \frac{x}{z^n}$	$\frac{\partial y}{\partial x} = \frac{1}{z^n}$	$\frac{\partial y}{\partial z} = -\frac{x \cdot n}{z^n \cdot z}$
$y = \frac{x^n}{z^m}$	$\frac{\partial y}{\partial x} = \frac{x^n \cdot n}{x \cdot z^m}$	$\frac{\partial y}{\partial z} = \frac{x^n \cdot m}{z^m \cdot z}$
$y = u(x)^{v(x)}$	$\frac{\partial y}{\partial x} = u(x)^{v(x)} \cdot \left[\left(\frac{\partial v(x)}{\partial x} \right) \cdot \ln(u(x)) + \frac{v(x) \cdot \left(\frac{\partial u(x)}{\partial x} \right)}{u(x)} \right]$	
$y = u(x) \pm v(x)$	$\frac{\partial y}{\partial x} = \frac{\partial u(x)}{\partial x} \pm \frac{\partial v(x)}{\partial x}$	
$y = u(x) \cdot v(x)$	$\frac{\partial y}{\partial x} = \left(\frac{\partial u(x)}{\partial x} \right) \cdot v(x) + u(x) \cdot \left(\frac{\partial v(x)}{\partial x} \right)$	

Regras de Derivação	
Função	**Derivada**
$y = \frac{u(x)}{v(x)}$	$\frac{\frac{\partial u(x)}{\partial x}}{v(x)} - \frac{u(x) \cdot \left(\frac{\partial v(x)}{\partial x}\right)}{v(x)^2}$

Funções Exponenciais	
Função	**Derivada**
$y = e^x$	$\frac{\partial y}{\partial x} = e^x$
$y = e^{-x}$	$\frac{\partial y}{\partial x} = e^{-x}$
$y = e^{a \cdot x}$	$\frac{\partial y}{\partial x} = a \cdot e^x$
$y = x \cdot e^x$	$\frac{\partial y}{\partial x} = e^x \cdot (1 + x)$
$y = \sqrt{e^x}$	$\frac{\partial y}{\partial x} = \frac{1}{2}\sqrt{e^x}$
$y = a^x$	$\frac{\partial y}{\partial x} = a^x \cdot \ln a$
$y = a^{n \cdot x}$	$\frac{\partial y}{\partial x} = n \cdot a^{n \cdot x} \cdot \ln a$
$y = a^{x^2}$	$\frac{\partial y}{\partial x} = a^{x^2} \cdot 2 \cdot x \cdot \ln a$

Funções Logarítmicas	
Função	**Derivada**
$y = \ln x$	$\frac{\partial y}{\partial x} = \frac{1}{x}$
$y = \log_a x$	$\frac{\partial y}{\partial x} = \frac{1}{x \cdot \ln a}$
$y = \ln(1 \pm x)$	$\frac{\partial y}{\partial x} = \frac{\pm 1}{1 \pm x}$

Funções Logarítmicas	
Função	**Derivada**
$y = \ln x^n$	$\frac{\partial y}{\partial x} = \frac{n}{x}$
$y = \ln \sqrt{x}$	$\frac{\partial y}{\partial x} = \frac{1}{2 \cdot x}$

Funções Trigonométricas	
Função	**Derivada**
$y = \operatorname{sen}(x)$	$\frac{\partial y}{\partial x} = \cos(x)$
$y = \cos(x)$	$\frac{\partial y}{\partial x} = -\operatorname{sen}(x)$
$y = \tan(x)$	$\frac{\partial y}{\partial x} = \frac{1}{\cos^2 x} = 1 + \tan(x)^2$
$y = \cot(x)$	$\frac{\partial y}{\partial x} = \frac{-1}{\operatorname{sen}(x)^2} = -\left(1 + \cot(x)^2\right)$
$y = a \cdot \operatorname{sen}(k \cdot x)$	$\frac{\partial y}{\partial x} = a \cdot k \cdot \cos(k \cdot x)$
$y = a \cdot \cos(k \cdot x)$	$\frac{\partial y}{\partial x} = a \cdot k \cdot \cos(k \cdot x)$
$y = \frac{1}{\operatorname{sen}(x)}$	$\frac{\partial y}{\partial x} = \frac{-\cos(x)}{\operatorname{sen}(x)^2}$
$y = \frac{1}{\cos(x)}$	$\frac{\partial y}{\partial x} = \frac{\operatorname{sen}(x)}{\cos(x)^2}$
$y = \frac{1}{\tan(x)}$	$\frac{\partial y}{\partial x} = -1\left(\frac{1 + \tan(x)^2}{\tan(x)^2}\right)$

Regras de Derivação

Funções Utilizadas no Capítulo 1		
Função	**Derivada**	
$P = U \cdot I$	$\frac{\partial P}{\partial U} = I$	$\frac{\partial P}{\partial I} = U$
$f = \frac{1}{T}$	$\frac{\delta f}{\delta T} = -\frac{1}{T^2}$	
$Vol = \pi \cdot h \cdot \frac{D^2}{4}$	$\frac{\delta Vol}{\delta h} = \pi \cdot \frac{D^2}{4}$	$\frac{\delta Vol}{\delta D} = \pi \cdot h \cdot \frac{D}{2}$
$P = \frac{U^2}{R}$	$\frac{\partial P}{\partial U} = 2 \cdot \frac{U}{R}$	$\frac{\partial P}{\partial R} = -1 \cdot \frac{U^2}{R^2}$
$\varepsilon = \frac{F \cdot L^3}{3 \cdot E \cdot I}$	$\frac{\partial \varepsilon}{\partial F} = \frac{1}{3} \cdot \frac{L^3}{E \cdot I}$	$\frac{\partial \varepsilon}{\partial L} = \frac{F \cdot L^2}{E \cdot I}$
	$\frac{\partial \varepsilon}{\partial E} = -\frac{1}{3} \cdot \frac{F \cdot L^3}{E^2 \cdot I}$	$\frac{\partial \varepsilon}{\partial I} = -\frac{1}{3} \cdot \frac{F \cdot L^3}{E \cdot I^2}$
$I = \frac{b \cdot a^3}{12}$	$\frac{\partial I}{\partial b} = \frac{1}{12} \cdot a^3$	$\frac{\partial I}{\partial a} = \frac{1}{4} \cdot b \cdot a^2$
$R_{eq} = R_1 + R_2$	$\frac{\partial R_{eq}}{R_1} = 1$	$\frac{\partial R_{eq}}{R_2} = 1$
$R_{eq} = \left[\frac{1}{\frac{1}{R_1} + \frac{1}{R_2}}\right]$	$\frac{\partial R_{eq}}{\partial R_1} = \left[\frac{1}{\left(\frac{1}{R_1} + \frac{1}{R_2}\right)^2 \cdot R_1^2}\right]$	$\frac{\partial R_{eq}}{\partial R_1} = \left[\frac{1}{\left(\frac{1}{R_1} + \frac{1}{R_2}\right)^2 \cdot R_2^2}\right]$
$V = \frac{\pi \cdot \cdot h \cdot D^2}{4}$	$\frac{\partial V}{\partial h} = \frac{1}{4} \cdot \pi \cdot D^2$	$\frac{\partial V}{\partial D} = \frac{1}{2} \cdot \pi \cdot \cdot h \cdot D$
$R = R_0[1 + \alpha\,(T - T_0)]$	$\frac{\partial R}{\partial R_0} = 1 - \alpha \cdot (T - T_0)$	$\frac{\partial R}{\partial \alpha} = R_0 \cdot (-T + T_0)$
	$\frac{\partial R}{\partial T} = -R_0 \cdot \alpha$	$\frac{\partial R}{\partial T_0} = R_0 \cdot \alpha$

Funções Utilizadas no Capítulo 1		
Função	**Derivada**	
$T = 2 \cdot \pi \sqrt{\frac{h}{g}}$	$\frac{\partial T}{\partial h} = \frac{\pi}{g \cdot \sqrt{\frac{h}{g}}}$	$\frac{\partial T}{\partial g} = \frac{-\pi \cdot h}{g^2 \cdot \sqrt{\frac{h}{g}}}$
$T = 2 \cdot \pi \sqrt{\frac{l \cdot \cos\alpha}{g}}$	$\frac{\partial T}{\partial l} = \frac{\pi \cdot \cos\alpha}{g \cdot \sqrt{\frac{l \cdot \cos\alpha}{g}}}$	
	$\frac{\partial T}{\partial g} = -\frac{\pi \cdot l \cdot \cos\alpha}{g^2 \cdot \sqrt{\frac{l \cdot \cos\alpha}{g}}}$	
	$\frac{\partial T}{\partial g} = -\frac{\pi \cdot l \cdot \operatorname{sen}\alpha}{g^2 \cdot \sqrt{\frac{l \cdot \cos\alpha}{g}}}$	
$V_2 = V_1\left[1 + \beta \cdot (T_2 - T_1)\right]$	$\frac{\partial V_2}{\partial V_1} = 1 - \beta \cdot (T_2 - T_1)$	$\frac{\partial V_2}{\partial \beta} = V_1 \cdot (-T + T_0)$
	$\frac{\partial V_2}{\partial T_2} = -V_1 \cdot \beta$	$\frac{\partial V_2}{\partial T_1} = V_1 \cdot \beta$

Termorresistência

PT-100

(Resistência em Ω)

DIN 4673

Graus °C	0	-1	-2	-3	-4	-5	-6	-7	-8	-9	Graus °C
TENSÃO TERMOELÉTRICA EM MILIVOLTS											
-200	18.49	-	-	-	-	-	-	-	-	-	**-200**
-190	22.80	22.37	21.94	21.51	21.08	20.65	20.22	19.79	19.36	18.93	**-190**
-180	27.08	26.65	26.23	25.80	25.37	24.94	24.52	24.09	23.66	23.23	**-180**
-170	31.32	30.90	30.47	30.05	29.63	29.20	28.78	28.35	27.93	27.50	**-170**
-160	35.53	35.11	34.69	34.27	33.85	33.43	33.01	32.59	32.16	31.74	**-160**
-150	31.71	39.30	38.88	38.46	38.04	37.63	37.21	36.79	36.37	35.95	**-150**
-140	43.87	43.45	43.04	42.63	42.21	41.79	41.38	40.96	40.55	40.13	**-140**
-130	48.00	47.59	47.18	46.76	46.35	45.94	45.52	45.11	44.70	44.28	**-130**
-120	52.11	54.70	51.29	50.88	50.47	50.06	49.64	49.23	48.82	48.41	**-120**
-110	56.19	55.78	55.38	54.97	54.56	54.15	53.74	53.33	52.92	52.52	**-110**
-100	30.25	59.85	59.44	59.04	58.63	58.22	57.82	57.41	57.00	56.60	**-100**

Graus °C	0	-1	-2	-3	-4	-5	-6	-7	-8	-9	Graus °C
TENSÃO TERMOELÉTRICA EM MILIVOLTS											
-90	64.30	63.90	63.49	63.09	62.68	62.28	61.87	61.47	61.06	60.66	**-90**
-80	68.33	67.92	67.52	67.12	66.72	66.31	65.91	65.51	65.11	64.70	**-80**
-70	72.33	71.93	71.53	71.13	70.73	70.33	69.93	69.53	69.13	68.73	**-70**
-60	76.33	75.93	75.53	75.13	74.73	74.33	73.93	73.53	73.13	72.73	**-60**
-50	80.31	79.91	79.51	79.11	78.72	78.32	77.92	77.52	77.13	76.73	**-50**
-40	84.27	83.88	83.48	83.08	82.69	82.29	81.89	81.50	81.10	80.70	**-40**
-30	88.22	87.83	87.43	87.04	86.64	86.25	85.85	85.46	85.06	84.67	**-30**
-20	92.16	91.77	91.37	90.98	90.59	90.19	89.80	89.40	89.01	88.62	**-20**
-10	96.09	95.69	95.30	94.91	94.52	94.12	93.73	93.34	92.95	92.55	**-10**
0	100.00	99.61	99.22	98.83	98.44	98.04	97.65	97.26	96.87	96.48	**0**

Graus °C	0	1	2	3	4	5	6	7	8	9	Graus °C
TENSÃO TERMOELÉTRICA EM MILIVOLTS											
0	100.00	100.39	100.78	101.17	101.56	101.95	102.34	102.73	103.12	103.51	**0**
10	103.90	104.29	104.68	105.07	105.46	105.85	106.24	106.63	107.02	107.40	**10**
20	107.79	108.18	108.57	108.96	109.35	109.73	110.12	110.51	110.90	111.28	**20**
30	111.67	112.06	112.45	112.83	113.32	113.61	113.99	114.32	114.77	115.15	**30**
40	115.54	115.93	116.31	116.70	117.08	117.47	117.85	118.24	118.62	119.01	**40**
50	119.40	119.78	120.16	120.55	120.93	121.32	121.70	122.09	122.47	122.86	**50**
60	123.24	123.62	124.01	124.39	124.77	125.16	125.54	125.92	126.31	126.69	**60**
70	127.07	127.45	127.84	128.22	138.60	128.98	129.37	129.75	130.13	130.51	**70**
80	130.89	131.27	131.66	132.04	132.42	132.80	133.18	133.56	133.34	134.32	**80**
90	134.70	135.08	135.56	135.84	136.22	136.60	136.98	137.36	137.74	138.12	**90**
100	138.50	138.88	139.26	139.64	140.02	140.39	140.77	141.15	141.53	141.91	**100**
110	142.29	142.66	143.04	143.42	143.80	144.17	144.55	144.93	145.31	145.68	**110**
120	146.06	146.44	146.81	147.19	147.57	147.94	148.32	148.70	149.07	149.45	**120**
130	149.82	150.20	150.57	150.95	151.33	151.70	152.08	152.45	152.83	153.20	**130**
140	153.58	153.95	154.32	154.70	155.07	155.45	155.82	156.19	156.57	156.94	**140**
150	151.31	157.69	158.06	158.43	158.81	159.18	159.56	159.93	160.30	160.67	**150**
160	161.04	161.42	161.79	162.16	162.53	162.90	163.27	163.65	164.02	164.39	**160**
170	164.76	165.13	165.50	165.87	166.24	166.61	166.98	167.35	167.72	168.09	**170**
180	168.46	168.83	169.20	169.57	169.94	170.31	170.68	171.05	171.42	171.79	**180**
190	172.16	172.53	172.90	173.26	173.63	174.00	174.37	174.74	175.10	175.47	**190**
200	175.84	176.21	176.57	176.94	177.31	177.68	178.04	178.41	178.88	179.14	**200**
210	179.51	179.88	180.24	180.61	180.97	181.34	181.71	182.07	182.44	182.80	**210**
220	183.17	183.53	183.90	184.26	184.63	184.99	185.36	185.72	186.09	186.45	**220**
230	186.82	178.18	187.54	187.91	188.27	188.63	189.00	189.36	189.72	190.09	**230**
240	190.45	190.81	191.18	191.54	191.90	192.26	192.63	192.99	193.35	193.71	**240**
250	194.07	194.44	194.80	195.16	195.52	195.88	196.24	196.60	196.96	197.33	**250**
260	197.69	198.05	198.41	198.77	199.13	199.49	199.85	200.21	200.57	200.93	**260**
270	201.29	201.65	202.01	202.36	202.72	203.08	203.44	203.80	204.16	204.52	**270**
280	204.88	205.23	205.59	205.95	206.31	206.67	207.02	207.38	207.74	208.10	**280**
290	208.45	208.81	209.17	209.52	209.88	210.24	210.59	210.95	211.31	211.66	**290**

Graus °C	0	1	2	3	4	5	6	7	8	9	Graus °C
					TENSÃO TERMOELÉTRICA EM MILIVOLTS						
300	212.02	212.37	212.73	213.09	213.44	213.80	214.15	214.51	214.86	215.22	**300**
310	215.57	215.93	216.28	216.64	216.99	217.35	217.70	218.05	218.41	218.76	**310**
320	219.12	219.47	219.82	220.18	220.53	220.88	221.24	221.59	221.94	222.29	**320**
330	222.65	223.00	223.35	223.70	224.06	224.41	224.76	225.11	225.46	225.81	**330**
340	226.17	226.52	226.87	227.22	227.57	227.92	228.27	228.62	228.97	229.32	**340**
350	229.67	230.02	230.37	230.72	231.07	231.42	231.77	232.12	232.47	232.47	**350**
360	233.17	233.52	233.87	234.22	237.56	234.91	235.26	235.61	235.96	235.96	**360**
370	236.65	237.00	237.35	237.70	238.04	238.39	238.74	239.09	239.43	239.43	**370**
380	240.13	240.47	240.82	240.17	241.51	241.86	242.20	242.55	242.90	242.90	**380**
390	243.59	243.93	244.48	244.62	244.97	245.31	245.66	246.00	248.35	246.35	**390**
400	247.04	247.38	247.72	248.07	248.41	248.78	249.10	249.45	249.79	250.13	**400**
410	250.48	250.82	251.16	251.50	251.85	252.19	252.53	252.87	253.22	253.56	**410**
420	253.90	254.24	254.59	254.93	255.27	255.61	255.95	256.29	256.63	256.98	**420**
430	257.32	257.66	258.00	258.34	258.68	259.02	259.36	259.70	260.04	260.38	**430**
440	260.72	261.06	261.40	261.74	262.08	262.42	262.76	263.10	263.43	263.77	**440**
450	264.11	264.45	264.79	265.13	265.46	268.80	266.14	266.48	266.82	267.15	**450**
460	267.49	267.83	268.17	268.50	268.84	269.18	269.51	269.85	270.19	270.52	**460**
470	270.86	271.20	271.53	271.87	272.20	272.54	272.88	273.21	273.65	273.88	**470**
480	274.22	274.55	274.89	275.22	275.56	275.89	276.23	276.56	276.89	277.23	**480**
490	277.56	277.90	278.23	278.56	278.90	279.23	279.56	279.90	280.23	280.56	**490**
500	280.90	281.23	281.56	281.89	282.23	282.56	282.89	283.22	283.55	283.89	**500**
510	284.22	284.55	284.88	285.21	285.54	285.87	286.21	286.54	286.87	287.20	**510**
520	287.53	287.86	288.19	288.52	288.85	289.18	289.51	289.84	290.17	290.50	**520**
530	290.83	291.16	291.49	291.81	292.14	292.47	292.80	293.13	293.46	293.79	**530**
540	294.11	294.44	294.77	295.10	295.43	295.75	296.08	296.41	296.74	297.06	**540**
550	297.39	297.72	298.04	298.37	298.70	299.02	299.35	299.68	300.00	300.33	**550**
560	300.65	300.98	301.31	301.63	301.96	302.28	302.61	302.93	303.26	303.58	**560**
570	303.91	304.23	304.56	304.88	305.20	305.53	305.85	306.18	306.50	306.82	**570**
580	307.15	307.47	307.79	308.12	308.44	308.76	309.09	309.41	309.73	310.05	**580**
590	310.38	310.70	311.02	311.34	311.67	311.99	312.31	312.63	312.95	313.27	**590**
600	313.59	313.91	314.24	314.56	314.88	315.20	315.52	315.84	316.16	316.48	**600**
610	316.80	317.12	317.44	317.76	318.08	318.40	318.72	319.04	319.38	319.68	**610**
620	319.99	320.31	320.63	320.95	3121.27	321.59	321.91	322.22	322.54	322.86	**620**
630	323.18	323.49	323.81	324.13	324.45	324.76	325.08	325.40	325.72	326.03	**630**

Termopar

J

Temperatura em 0°C - IPTS 68

Junta de referência a 0°C - ANSI. 96-1-1975

Graus °C	0	-1	-2	-3	-4	-5	-6	-7	-8	-9	-10	Graus °C
TENSÃO TERMOELÉTRICA EM MILIVOLTS												
-210	-8.096											**-210**
-200	-7.890	-7.912	-7.934	-7.955	-7.976	-7.996	-8.017	-7.037	-8.057	-8.076	-8.096	**-200**
-190	-7.659	-7.683	-7.0707	-7.731	-7.755	-7.778	-7.801	-7.824	-7.846	-7.868	-7.890	**-190**
-180	-7.402	-7.429	-7.455	-7.482	-7.508	-7.533	-7.559	-7.584	-7.609	-7.634	-7.659	**-180**
-170	-7.122	-7.151	-7.180	-7.209	-7.237	-7.265	-7.293	-7.321	-7.348	-7.375	-7.402	**-170**
-160	-6.821	-6.852	-6.883	-6.914	-6.944	6.974	-6.004	-7.034	-7.064	-7.093	-7.122	**-160**
-150	-6.499	-6.532	-6.565	-6.598	-6.630	-6.663	-6.695	-6.727	-6.758	-6.790	-6.821	**-150**
-140	-6.159	-6.194	-6.228	-6.263	-6.297	-6.331	-6.365	-6.399	-6.433	-6.466	-6.499	**-140**
-130	-5.801	-5.837	-5.874	-5.910	-5.946	-5.982	-5.018	-6.053	-6.089	-6.124	-6.159	**-130**
-120	-5.426	-5.464	-5.502	-5.540	-5.578	-5.615	-5.653	-5.690	-5.757	-5.764	-5.801	**-120**
-110	-5.036	-5.076	-5.115	-5.155	-5.194	-5.233	-5.272	-5.311	-5.349	-5.388	-5.426	**-110**
-100	-4.632	-4.673	-4.673	-4.714	-4.795	-4.486	-4.876	-4.916	-4.956	-4.996	-5.036	**-100**
-90	-4.215	-4.257	-4.299	-4.341	-4.383	-4.425	-4.467	-4.508	-4.550	-4.591	-4.623	**-90**
-80	-3.785	-3.829	-3.872	-3.915	-3.958	-4.001	-4.044	-4.087	-4.130	-4.172	-4.215	**-80**
-70	-3.344	-3.389	-3.433	-3.478	-3.522	-3.566	-3.610	-3.654	-3.698	-3.742	-3.785	**-70**
-60	-2.829	-2.938	-2.984	-3.029	-3.074	-3.120	-3.165	-3.210	-3.255	-3.229	-3.344	**-60**
-50	-2.431	-2.478	-2.524	-2.570	-2.663	-2.709	-2.755	-2.801	-2.847	-2.847	-2.892	**-50**
-40	-1.930	-2.008	-2.055	-2.102	-2.150	-2.197	-2.244	-2.291	-2.238	-2.384	-2.431	**-40**
-30	-1.481	-1.530	-1.578	-1.626	-1.674	-1.722	-1.770	-1.818	-1.865	-1.913	-1.960	**-30**
-20	-0.995	-1.044	-1.093	-1.141	-1.190	-1.239	-1.288	-1.336	-1.385	-1.433	-1.481	**-20**
-10	-0.501	-0.550	-0.600	-0.650	-0.699	-0.748	-0.798	-0.847	-0.896	-0.945	-0.955	**-10**
0	0.000	-0.050	-0.101	-0.151	-0.201	-0.251	-0.301	-0.351	-0.401	-0.451	-0.501	**0**
Graus °C	**0**	**1**	**2**	**3**	**4**	**5**	**6**	**7**	**8**	**9**	**10**	**Graus °C**
TENSÃO TERMOELÉTRICA EM MILIVOLTS												
0	0.000	0.050	0.101	0.151	0.202	0.253	0.303	0.354	0.405	0.456	0.507	**0**
10	0.507	0.558	0.609	0.660	0.711	0.762	0.813	0.865	0.916	0.967	1.019	**10**
20	1.019	1.070	1.122	1.174	1.225	1.277	1.329	1.381	1.432	1.484	1.536	**20**
30	1.536	1.588	1.640	1.693	1.745	1.797	1.849	1.901	1.954	2.006	2.058	**30**
40	2.058	2.111	2.163	2.216	2.268	2.231	2.374	2.426	2.479	2.532	2.585	**40**
50	2.585	2.638	2.691	0.151	0.202	0.253	0.303	0.354	0.405	0.456	0.507	**50**
60	3.115	3.168	3.221	0.660	0.711	0.762	0.813	0.865	0.916	0.967	1.019	**60**
70	3.649	3.702	3.756	1.174	1.225	1.277	1.329	1.381	1.432	1.484	1.536	**70**
80	4.186	4.239	4.293	1.693	1.745	1.797	1.849	1.901	1.954	2.006	2.058	**80**
90	4.725	4.780	4.834	2.216	2.268	2.321	2.374	2.476	2.479	2.532	2.585	**90**

Graus °C	0	1	2	3	4	5	6	7	8	9	10	Graus °C
TENSÃO TERMOELÉTRICA EM MILIVOLTS												
100	5.268	5.322	5.376	5.431	5.485	5.540	5.594	5.649	5.703	5.758	5.812	**100**
110	5.812	5.867	5.921	5.976	6.031	6.085	6.140	6.195	6.249	6.304	6.359	**110**
120	6.357	6.414	6.460	6.523	6.578	6.633	6.688	6.749	6.797	6.852	6.907	**120**
130	6.907	6.962	7.017	7.072	7.127	7.182	7.237	7.292	7.347	7.402	7.457	**130**
140	7.457	7.512	7.567	7.622	7.677	7.732	7.787	7.843	7.898	7.953	8.008	**140**
150	8.008	8.063	8.118	8.174	8.229	8.284	8.339	8.394	8.450	8.505	8.560	**150**
160	8.560	8.616	8.671	8.726	8.781	8.837	8.892	8.947	9.003	9.058	9.113	**160**
170	9.113	9.169	9.224	9.279	9.335	9.390	9.446	9.501	9.556	9.612	9.667	**170**
180	9.667	9.723	9.778	10.834	9.889	9.944	10.000	10.055	10.111	10.166	10.222	**180**
190	10.222	10.277	10.333	10.388	10.444	10.499	10.555	10.610	10.666	10.721	10.777	**190**
200	10.777	10.832	10.888	10.943	10.999	11.054	11.110	11.165	11.221	11.276	11.232	**200**
210	11.332	11.387	11.443	11.498	11.554	11.609	11.665	11.720	11.776	11.831	11.887	**210**
220	11.887	11.943	11.998	12.054	12.109	12.165	12.220	12.276	12.331	12.387	12.442	**220**
230	12.442	12.498	12.553	12.609	12.664	12.720	12.776	12.831	12.887	12.942	12.998	**230**
240	12.998	13.053	13.109	13.164	13.220	13.275	13.331	13.386	13.442	13.497	13.553	**240**
250	13.553	13.608	13.664	13.719	13.775	13.830	13.886	13.941	13.997	14.052	14.108	**250**
260	14.108	17.163	14.219	14.274	14.330	14.385	14.441	14.496	14.552	14.607	14.663	**260**
270	14.683	14.718	14.774	14.829	14.885	14.940	14.995	15.051	15.106	15.152	15.217	**270**
280	15.217	15.273	15.328	15.383	15.439	15.494	15.550	15.605	15.661	15.716	15.771	**280**
290	15.771	15.827	15.882	15.938	15.993	16.048	16.104	16.159	16.214	16.270	16.325	**290**
300	16.325	16.380	16.436	16.491	16.547	16.602	16.657	16.713	16.763	16.823	16.879	**300**
310	16.879	16.934	16.989	17.044	17.100	17.155	17.210	17.206	17.321	17.376	17.432	**310**
320	17.432	17.487	17.542	17.597	17.653	17.708	17.763	17.818	17.874	17.929	17.984	**320**
330	17.984	18.039	18.095	18.150	18.205	18.260	18.316	18.371	18.426	18.481	18.537	**330**
340	18.537	18.592	18.647	18.702	18.757	18.813	18.868	18.923	18.978	19.033	19.089	**340**
350	19.089	19.144	19.199	19.254	19.309	19.364	19.420	19.475	19.530	19.585	19.640	**350**
360	19.640	19.695	19.751	19.806	19.861	19.916	19.971	20.026	20.081	20.137	20.192	**360**
370	20.192	20.247	20.302	20.357	20.412	20.467	20.523	20.578	20.633	20.688	20.743	**370**
380	20.743	20.798	20.853	20.909	20.964	21.019	21.074	21.129	21.184	21.239	21.295	**380**
390	21.295	21.350	21.405	21.460	21.515	21.570	21.625	21.680	21.736	21.791	21.846	**390**
400	21.846	21.901	21.956	22.011	22.066	22.122	22.177	22.232	22.287	22.342	22.397	**400**
410	22.397	22.453	22.508	22.563	22.618	22.673	22.728	22.784	22.839	22.894	22.949	**410**
420	22.949	23.004	23.060	23.115	23.170	23.225	23.280	23.336	23.391	23.446	23.501	**420**
430	23.501	23.556	23.612	23.667	23.722	23.777	23.833	23.888	23.943	23.999	24.050	**430**
440	24.054	24.109	24.164	24.220	24.275	24.330	24.386	24.441	24.496	24.552	24.607	**440**
450	24.607	24.662	24.718	24.773	24.829	24.884	24.939	24.995	25.050	25.106	25.161	**450**
460	25.161	25.217	25.272	25.327	25.383	25.438	25.494	25.549	25.605	25.661	25.716	**460**
470	25.716	25.712	25.827	25.883	25.938	25.994	26.050	26.105	26.161	26.216	26.272	**470**
480	26.272	26.328	26.383	26.439	26.495	26.551	26.606	26.662	26.718	26.774	26.829	**480**
490	26.829	26.885	26.941	26.997	27.053	27.109	27.165	27.720	27.276	27.332	27.388	**490**
500	27.388	27.444	27.500	27.556	27.612	27.668	27.724	27.700	27.836	27.893	27.949	**500**
510	27.949	28.005	28.061	28.117	28.173	28.230	28.286	28.349	28.398	28.445	28.511	**510**
520	28.511	28.567	28.624	26.681	28.736	28.793	28.849	28.906	28.962	29.019	29.075	**520**
530	29.075	29.132	29.188	29.245	29.301	29.358	29.415	29.471	29.528	29.585	29.642	**530**
540	29.642	29.698	29.755	29.812	29.869	29.926	29.983	30.039	30.096	30.153	30.210	**540**

Graus °C	0	1	2	3	4	5	6	7	8	9	10	Graus °C
	TENSÃO TERMOELÉTRICA EM MILIVOLTS											
550	30.210	30.267	30.324	30.381	30.439	30.496	30.553	30.610	30.667	30.724	30.782	**550**
560	30.782	30.839	30.896	30.954	31.011	31.068	31.126	31.183	31.241	31.298	31.356	**560**
570	31.356	31.413	31.471	31.528	31.586	31.644	31.702	31.759	31.817	31.875	31.933	**570**
580	31.933	31.991	32.048	32.106	32.164	32.222	32.280	32.338	32.396	32.455	32.513	**580**
590	32.513	32.571	32.629	32.687	32.746	32.804	32.862	32.921	32.979	33.038	33.096	**590**
600	33.096	33.155	32.213	33.272	33.330	33.389	33.448	33.506	33.565	33.624	33.683	**600**
610	33.683	33.742	33.800	33.859	33.918	33.977	34.036	34.195	34.155	34.214	34.273	**610**
620	34.273	34.332	34.391	34.451	34.510	34.569	34.629	34.688	34.748	34.807	34.867	**620**
630	34.867	34.926	34.986	35.046	35.105	35.165	35.225	35.285	35.344	35.404	35.464	**630**
640	35.464	35.524	35.584	35.644	35.704	35.764	35.825	35.885	35.945	36.005	36.066	**640**
650	36.066	36.123	36.186	36.247	36.307	36.368	36.428	36.489	35.549	36.610	36.671	**650**
660	36.671	36.132	36.792	36.853	36.914	36.975	37.036	37.097	37.158	32.219	37.280	**660**
670	37.280	37.341	37.402	37.463	37.525	37.586	37.647	37.709	37.770	37.831	37.893	**670**
680	37.893	37.954	38.016	38.078	38.139	38.201	38.762	38.324	38.386	38.448	38.510	**680**
690	38.510	38.572	38.633	38.695	38.757	38.819	38.882	38.944	39.006	39.068	39.130	**690**
700	39.130	39.192	39.255	39.317	39.379	39.442	39.504	39.567	39.629	39.692	39.754	**700**
710	39.754	39.817	39.880	39.942	40.005	40.068	40.131	40.193	40.256	40.319	40.382	**710**
720	40.382	40.445	40.508	50.571	40.634	40.697	40.460	40.823	40.886	40.950	41.013	**720**
730	41.013	41.076	41.139	41.203	41.266	41.329	41.393	41.456	41.520	41.583	41.647	**730**
740	41.647	41.710	41.774	41.837	41.901	41.965	42.028	42.092	42.156	42.219	42.283	**740**
750	42.283	42.347	42.411	42.475	42.538	42.602	42.666	42.730	42.794	42.858	42.922	**750**
760	42.922											**760**

Termopar

E

Temperatura em 0°C - IPTS 68

Junta de referência a 0°C - ANSI. 96-1-1975

Graus °C	0	-1	-2	-3	-4	-5	-6	-7	-8	-9	-10	Graus °C
TENSÃO TERMOELÉTRICA EM MILIVOLTS												
-270	-9.835											**-270**
-260	-9.797	-9.802	-9.808	-9.813	-9.817	-9.821	-9.825	-9.828	-9.831	-9.833	-9.835	**-260**
-250	-9.719	-9.728	-9.737	-9.746	-9.754	-9.762	-9.770	-9.777	-9.784	-9.791	-9.797	**-250**
-240	-9.604	-9.617	-9.630	-9.642	-9.654	-9.666	-9.677	-9.688	-9.699	-9.709	-9.719	**-240**
-230	-9.455	-9.472	-9.488	-9.503	-9.519	-9.534	-9.549	-9.563	-9.577	-9.591	-9.604	**-230**
-220	-9.274	-9.293	-9.313	-9.332	-9.350	-9.368	-9.386	-9.404	-9.421	-9.438	-9.455	**-220**
-210	-9.063	-9.085	-9.107	-9.129	-9.151	-9.172	-9.193	-9.214	-9.234	-9.254	-9.274	**-210**
-200	-8.824	-8.850	-8.874	-8.899	-8.923	-8.947	-8.971	-8.994	-9.017	-9.040	-9.063	**-200**
-190	-8.561	-8.588	-8.615	-8.642	-8.669	-8.696	-8.722	-8.748	-8.774	-8.799	-8.824	**-190**
-180	-8.273	-8.303	-8.333	-8.362	-8.391	-8.420	-8.449	-8.477	-8.505	-8.533	-8.561	**-180**
-170	-7.963	-7.995	-8.027	-8.058	-8.090	-8.121	-8.152	-8.183	-8.213	-8.243	-8.273	**-170**
-160	-7.631	-7.665	-7.699	-7.733	-7.767	-7.800	-7.833	-7.866	-7.898	-7.931	-7.963	**-160**
-150	-7.279	-7.315	-7.351	-7.347	-7.422	-7.458	-7.493	-7.528	-7.562	-7.597	-7.631	**-150**
-140	-6.907	-6.945	-6.83	-7.020	-7.058	-7.095	-7.132	-7.169	-7.206	-7.243	-7.279	**-140**
-130	-6.516	-6.556	-6.596	-6.635	-6.675	-6.714	-6.753	-6.792	-6.830	-6.869	-6.907	**-130**
-120	-6.107	-6.149	-6.190	-6.231	-6.273	-6.314	-6.354	-6.395	-6.436	-6.476	-6.516	**-120**
-110	-5.680	-5.724	-5.767	-5.810	-5.853	-5.896	-5.938	-5.981	-6.023	-6.065	-6.107	**-110**
-100	-5.237	-5.282	-5.327	-5.371	-5.416	-5.460	-5.505	-5.549	-5.593	-5.637	-5.680	**-100**
-90	-4.777	-4.824	-4.870	-4.916	-4.963	-5.009	-5.055	-5.100	-5.146	-5.191	-5.237	**-90**
-80	-4.301	-4.350	-4.398	-4.446	-4.493	-4.541	-4.588	-4.636	-4.683	-4.730	-4.777	**-80**
-70	-3.811	-3.860	-3.910	-3.959	-4.009	-4.058	-4.107	-4.156	-4.204	-4.253	-4.301	**-70**
-60	-3.306	-3.357	-3.408	-3.459	-3.509	-3.560	-3.610	-3.661	-3.711	-3.761	-3.811	**-60**
-50	-2.787	-2.839	-2.892	-2.944	-2.996	-3.048	-3.100	-3.152	-3.203	-3.254	-3.300	**-50**
-40	-2.554	-2.308	-2.362	-2.418	-2.469	-2.522	-2.575	-2.628	-2.681	-2.734	-2.787	**-40**
-30	-1.709	-1.764	-1.819	-1.874	-1.929	-1.983	-2.038	-2.092	-2.146	-2.200	-2.254	**-30**
-20	-1.151	-1.208	-1.264	-1.320	-1.376	-1.432	-1.437	-1.543	-1.599	-1.654	-1.709	**-20**
-10	-0.581	-0.639	-0.696	-0.754	-0.811	-0.868	-0.925	0.982	-1.038	-1.095	-1.151	**-10**
0	0.000	-0.059	-0.117	-0.176	-0.234	-0.292	-0.350	-0.408	-0.466	-0.524	-0.581	**0**
Graus °C	**0**	**1**	**2**	**3**	**4**	**5**	**6**	**7**	**8**	**9**	**10**	**Graus °C**
VOLTAGEM TERMOELÉTRICA EM MILIVOLTS ABSOLUTOS												
0	0000	0.059	0.118	0.176	0.235	0.295	0.354	0.413	0.472	0.532	0.591	**0**
10	0591	0.651	0.711	0.770	0.830	0.890	0.950	1.011	1.071	1.131	1.192	**10**
20	1192	1.252	1.313	1.373	1.434	1.495	1.556	1.617	1.678	1.739	1.801	**20**
30	1801	1.862	1.924	1.985	2.047	2.109	2.171	2.233	2.295	2.357	2.419	**30**
40	2419	2.482	2.544	2.607	2.669	2.732	2.795	2.858	2.921	2.984	3.047	**40**
50	3.047	3.110	3.173	3.237	3.300	3.364	3.428	3.491	3.555	3.619	3.683	**50**
60	3.683	3.748	3.812	3.876	3.941	4.005	4.070	4.134	4.199	4.264	4.329	**60**
70	4.329	4.394	4.459	4.524	4.590	4.655	4.720	4.786	4.852	4.917	4.983	**70**
80	4.983	5.049	5.115	5.181	5.247	5.314	5.380	5.446	5.513	5.579	5.646	**80**
90	5.646	5.713	5.780	5.846	5.913	5.981	6.048	6.115	6.182	6.250	6.317	**90**

Graus °C	0	1	2	3	4	5	6	7	8	9	10	Graus °C
	TENSÃO TERMOELÉTRICA EM MILIVOLTS											
100	6.317	6.385	6.452	6.520	6.588	6.656	6.724	6.792	6.860	6.928	6.996	**100**
110	6.996	7.064	7.133	7.201	7.210	7.339	7.407	7.416	7.545	7.614	7.683	**110**
120	7.683	7.752	7.821	7.890	7.960	8.029	8.099	8.168	8.238	8.307	8.377	**120**
130	8.377	8.447	8.517	8.587	8.657	8.727	8.797	8.867	8.938	9.008	9.078	**130**
140	9.078	9.149	9.220	9.290	9.361	9.432	9.503	9.573	9.644	9.715	9.787	**140**
150	9.787	9.858	9.929	10.000	10.072	10.143	10.215	10.286	10.358	10.429	10.501	**150**
160	10.501	10.573	10.645	10.717	10.789	10.861	10.933	11.005	11.077	11.150	11.222	**160**
170	11.222	11.294	11.367	11.439	11.512	11.585	11.657	11.730	11.803	11.876	11.949	**170**
180	11.949	12.022	12.095	12.168	12.241	12.314	12.387	12.461	12.534	12.608	12.681	**180**
190	12.681	12.755	12.828	12.902	12.975	13.049	13.123	13.197	13.271	13.345	13.419	**190**
200	13.419	13.493	13.567	13.641	13.715	13.789	13.864	13.938	14.012	14.087	14.161	**200**
210	14.161	14.236	14.310	14.375	14.460	14.534	14.609	14.684	14.759	14.834	14.909	**210**
220	14.909	14.984	15.059	15.134	15.209	15.284	15.359	15.435	15.510	15.585	15.661	**220**
230	15.661	15.736	15.812	15.887	15.963	16.038	16.114	16.190	16.266	16.341	16.417	**230**
240	16.417	16.493	16.569	16.615	16.721	16.797	16.873	16.949	17.025	17.101	17.178	**240**
250	17.178	17.254	17.330	17.406	17.483	17.559	17.636	17.712	17.789	17.865	17.942	**250**
260	17.942	18.018	18.095	18.172	18.248	18.325	14.802	18.479	18.556	18.633	18.710	**260**
270	18.710	18.787	18.864	18.941	19.018	19.095	19.172	19.249	19.326	19.404	19.481	**270**
280	19.481	19.558	19.636	19.713	19.790	19.868	19.945	20.023	20.100	20.178	20.256	**280**
290	20.256	20.333	20.411	20.488	20.566	20.644	20.722	20.800	20.877	20.965	21.033	**290**
300	21.033	21.111	21.189	21.267	21.345	21.423	21.501	21.579	21.657	21.735	21.814	**300**
310	21.814	21.892	21.970	22.048	22.127	22.205	22.283	22.362	22.440	22.518	22.597	**310**
320	22.597	22.675	22.754	22.832	22.911	22.989	23.068	23.147	23.225	23.304	23.383	**320**
330	23.383	23.461	23.540	23.619	23.698	23.777	23.855	23.934	24.013	24.092	24.171	**330**
340	24.171	24.250	24.329	24.408	24.487	24.566	24.645	24.724	24.803	24.882	24.961	**340**
350	24.961	25.041	25.120	25.199	25.278	25.367	25.437	25.516	25.595	25.675	25.754	**350**
360	25.754	25.833	25.913	25.992	26.072	26.151	26.230	26.310	26.389	26.469	26.549	**360**
370	26.549	26.628	26.708	26.787	26.867	26.947	27.026	27.100	27.186	27.265	27.345	**370**
380	27.345	27.425	27.504	27.584	27.664	27.744	27.824	27.903	27.983	28.063	28.143	**380**
390	28.143	28.223	28.303	28.383	28.463	28.543	28.623	28.703	28.783	28.863	28.943	**390**
400	28.943	29.023	29.103	29.183	29.263	29.343	29.423	29.503	29.584	29.664	29.744	**400**
410	29.744	29.824	29.904	29.984	30.065	30.145	30.225	30.305	30.386	30.466	30.546	**410**
420	30.546	30.627	30.707	30.787	30.868	30.948	31.028	31.109	31.189	31.270	31.350	**420**
430	31.350	31.430	31.511	31.591	31.672	31.752	31.833	31.913	31.994	32.074	32.155	**430**
440	32.155	32.235	32.316	32.396	32.477	32.557	32.638	32.719	32.799	32.880	32.960	**440**
450	32.960	33.041	33.122	33.202	33.283	33.364	33.444	33.525	33.605	33.686	33.767	**450**
460	33.767	33.848	33.928	34.009	34.090	34.170	34.251	34.332	34.413	34.493	34.574	**460**
470	34.574	34.655	34.736	34.816	34.897	34.878	35.059	35.140	35.220	35.301	35.382	**470**
480	35.382	35.463	35.544	35.624	35.705	35.786	35.867	35.948	36.029	36.109	36.190	**480**
490	36.190	36.271	36.352	36.433	36.514	36.595	36.675	36.756	36.837	36.918	36.999	**490**
500	36.999	37.080	37.161	37.242	37.323	37.403	37.484	37.565	37.646	37.727	37.808	**500**
510	37.808	37.889	37.970	38.051	38.132	38.213	38.293	38.374	38.455	38.536	38.617	**510**
520	38.617	38.698	38.779	38.860	38.941	39.022	39.103	39.184	39.264	39.345	39.420	**520**
530	39.426	39.507	39.588	39.669	39.750	39.831	39.912	39.993	40.074	40.155	40.236	**530**
540	40.236	40.316	40.397	40.478	40.559	40.640	40.721	40.802	40.883	40.964	41.045	**540**

Graus °C	0	1	2	3	4	5	6	7	8	9	10	Graus °C
TENSÃO TERMOELÉTRICA EM MILIVOLTS												
550	41.045	41.125	41.206	41.287	41.368	41.449	41.530	41.611	41.692	41.773	41.853	**550**
560	41.853	40.934	42.015	42.096	42.177	42.258	42.339	42.419	42.500	42.581	42.662	**560**
570	42.662	42.743	42.824	42.904	42.985	43.068	43.147	43.228	43.308	43.389	43.470	**570**
580	43.470	43.551	43.632	43.712	43.793	43.874	43.955	44.035	44.116	44.197	44.278	**580**
590	44.278	44.358	44.439	44.520	44.601	44.681	44.762	44.843	44.923	45.004	45.085	**590**
600	45.085	45.165	45.246	45.327	45.407	45.488	45.569	45.649	45.730	45.811	45.891	**600**
610	45.891	45.972	46.052	46.133	46.213	46.294	46.375	46.455	46.536	46.616	46.697	**610**
620	46.697	46.777	46.858	46.938	47.019	47.099	47.180	47.260	47.341	47.421	47.502	**620**
630	47.502	47.586	47.663	47.743	47.824	47.904	47.984	48.065	48.145	48.226	48.306	**630**
640	48.306	48.386	48.467	48.547	48.627	48.708	48.788	48.868	48.949	49.029	49.109	**640**
650	49.109	49.189	49.270	49.350	49.430	49.510	49.591	49.671	49.751	49.831	49.911	**650**
660	49.911	49.992	50.072	50.152	50.232	50.312	50.392	50.472	50.553	50.633	50.713	**660**
670	50.713	50.793	50.873	50.953	51.033	51.113	51.193	51.273	51.353	51.433	51.513	**670**
680	51.513	51.593	51.673	51.753	51.833	51.913	51.993	52.073	52.152	52.232	52.312	**680**
690	52.312	52.392	52.472	52.552	52.632	52.711	52.791	52.871	52.951	53.031	53.110	**690**
700	53.110	53.190	53.270	53.350	53.429	53.509	53.589	53.668	53.748	53.828	53.907	**700**
710	53.907	53.987	54.066	54.145	54.226	54.305	54.385	54.464	54.544	54.623	54.703	**710**
720	54.703	54.782	54.862	54.941	55.021	55.100	55.180	55.259	55.339	55.418	55.498	**720**
730	55.498	55.577	55.656	55.736	55.815	55.894	55.974	56.053	56.132	56.212	56.291	**730**
740	56.291	56.370	56.449	56.529	56.608	56.687	56.766	56.845	56.924	57.004	57.083	**740**
750	57.083	57.162	57.241	57.320	57.399	57.478	57.557	57.636	57.715	57.794	57.873	**750**
760	57.873	57.952	58.031	58.110	58.189	58.268	58.347	58.426	58.505	58.584	58.663	**760**
770	58.663	58.742	58.820	58.899	58.978	59.057	59.136	59.214	59.293	59.372	59.451	**770**
780	59.451	59.529	59.608	59.687	59.765	59.844	59.923	60.001	60.080	60.159	60.237	**780**
790	60.237	60.316	60.394	60.473	60.551	60.630	60.708	60.787	60.865	60.944	61.022	**790**
800	61.022	61.101	61.179	61.258	61.336	61.414	61.493	61.571	61.649	61.728	61.806	**800**
810	61.806	61.884	61.962	62.041	62.119	62.197	62.275	62.353	62.432	62.510	62.588	**810**
820	62.588	62.666	62.744	62.822	62.900	62.978	62.056	63.134	63.212	63.290	63.268	**820**
830	63.368	63.446	63.524	63.602	63.680	63.758	63.836	63.914	63.992	64.069	64.147	**830**
840	64.147	64.225	64.303	64.380	64.458	64.536	64.614	64.691	64.769	64.847	64.924	**840**
850	64.924	65.002	65.080	65.157	65.235	65.312	65.390	65.467	65.545	65.622	65.700	**850**
860	65.700	65.777	65.855	65.932	66.009	66.087	66.164	66.241	66.319	66.396	66.473	**860**
870	66.473	66.551	66.628	66.705	66.782	66.859	66.937	67.014	67.091	67.168	67.245	**870**
880	67.245	67.322	67.399	67.476	67.553	67.630	67.707	67.784	67.861	67.938	68.015	**880**
890	68.015	68092	68.169	68.246	68.323	68.399	68.476	68.553	68.630	68.706	68.783	**890**
900	68.783	68.860	68.693	69.013	69.090	69.166	69.243	69.320	69.396	69.473	69.549	**900**
910	69.549	69.626	69.702	69.779	69.855	69.931	70.008	70.084	70.161	70.237	70.313	**910**
920	70.313	70.390	70.466	70.542	70.618	70.694	70.771	70.847	70.923	70.999	71.075	**920**
930	71.075	71.151	71.227	71.304	71.380	71.546	71.532	71.608	71.683	71.759	71.835	**930**
940	71.835	71.911	71.987	72.063	72.139	72.215	72.290	72.366	72.442	72.518	72.593	**940**
950	72.593	72.669	72.745	72.820	72.896	72.972	73.047	73.123	73.199	73.274	73.350	**950**
960	73.350	73.425	73.501	73.576	73.052	73.727	73.802	73.878	73.953	74.029	74.104	**960**
970	74.104	74.179	74.255	74.330	74.405	74.480	74.556	74.631	74.706	74.781	74.857	**970**
980	74.857	74.932	75.007	75.082	75.157	75.232	75.307	75.382	75.458	75.533	75.608	**980**
990	75.608	75.683	75.758	75.833	75.908	75.983	76.058	76.133	76.208	76.283	76.358	**990**
1000	76.358											**1000**

Termopar

R

Temperatura em 0°C - IPTS 68

Junta de referência a 0°C - ANSI. 96-1-1975

Graus °C	0	1	2	3	4	5	6	7	8	9	10	Graus °C
TENSÃO TERMOELÉTRICA EM MILIVOLTS												
0	0.000	0.005	0.011	0.016	0.021	0.027	0.032	0.038	0.043	0.049	0.054	**0**
10	0.054	0.060	0.065	0.071	0.077	0.082	0.088	0.094	0.100	0.105	0.111	**10**
20	0.111	0.117	0.123	0.129	0.135	0.141	0.147	0.152	0.158	0.165	0.171	**20**
30	0.117	0.177	0.183	0.189	0.195	0.201	0.207	0.214	0.220	0.226	0.232	**30**
40	0.232	0.239	0.245	0.251	0.258	0.264	0.271	0.277	0.283	0.290	0.296	**40**
50	0.296	0.303	0.310	0.316	0.323	0.329	0.336	0.343	0.349	0.356	0.363	**50**
60	0.363	0.369	0.376	0.383	0.390	0.397	0.403	0.410	0.417	0.424	0.431	**60**
70	0.431	0.438	0.445	0.452	0.459	0.466	0.473	0.480	0.487	0.494	0.501	**70**
80	0.501	0.508	0.515	0.523	0.530	0.537	0.544	0.552	0.559	0.566	0.573	**80**
90	0.573	0.581	0.588	0.595	0.603	0.610	0.617	0.625	0.632	0.640	0.647	**90**
100	0.647	0.655	0.662	0.670	0.677	0.685	0.692	0.700	0.708	0.715	0.723	**100**
110	0.723	0.730	0.738	0.746	0.754	0.761	0.769	0.777	0.784	0.792	0.800	**110**
120	0.800	0.808	0.816	0.824	0.831	0.839	0.847	0.855	0.863	0.871	0.879	**120**
130	0.879	0.887	0.895	0.903	0.911	0.919	0.927	0.935	0.943	0.951	0.959	**130**
140	0.959	0.967	0.975	0.983	0.992	1.000	1.008	1.016	1.024	1.032	1.041	**140**
150	1.041	1.049	1.057	1.065	1.074	1.082	1.090	1.099	1.107	1.115	1.124	**150**
160	1.124	1.132	1.140	1.149	1.157	1.166	1.174	1.183	1.191	1.200	1.208	**160**
170	1.208	1.217	1.225	1.234	1.242	1.251	1.259	1.268	1.276	1.285	1.294	**170**
180	1.294	1.302	1.311	1.319	1.328	1.337	1.345	1.354	1.363	1.372	1.380	**180**
190	1.380	1.389	1.398	1.407	1.415	1.424	1.433	1.442	1.450	1.459	1.468	**190**
200	1.468	1.477	1.486	1.495	1.504	1.512	1.521	1530	1.539	1.548	1.557	**200**
210	1.557	1.566	1.575	1.584	1.593	1.602	1.611	1620	1.629	1.638	1.647	**210**
220	1.647	1.656	1.665	1.674	1.683	1.692	1.702	1711	1.720	1.729	1.738	**220**
230	1.738	1.747	1.756	1.766	1.775	1.784	1.793	1802	1.812	1.821	1.830	**230**
240	1.830	1.839	1.849	1.858	1.867	1.876	1.886	1895	1.904	1.914	1.923	**240**
250	1.923	1.932	1.942	1.951	1.960	1.970	1.979	1.988	1.998	2.007	2.017	**250**
260	2.017	2.026	2.036	2.045	2.054	2.064	2.073	2.083	2.092	2.102	2.111	**360**
270	2.111	2.121	2.130	2.140	2.149	2.159	2.169	2.178	2.188	2.197	2.207	**270**
280	2.207	2.216	2.226	2.236	2.245	2.255	2.264	2.274	2.284	2.293	2.303	**280**
290	2.303	2.313	2.322	2.332	2.342	2.351	2.361	2.371	2.381	2.390	2.400	**290**
300	2.400	2.410	2.420	2.429	2.439	2.449	2.459	2.468	2.478	2.488	2.498	**300**
310	2.498	2.508	2.517	2.527	2.537	2.547	2.557	2.567	2.577	2.586	2.596	**310**
320	2.596	2.606	2.616	2.626	2.636	2.646	2.656	2.666	2.676	2.685	2.695	**320**
330	2.695	2.705	2.715	2.725	2.735	2.745	2.755	2.765	2.775	2.785	2.795	**330**
340	2.795	2.805	2.815	2.875	2.835	2.845	2.855	2.866	2.876	2.886	2.896	**340**

Graus °C	0	1	2	3	4	5	6	7	8	9	10	Graus °C
					TENSÃO TERMOELÉTRICA EM MILIVOLTS							
350	2.896	2.906	2.916	2.976	2.936	2.946	2.956	2.966	2.977	2.987	2.997	**350**
360	2.997	3.007	3.017	3.027	3.037	3.048	3.058	3.068	3.078	3.088	3.099	**360**
370	3.099	3.109	3.119	3.129	3.139	3.150	3.160	3.170	3.180	3.191	3.201	**370**
380	3.201	3.211	3.221	3.232	3.242	3.252	3.263	3.273	3.283	3.293	3.304	**380**
390	3..304	3.314	3.324	3.335	3.345	3.355	3.366	3.376	3.386	3.397	3.407	**390**
400	3.407	3.418	3.428	3.438	3.449	3.459	3.470	3.480	3.490	3.501	3.511	**400**
410	3.511	3.522	3.532	3.543	3.553	3.563	3.574	3.584	3.595	3.605	3.616	**410**
420	3.616	3.626	3.637	3.647	3.658	3.668	3.679	3.689	3.700	3.710	3.721	**420**
430	3.721	3.731	3.743	3.752	3.763	3.774	3.784	3.795	3.805	3.816	3.826	**430**
440	3..826	3.837	3.848	3.858	3.869	3.879	3.890	3.901	3.911	3.922	3.933	**440**
450	3.933	3.943	3.954	3.964	3.975	3.986	3.996	4.007	4.018	4.028	4.039	**450**
460	4.039	4.050	4.061	4.071	4.082	4.093	4.103	4.114	4.125	4.136	4.146	**460**
470	4.146	4.157	4.168	4.178	4.189	4.200	4.211	4.222	4.232	4.243	4.254	**470**
480	4.254	4.265	4.275	4.286	4.297	4.308	4.319	4.329	4.340	4.351	4..362	**480**
490	4..362	4.373	4.384	4.394	4.405	4.416	4.427	4.438	4.449	4..60	4.471	**490**
500	4.471	4.481	4.492	4.503	4514	4.525	4.536	4.547	4.558	4.569	4.580	**500**
510	4.580	4.591	4.601	4.612	4.623	4.634	4.645	4.656	4.667	4.678	4.689	**510**
520	4.689	4.700	4.711	4.722	4.733	4.744	4.755	4.766	47.77	4.788	4.799	**520**
530	4.799	4.810	4.821	4.832	4.843	4.854	4.865	4.876	4.888	4.899	4.910	**530**
540	4.910	4.921	4.921	4.932	4.954	4.965	4.976	4.987	4.998	5.009	5.021	**540**
550	5.021	5.032	5.043	5.054	5.065	5.076	5.087	5.099	5.110	5.121	5.132	**550**
560	5.132	5.143	5.154	5.166	5.177	5.188	5.199	5.210	5.221	5.233	5.244	**560**
570	5.244	5.255	5.266	5.278	5.289	5.300	5.311	5.322	5.334	5.345	5.356	**570**
580	5.356	5.368	5.379	5.390	5.401	5.413	5.424	5.435	5.446	5.458	5.469	**580**
590	5.469	5.480	5.492	5.503	5.514	5.526	5.537	5.548	5.560	5.571	5.582	**590**
600	5.582	5..594	5.605	5.616	5.628	5.639	5.650	5.662	5.673	5.685	5.696	**600**
610	5.696	5..707	5.719	5.730	5.742	5.753	5.764	5.776	5.787	5.799	5.810	**610**
620	5.810	5..821	5.833	5.844	5.856	5.967	5.979	5.890	5.902	5.913	5.925	**620**
630	5.925	5..936	5.948	5.959	5.971	5.982	5.994	6.005	6.017	6.028	6.040	**630**
640	6.040	6..061	6.063	6.074	6.086	6.098	6.109	6.121	6.132	6.144	6.155	**640**
650	6.155	6.167	6.179	6.190	6.202	6.213	6.225	6.237	6.248	6.260	6.272	**650**
660	6.272	6.283	6.295	6.307	6.318	6.330	6.342	6.253	6.365	6.377	6.388	**660**
670	6.388	6.400	6.412	6.423	6.435	6.447	6.458	6.470	6.482	6.494	6.505	**670**
680	6.505	6.517	6.529	6.541	6.552	6.564	6.576	6.588	6.599	6.611	6.623	**680**
690	6.623	6.635	6.647	6.658	6.670	6.682	6.694	6.706	6.718	6.729	6.741	**690**
700	6.741	6.753	6.765	6.777	6.789	6.800	6.812	6.824	6.836	6.848	6.860	**700**
710	6.860	6.872	6.884	6.895	6.975	6.919	6.931	6.943	6.955	6.967	6.979	**710**
720	6.979	6.991	7.003	7.015	7.027	7.039	7.061	7.063	7.074	7.086	7.098	**720**
730	7.098	7.110	7.122	7.134	7.146	7.158	7.170	7.182	7.194	7.206	7.218	**730**
740	7..218	7..231	7..243	7..255	7..267	7..279	7.291	7..303	7.315	7.327	7.339	**740**
750	7.339	7.351	7.363	7.375	7.387	7.399	7.412	7.424	7.436	7.448	7.460	**750**
760	7.460	7.472	7.484	7.496	7.509	7.521	7.533	7.545	7.557	7.569	7.582	**760**
770	7.582	7.594	7.606	7.618	7.630	7.642	7.655	7.667	7.679	7.691	7.703	**770**
780	7.703	7.716	7.728	7.740	7.752	7.765	7.777	7.789	7.801	7.814	7.826	**780**
790	7..826	7..838	7..850	7..863	7..875	7..887	7.900	7.912	7.924	7.937	7.949	**790**
800	7.949	7.961	7.973	7.986	7.998	8.010	8.023	8.035	8.047	8.060	8.072	**800**
810	8.072	8.085	8.097	8.109	8.122	8.134	8.146	8.159	8.171	8.184	8.196	**811**
820	8.196	8.208	8.221	8.233	8.246	8.258	8.271	8.283	8.295	8.308	8.320	**820**
830	8.320	8.333	8.345	8.358	8.370	8.383	8.395	8.408	8.420	8.433	8.445	**830**
840	8.445	8.458	8.470	8.483	8.495	8.508	8.520	8.533	8.545	8.558	8.570	**840**

Graus °C	0	1	2	3	4	5	6	7	8	9	10	Graus °C
TENSÃO TERMOELÉTRICA EM MILIVOLTS												
850	8.570	8.583	8.595	8.608	8.621	8.633	8.646	8.658	8.671	8.683	8.696	**850**
860	8.696	8.709	8.721	8.734	8.746	8.759	8.772	8.784	8.797	8.10	8.822	**860**
870	8.822	8.835	8.847	8.860	8.873	8.885	8.898	8.911	8.923	8.936	8.949	**870**
880	8.949	8.961	8.974	8.987	9.000	9.012	9.025	9.038	9.050	9.063	9.076	**880**
890	9.076	9.089	9.101	9.114	9.127	9.140	9.152	9.165	9.178	9.191	9.203	**890**
900	9.203	9.218	9.229	9.242	9.254	9.267	9.280	9.293	9.306	9.319	9.331	**900**
910	9.331	9.344	9.357	9.370	9.383	9.395	9.408	9.421	9.434	9.447	9.460	**910**
920	9.460	9.473	9.485	9.498	9.511	9.524	9.537	9.550	9.563	9.576	9.589	**920**
930	9.589	9.602	9.614	9.627	9.640	9.653	9.666	9.679	9.692	9.705	9.718	**930**
940	9.718	9.731	9.744	9.757	9.770	9.783	9.796	9.809	9.822	9.835	9.848	**940**
950	9.848	9.861	9.874	9.887	9.900	9.913	9.926	9.939	9.952	9.965	9.976	**950**
960	9.976	9.991	10.004	10.017	10.030	10.043	10.056	10.069	10.082	10.095	10.109	**960**
970	10.109	10.122	10.135	10.148	10.161	10.174	10.187	10.200	10.213	10.227	10.240	**970**
980	10.240	10.253	10.266	10.279	10.292	10.305	10.319	10.332	10.345	10.358	10.371	**980**
990	10.371	10.384	10.398	10.411	10.424	10.437	10.450	10.464	10.477	10.490	10.503	**990**
1000	10.503	10.516	10.630	10.543	10.556	10.569	10.583	10.596	10.609	10.662	10.636	**1000**
1010	10.636	10.649	10.662	10.675	10.689	10.702	10.715	10.729	10.742	10.755	10.768	**1010**
1020	10.768	10.782	10.795	10.808	10.822	10.835	10.848	10.862	10.875	10.888	10.902	**1020**
1030	10.902	10.915	10.928	10.942	10.955	10.968	10.982	10.995	11.009	11.022	11.035	**1030**
1040	11.035	11.049	11.062	11.076	11.089	11.102	11.116	11.129	11.143	11.156	11.170	**1040**
1050	11.170	11.183	11.196	11.210	11.223	11.237	11.250	11.264	11.277	11.291	11.304	**1050**
1060	11.304	11.318	11.331	11.345	11.358	11.372	11.385	11.399	11.412	11.426	11.439	**1060**
1070	11.439	11.453	11.466	11.480	11.493	11.507	11.520	11.534	11.547	11.561	11.574	**1070**
1080	11.574	11.588	11.602	11.615	11.629	11.642	11.656	11.669	11.683	11.697	11.710	**1090**
1090	11.710	11.724	11.734	11.751	11.765	11.778	11.792	11.805	11.819	11.833	11.846	**1090**
1100	11.846	11.860	11.874	11.887	11.901	11.914	11.928	11.942	11.955	11.969	11.983	**1100**
1110	11.983	11.996	12.010	12.024	12.037	12.051	12.065	12.078	12.092	12.106	12.119	**1110**
1120	12.119	12.133	12.147	12.161	12.174	12.188	12.202	12.215	12.229	12.243	12.257	**1120**
1130	12.257	12.270	11.284	12.298	12.311	12.325	12.339	12.353	12.366	12.380	12.394	**1130**
1140	12.394	12.408	12.421	12.435	12.449	12.463	12.476	12.490	12.504	12.518	12.532	**1140**
1150	12.532	12.545	12.559	12.573	12.587	12.600	12.314	12.628	12.642	12.656	12.669	**1150**
1160	12.669	12.683	12.697	12.711	12.725	12.739	12.752	12.766	12.780	12.794	12.808	**1160**
1170	12.808	12.822	12.835	12.849	12.863	12.877	12.891	12.905	12.918	12.932	12.946	**1170**
1180	12.946	12.960	12.974	12.988	13.002	13.016	13.029	13.043	13.057	13.071	13.085	**1180**
1190	13.085	13.099	13.113	13.127	13.140	13.154	13.168	13.182	13.196	13.210	13.224	**1190**
1200	13.224	13.238	13.252	13.266	13.280	13.293	13.307	13.321	13.335	13.349	13.363	**1200**
1210	13.363	13.377	13.391	13.405	13.419	13.433	13.447	13.461	13.475	13.489	13.502	**1210**
1220	13.502	13.516	13.530	13.544	13.558	13.572	13.586	13.600	13.614	13.628	13.642	**1220**
1230	13.642	13.656	13.670	13.684	13.698	13.712	13.726	13.740	13.754	13.768	13.782	**1230**
1240	13.782	13.796	13.810	13.824	13.838	13.852	13.866	13.880	13.894	13.908	13.922	**1240**
1250	13.922	13.938	13.950	13.964	13.978	13.992	14.006	14.020	14.034	14.048	14.062	**1250**
1260	14.062	14.078	14.090	14.104	14.118	14.132	14.146	14.160	14.174	14.188	14.202	**1260**
1270	14.202	14.216	14.230	14.244	14.258	14.272	14.286	14.301	14.315	14.329	14.343	**1270**
1280	14.343	14.357	14.371	14.385	14.399	14.413	14.427	14.441	14.455	14.469	14.483	**1280**
1290	14.483	14.497	14.511	14.525	14.539	14.554	14.568	14.582	14.596	14.610	14.624	**1290**
1300	14.624	14.638	14.652	14.666	14.680	14.694	14.708	14.722	14.737	14.751	14.765	**1300**
1310	14.765	14.779	14.793	14.807	14.821	14.835	14.849	14.863	14.877	14.891	14.906	**1310**
1320	14.906	14.920	14.934	14.948	14.962	14.976	14.990	15.004	15.018	15.032	15.047	**1320**
1330	15.047	15.061	15.075	15.089	15.103	15.117	15.131	15.145	15.159	15.173	15.188	**1330**
1340	15.188	15.202	15.216	15.230	15.244	15.258	15.272	15.268	15.300	15.315	15.329	**1340**

Graus °C	0	1	2	3	4	5	6	7	8	9	10	Graus °C
						TENSÃO TERMOELÉTRICA EM MILIVOLTS						
1350	15.329	15.343	15.357	15.371	15.385	15.399	15.413	15.427	15.442	15.456	15.470	**1350**
1360	15.470	15.484	15.498	15.512	15.526	15.540	15.555	15.569	15.583	15.597	15.611	**1360**
1370	15.611	15.625	15.639	15.653	15.667	15.682	15.696	15.710	15.724	15.738	15.752	**1370**
1380	15.752	15.766	15.780	15.795	15.809	15.823	15.837	15.851	15.865	15.879	15.893	**1380**
1390	15.893	15.908	15.922	15.936	15.950	15.964	15.978	15.992	16.006	16.021	16.035	**1390**
1400	16.036	16.049	16.063	16.077	16.091	16.105	16.119	16.134	16.148	16.162	16.176	**1400**
1410	16.176	16.190	16.204	16.218	16.232	16.247	16.261	16.275	16.289	16.303	18.317	**1410**
1420	16.317	16.313	16.345	16.360	16.374	16.388	16.402	16.416	16.430	16.444	16.458	**1420**
1430	16.458	16.472	16.487	16.501	16.515	16.529	16.543	16.557	16.571	16.585	16.599	**1430**
1440	16.599	16.614	16.628	16.642	16.656	16.670	16.684	16.698	16.712	16.726	16.741	**1440**
1450	16.741	16.755	16.769	16.783	16.797	16.811	16.825	16.839	16.853	16.867	16.882	**1450**
1460	16.882	16.896	16.910	19.924	16.938	16.952	16966	16.980	16.994	10.008	17.022	**1460**
1470	17.022	17.037	17.051	17.065	17.079	17.093	17107	17.121	17.135	17.149	17.163	**1470**
1480	17.163	17.177	17.192	17.206	17.220	17.234	17248	17.262	17.276	17.290	17.304	**1480**
1490	17.304	17.318	17.332	17.346	17.360	17.374	17388	17.403	17.417	17.431	17.445	**1490**
1500	17.445	17.459	17.473	17.487	17.501	17.515	17.529	17.543	17.557	17.571	17.585	**1500**
1510	17.585	17.599	17.613	17.627	17.641	17.655	17.669	17.684	17.698	17.712	17.726	**1510**
1520	17.726	17.740	17.754	17.768	17.782	17.796	17.810	17.824	17.838	17.852	17.866	**1520**
1530	17.866	17.880	17.894	17.908	17.922	17.936	17.950	17.964	17.978	17.992	18.006	**1530**
1540	18.006	18.020	18.034	18.048	18.062	18.076	18.090	18.104	18.118	18.132	18.146	**1540**
1550	18.146	18.160	18.174	18.188	18.202	18..216	18.230	18.244	18.258	18.272	18.286	**1550**
1560	18.286	18.299	18.313	18.327	18.341	18.355	18.369	18.383	18.397	18.411	18.425	**1560**
1570	18.425	18.439	18.453	18.467	18.481	18.495	18.509	18.523	18.537	18.550	18.564	**1570**
1580	18.564	18.578	18.592	18.606	18.620	18.634	18.648	18.662	18.676	18.690	18.703	**1580**
1590	18.703	18.717	18.731	18.745	18.759	18.773	18.787	18.801	18.815	18.828	18.842	**1590**
1600	18.842	18.856	18..870	18.884	18.898	18.912	18.926	18.939	18.953	18.967	18.981	**1600**
1610	18.891	18.995	19.009	19.023	19.036	19.050	19.064	19.078	19.092	19.106	19.119	**1610**
1620	19.119	19.133	19.147	19.161	19.175	19.188	19.202	19.216	19.230	19.244	19.257	**1620**
1630	19.257	19.271	19.285	19.299	19.313	19.326	19.340	19.354	19.368	19.382	19.395	**1630**
1640	19.395	19.409	19.423	19.437	19.450	19.464	19.478	19.492	19.505	19.519	19.533	**1640**
1650	19.670	19.684	19.698	19.711	19.725	19.739	19.752	19.766	19.780	19.793	19.807	**1650**
1660	19.807	19.821	19.834	19.848	19.862	19.875	19.889	19.903	19.916	19.930	19.944	**1660**
1670	19.940	19.957	19.971	19.985	19.998	20.012	20.025	20.039	20.053	20.066	20.080	**1670**
1680	20.080	20.093	20.107	20.120	20.134	20.148	20.161	20.175	20.188	20.202	20.215	**1680**
1690	13.922	13.938	13.950	13.964	13.978	13.992	14.006	14.020	14.034	14.048	14.062	**1690**
1700	20.215	20.229	20.242	20.256	20.269	20.283	20.296	20.309	20.323	20.336	20.350	**1700**
1710	20.350	20.363	20.377	20.390	20.403	20.417	20.430	20.443	20.457	20.470	20.483	**1710**
1720	20.483	20.497	20.510	20.523	20.537	20.550	20.563	20.576	20.590	20.603	20.616	**1720**
1730	20.616	20.629	20.649	20.656	20.669	20.682	20.695	20.708	20.721	20.734	20.748	**1730**
1740	20.748	20.761	20.774	20.787	20.800	20.813	20.826	20.839	20.852	20.865	20.878	**1740**
1750	20.878	20.891	20.904	20.916	20.929	20.942	20.955	20.968	20.961	20.994	21.006	**1750**
1760	21.006	21.019	21.032	21.045	21.067	21.070	21.083	21.096	21.108			**1760**

Termopar

K

Temperatura em 0°C - IPTS 68
Junta de referência a 0°C - ANSI. 96-1-1975

Graus °C	0	-1	-2	-3	-4	-5	-6	-7	-8	-9	-10	Graus °C
	TENSÃO TERMOELÉTRICA EM MILIVOLTS											
-270	-6.458											**-270**
-260	-6.441	-6.444	-6.446	-6.448	-6.450	-6.452	-6.453	-6.455	-6.456	-6.457	-6.458	**-260**
-250	-6.404	-6.408	-6.413	-6.417	-6.421	-6.425	-6.429	-6.432	-6.435	-6.438	-6.441	**-250**
-240	-6.344	-6.351	-6.358	-6.364	-6.371	-6.377	-6.382	-6.388	-6.394	-6.399	-6.404	**-240**
-230	-6.262	-6.271	-6.280	-6.289	-6.297	-6.306	-6.314	-6.322	-6.329	-6.337	-6.344	**-230**
-220	-6.158	-6.170	-6.181	-6.192	-6.202	-6.213	-6.223	-6.233	-6.243	-6.253	-6.262	**-220**
-210	-6.035	-6.048	-6.061	-6.074	-6.087	-6.099	-6.111	-6.123	-6.135	-6.147	-6.158	**-210**
-200	-5.891	-5.907	-5.922	-5.936	-5.951	-5.965	-5.980	-5.994	-6.007	-6.021	-6.035	**-200**
-190	-5.730	-5.747	-5.763	-5.780	-5.798	-5.813	-5.829	-5.845	-5.860	-5.876	-5.891	**-190**
-180	-5.550	-5.569	-5.587	-5.606	-5.624	-5.642	-5.660	-5.678	-5.695	-5.712	-5.730	**-180**
-170	-5.354	-5.374	-5.394	-5.414	-5.434	-5.454	-5.474	-5.493	-5.512	-5.531	-5.550	**-170**
-160	-5.141	-5.163	-5.185	-5.207	-5.228	-5.249	-5.271	-5.292	-5.313	-5.333	-5.354	**-160**
-150	-4.912	-4.936	-4.959	-4.983	-5.006	-5.029	-5.051	-5.074	-5.097	-5.119	-5.141	**-150**
-140	-4.669	-4.694	-4.719	-4.743	-4.768	-4.792	-4.817	-4.841	-4.865	-4.889	-4.912	**-140**
-130	-4.410	-4.437	-4.463	-4.489	-4.515	-4.541	-4.567	-4.593	-4.618	-4.644	-4.669	**-130**
-120	-4.138	-4.166	-6.193	-4.222	-4.248	-4.276	-4.303	-4.330	-4.357	-4.384	-4.410	**-120**
-110	-3.852	-3.881	-3.910	-3.939	-3.968	-3.997	-4.025	-4.053	-4.082	-4.110	-4.138	**-110**
-100	-3.553	-3.584	-3.614	-3.644	-3.674	-3.704	-3.734	-3.764	-3.793	-3.823	-3.852	**-100**
-90	-3.242	-3.274	-3.305	-3.337	-3.368	-3.399	-3.430	-3.461	-3.492	-3.523	-3.553	**-90**
-80	-2.290	-2.953	-2.985	-3.018	-3.050	-3.082	-3.115	-3.147	-3.179	-3.211	-3.242	**-80**
-70	-2.586	-2.620	-2.654	-2.687	-2.721	-2.754	-2.788	-2.821	-2.854	-2.887	-2.920	**-70**
-60	-2.243	-2.277	-2.312	-2.347	-2.381	-2.416	-2.450	-2.484	-2.518	-2.552	-2.586	**-60**
-50	-1.889	-1.925	-1.961	-1.996	-2.032	-2.067	-2.102	-2.137	-2.173	-2.208	-2.243	**-50**
-40	-1.527	-1.563	-1.600	-1.636	-1.673	-1.709	-1.745	-1.781	-1.817	-1.853	-1.889	**-40**
-30	-1.156	-1.193	-1.231	-1.268	-1.305	-1.342	-1.379	-1.416	-1.453	-1.490	-1.527	**-30**
-20	-0.777	-0.816	-0.854	-0.892	-0.930	-0.968	-1.005	-1.043	-1.081	-1.118	-1.156	**-20**
-10	-0.392	-0.431	-0.469	-0.508	-0.547	-0.585	-0.624	-0.662	-0.701	-0.739	-0.777	**-10**
0	0.000	-0.039	-0.079	-0.118	-0.157	-0.197	-0.236	-0.275	-0.314	-0.353	-0.392	**0**

Graus °C	0	1	2	3	4	5	6	7	8	9	10	Graus °C
	TENSÃO TERMOELÉTRICA EM MILIVOLTS											
0	0.000	0.039	0.079	0.119	0.158	0.198	0.238	0.277	0.317	0.357	0.397	**0**
10	0.397	0.437	0.477	0.517	0.557	0.597	0.637	0.677	0.718	0.758	0.798	**10**
20	0.798	0.838	0.879	0.919	0.960	1.000	1.041	1.081	1.122	1.162	1.203	**20**
30	1.203	1.244	1.285	1.325	1.366	1.407	1.448	1.489	1.529	1.570	1.611	**30**
40	1.611	1.652	1.693	1.734	1.776	1.817	1.858	1.899	1.940	1.981	2.022	**40**
50	2.022	2.064	2.105	2.146	2.188	2.229	2.270	2.312	2.353	2.394	2.436	**50**
60	2.436	2.477	2.519	2.560	2.601	2.643	2.684	2.726	2.767	2.809	2.850	**60**
70	2.850	2.892	2.933	2.975	3.016	3.058	3.100	3.141	3.183	3.224	3.266	**70**
80	3.266	3.307	3.349	3.390	3.432	3.473	3.615	3.556	3.698	3.639	3.681	**80**
90	3.681	3.722	3.764	3.805	3.847	3.888	3.930	3.971	4.012	4.054	4.095	**90**

Graus °C	0	1	2	3	4	5	6	7	8	9	10	Graus °C
						TENSÃO TERMOELÉTRICA EM MILIVOLTS						
100	4.095	4.137	4.178	4.219	4.261	4.302	4.343	4.384	4.426	4.467	4.508	**100**
110	4.508	4.549	4.590	4.632	4.673	4.714	4.755	4.796	4.837	4.878	4.919	**110**
120	4.919	4.960	5.001	5.012	5.083	5.124	5.164	5.205	5.246	5.287	2.327	**120**
130	5.327	5.368	5.409	5.450	5.490	5.531	5.571	5.612	5.652	5.693	5.733	**130**
140	5.733	5.774	5.814	5.855	5.895	5.936	5.976	6.016	6.057	6.097	6.137	**140**
150	6.137	6.177	6.218	6.258	6.298	6.338	6.378	6.419	6.459	6.499	6.539	**150**
160	6.539	6.579	6.619	6.659	6.699	6.739	6.779	6.819	6.859	6.899	6.839	**160**
170	6.939	6.979	7.019	7.059	7.099	7.139	7.179	7.219	7.259	7.299	7.338	**170**
180	7.338	7.378	7.418	7.458	7.498	7.538	7.578	7.618	7.658	7.697	7.737	**180**
190	7.737	7.777	7.817	7.857	7.897	7.937	7.977	8.017	8.057	8.097	8.137	**190**
200	8.137	8.177	8.216	8.256	8.296	8.336	8.376	8.416	8.456	8.497	8.537	**200**
210	8.537	8.577	8.617	8.657	8.697	8.737	8.777	8.817	8.857	8.898	8.938	**210**
220	8.938	8.978	9.018	9.058	9.099	9.139	9.179	9.220	9.260	9.300	9.341	**220**
230	9.341	9.381	9.421	9.462	9.502	9.543	9.538	9.624	9.664	9.705	9.745	**230**
240	9.745	9.786	9.826	9.867	9.907	9.948	9.989	10.029	10.070	10.111	10.151	**240**
250	10.151	10.192	10.233	10.274	10.315	10.355	10.396	10.437	10.478	10.519	10.560	**250**
260	10.560	10.600	10.641	10.682	10.723	10.764	10.805	10.846	10.887	10.928	10.969	**260**
270	10.969	11.010	11.051	11.093	11.134	11.175	11.216	11.257	11.298	11.339	11.381	**270**
280	11.381	11.422	11.463	11.504	11.546	11.587	11.628	11.669	11.711	11.752	11.793	**280**
290	11.793	11.835	11.876	11.918	11.959	12.000	12.042	12.083	12.125	12.166	12.207	**290**
300	12.207	12.249	12.290	12.332	12.373	12.415	12.456	12.498	12.539	12.581	12.623	**300**
310	12.623	12.664	12.706	12.747	12.789	12.831	12.872	12.914	12.955	12.997	13.039	**310**
320	13.039	13.080	13.122	13.164	13.205	13.247	13.289	13.331	13.372	13.414	13.456	**320**
330	13.456	13.497	13.539	13.581	13.623	13.665	13.706	13.748	13.790	13.832	13.874	**330**
340	13.874	13.915	13.957	13.999	14.041	14.083	14.125	14.167	14.208	14.250	14.292	**340**
350	14.292	14.334	14.376	14.418	14.460	14.502	14.544	14.586	14.628	14.670	14.712	**350**
360	14.712	14.754	14.796	14.838	14.880	14.922	14.964	15.006	15.048	15.090	15.132	**360**
370	15.132	15.174	15.216	15.258	15.300	15.342	15.384	15.426	15.468	15.510	15.552	**370**
380	15.552	15.594	15.636	15.679	15.721	15.763	15.805	15.847	15.889	15.931	15.974	**380**
390	15.974	16.016	16.058	16.100	16.142	16.184	16.227	16.269	16.311	16.353	16.395	**390**
400	16.393	16.438	16.480	16.522	16.564	16.607	16.649	16.691	16.733	16.776	16.818	**400**
410	16.818	16.860	16.902	16.945	16.987	17.029	17.072	17.114	17.156	17.199	17.241	**410**
420	17.241	17.283	17.326	17.368	17.410	17.453	17.495	17.537	17.580	17.622	17.664	**420**
430	17.664	17.707	17.749	17.792	17.834	17.876	17.919	17.961	18.004	18.046	18.088	**430**
440	18.088	18.131	18.173	18.216	18.258	18.301	18.343	18.385	18.428	18.470	18.513	**440**
450	18.513	18.555	18.598	18.640	18.683	18.725	18.768	18.810	18.853	18.895	18.938	**450**
460	18.938	18.980	19.023	19.065	19.108	19.150	19.193	19.235	19.278	19.320	19.363	**460**
470	19.363	19.405	19.448	19.490	19.533	19.576	19.618	19.661	19.703	19.746	19.788	**470**
480	19.788	19.831	19.873	19.916	19.959	20.001	20.004	20.086	20.129	20.172	20.214	**480**
490	20.214	20.257	20.299	20.342	20.385	20.427	20.470	20.512	20.555	20.598	20.640	**490**
500	20.640	20.683	20.725	20.768	20.811	20.853	20.896	20.938	20.981	21.024	21.066	**500**
510	21.066	21.109	21.152	21.194	21.237	21.280	21.322	21.365	21.407	21.450	21.493	**510**
520	21.493	21.535	21.578	21.621	21.663	21.706	21.749	21.791	21.834	21.876	21.919	**520**
530	21.919	21.962	22.004	22.047	22.090	22.132	22.175	22.218	22.260	22.303	22.346	**530**
540	22.346	22.388	22.431	22.473	22.516	22.559	22.601	22.644	22.687	22.729	22.772	**540**
550	22.772	22.815	22.857	22.900	22.942	22.985	23.028	23.070	23.113	23.156	23.198	**550**
560	23.198	23.241	23.284	23.326	23.369	23.411	23.454	23.497	23.539	23.682	23.624	**560**
570	23.624	23.667	23.710	23.762	23.795	23.837	23.880	23.823	23.965	24.008	24.060	**570**
580	24.050	24.093	24.136	24.178	24.221	24.263	24.306	24.348	24.391	24.434	24.476	**580**
590	24.476	24.519	24.561	24.604	24.646	24.689	24.731	24.774	24.817	24.859	24.902	**590**

Graus °C	0	1	2	3	4	5	6	7	8	9	10	Graus °C
TENSÃO TERMOELÉTRICA EM MILIVOLTS												
600	24.902	24.944	25.987	25.029	25.072	25.114	25.157	25.199	25.242	25.284	25.327	**600**
610	25.327	25.369	25.412	25.454	25.497	25.639	25.582	25.624	25.666	25.709	25.751	**610**
620	25.751	25.794	25.836	25.879	25.921	25.964	26.006	26.048	26.091	26.133	26.176	**620**
630	26.176	26.218	26.260	26.303	26.345	26.387	26.430		26.515	26.557	26.599	**630**
640	26.599	26.642	26.684	26.725	26.769	26.811	26.853	26.896	26.938	26.980	27.022	**640**
650	27.022	27.065	27.107	27.149	27.192	27.276	27.234	27.318	27.361	27.403	27..445	**650**
660	27.445	27.485	27.529	27.752	27.614	27.650	27.698	27.740	27.783	27.285	27..867	**660**
670	27.867	27.909	27.951	27.993	28.035	28.078	28.120	28.162	28.204	28.246	28..288	**670**
680	28.288	28.330	28.372	28.414	28.458	28.498	28.540	28.583	28.625	28.607	28.709	**680**
690	28.709	28.751	28.793	28.835	28.877	28.919	28.961	29.002	29.044	29.080	29.128	**690**
700	29.128	29.170	29.212	29.254	29.296	29.338	29.380	29.422	29.464	29.505	29.547	**700**
710	29.547	29.589	29.631	29.673	29.715	29.756	29.798	29.840	29.924	29.924	29.965	**710**
720	29.965	30.007	30.049	30.091	30.132	30.174	30.216	30.257	30.299	30.341	30.383	**720**
730	30.383	30.424	30.466	30.508	30.549	30.591	30.632	30.674	30.716	30.757	30.799	**730**
740	30.799	30.840	30.882	30.924	30.965	31.007	31.048	31.090	31.131	31.173	31.214	**740**
750	31.214	31.256	31.297	31.339	31.380	31.422	31.463	31.504	31.546	31.587	31.629	**750**
760	31.629	31.670	31.712	31.753	31.794	31.836	31.877	31.918	31.960	32.001	32.042	**760**
770	32.042	32.084	32.125	32.166	32.207	32.429	32.290	32.331	32.372	32.414	32.455	**770**
780	32.455	32.496	32.537	32.578	32.619	32.661	32.702	32.743	32.784	32.825	32.866	**780**
790	32.866	32.907	32.948	32.990	33.031	33.072	33.113	33.154	33.195	33.236	33.277	**790**
800	33.277	33.318	33.359	33.400	33.441	33.482	33.523	33.564	33.604	33.645	33.686	**800**
810	33.686	33.727	33.768	33.809	33.850	33.891	33.931	33.972	34.013	34.054	34.095	**810**
820	34.095	34.176	34.217	34.258	34.299	34.339	34.380	34.421	34.421	34.461	34.502	**820**
830	34.502	34.543	34.583	34.624	34.665	34.705	34.746	34.787	34.827	34.868	34.909	**830**
840	34.909	34.949	34.990	35.030	35.071	35.111	35.152	35.182	35.233	35.273	35.314	**840**
850	35.314	35.354	35.395	35.435	35.476	35.516	35.557	35.597	35.637	35.678	35.718	**850**
860	35.718	35.758	35.799	35.839	35.880	35.920	35.960	36.000	36.041	36.081	36.121	**860**
870	36.121	36.162	36.202	36.242	36.282	36.233	36.363	36.403	36.443	36.483	36.524	**870**
880	36.524	36.564	36.604	36.644	36.684	36.724	36.764	36.804	36.844	36.885	36.925	**880**
890	36.925	36.965	37.005	37.045	37.085	37.125	37.165	37.205	37.245	37.285	37.325	**890**
900	37.325	37.365	37.405	37.445	37.484	37.524	37.564	37.604	37.644	37.684	37.724	**900**
910	37.724	37.764	37.803	37.843	37.883	37.923	37.963	38.002	38.042	38.082	38.122	**910**
920	38.122	38.162	38.201	38.241	38.281	38.320	38.360	38.400	38.439	38.479	38.519	**920**
930	38.519	38.558	38.598	38.638	38.677	38.717	38.756	38.796	38.836	38.875	38.915	**930**
940	38.915	38.954	38.994	39.033	39.073	39.112	39.152	39.191	39.231	39.270	39.310	**940**
950	39.310	39.349	39.388	39.428	39.457	39.507	39.546	39.585	39.625	39.664	39.703	**950**
960	39.703	39.743	39.782	39.821	39.861	39.900	39.939	39.979	40.018	40.057	40.096	**960**
970	40.096	40.136	40.175	40.214	40.253	40.292	40.332	40.371	40.410	40.449	40.488	**970**
980	40.488	40.527	40.566	40.605	40.645	40.684	40.723	40.762	40.801	40.840	40.879	**980**
990	40.879	40.918	40.957	40.996	41.035	41.074	41.113	41.152	41.191	41.230	41.269	**990**
1000	41.269	41.308	41.347	41.365	41.424	41.463	41.502	41.541	41.580	41.619	41.657	**1000**
1.010	41.657	41.696	41.735	41.774	41.813	41.851	41.890	41.929	41.968	42.006	42.045	**1.010**
1.020	42.045	42.084	42.123	42.161	42.200	42.239	42.277	42.316	42.355	42.393	42.432	**1.020**
1.030	42.432	42.470	42.509	42.548	42.586	42.624	42.663	42.702	42.740	42.779	42.817	**1.030**
1.040	42.817	42.856	42.894	42.933	42.971	43.010	43.048	43.087	43.125	43.164	43.202	**1.040**
1.050	43.202	43.240	43.279	43.317	43.356	43.394	43.423	43.471	43.509	43.547	43.585	**1.050**
1.060	43.585	43.624	43.662	43.700	43.739	43.777	43.815	43.853	43.891	43.930	43.968	**1.060**
1.070	43.968	44.006	44.044	44.082	44.121	44.159	44.197	44.235	44.273	44.311	44.349	**1.070**
1.080	44.349	44.387	44.425	44.463	44.501	44.539	44.577	44.515	44.653	44.691	44.729	**1.080**
1.090	44.729	44.767	44.805	44.843	44.881	44.919	44.957	44.995	45.033	45.070	45.108	**1.090**

Graus °C	0	1	2	3	4	5	6	7	8	9	10	Graus °C
	TENSÃO TERMOELÉTRICA EM MILIVOLTS											
1.100	45.108	45.146	45.184	45.222	45.260	45.297	45.335	45.373	45.411	45.448	45.486	**1.100**
1.110	45.486	45.524	45.561	45.599	45.637	45.675	45.712	45.750	45.787	45.825	45.863	**1.110**
1.120	45.863	45.900	45.938	45.975	46.013	46.051	46.088	46.126	46.163	46.201	46.238	**1.120**
1.130	46.238	46.275	46.313	46.350	46.388	46.425	46.463	46.500	46.537	46.575	46.612	**1.130**
1.140	46.612	46.649	46.687	46.724	46.761	46.799	46.836	46.873	46.910	46.948	46.985	**1.140**
1.150	46.985	47.022	47.059	47.096	47.134	47.171	47.208	47.245	47.282	47.319	47.356	**1.150**
1.160	47.356	47.393	47.430	47.468	47.505	47.542	47.579	47.616	47.653	47.689	47.726	**1.160**
1.170	47.726	47.763	47.800	47.837	47.874	47.911	47.948	47.985	48.021	48.058	48.095	**1.170**
1.180	48.095	48.132	48.169	48.205	48.242	48.279	48.316	48.352	48.389	48.426	48.462	**1.180**
1.190	48.462	48.499	48.536	48.572	48.609	48.645	48.682	48.718	48.755	48.792	48.828	**1.190**
1.200	48.828	48.865	48.901	48.937	48.974	48.010	49.047	49.083	49.120	49.156	49.192	**1.200**
1.210	49.192	49.229	49.265	49.301	49.338	49.374	49.410	49.446	49.483	49.519	49.555	**1.210**
1.220	49.555	49.591	49.627	49.663	49.700	49.736	49.772	49.808	49.844	49.880	49.916	**1.220**
1.230	49.916	49.952	49.988	50.024	50.060	50.096	50.132	50.168	50.204	50.240	50.276	**1.230**
1.240	50.276	50.311	50.347	50.383	50.419	50.455	50.491	50.526	50.562	50.598	50.633	**1.240**
1.250	50.633	50.669	50.705	50.741	50.776	50.812	50.847	50.883	50.919	50.954	50.990	**1.250**
1.260	50.990	51.025	51.061	51.096	51.132	51.167	51.203	51.238	21.274	51.309	51.344	**1.260**
1.270	51.344	51.380	51.415	51.450	51.486	51.521	51.556	51.592	51.627	51.662	51.697	**1.270**
1.280	51.697	51.733	51.768	51.803	51.838	51.873	51.908	51.943	51.979	52.014	52.049	**1.280**
1.290	52.049	52.004	52.119	52.154	52.189	52.224	52.259	52.294	52.329	52.364	52.398	**1.290**
1.300	52.398	52.433	52.468	52.503	52.538	52.573	52.608	52.642	52.677	52.712	52.747	**1.300**
1.310	52.747	52.781	52.816	52.851	52.888	52.920	52.955	52.989	53.024	53.059	53.093	**1.310**
1.320	53.093	53.128	53.162	53.197	53.232	53.266	53.301	53.335	53.370	53.404	53.439	**1.320**
1.330	53.439	53.473	53.507	53.542	53.576	53.611	53.645	53.679	53.714	53.748	53.782	**1.330**
1.340	53.782	53.817	53.851	53.885	53.920	53.954	53.988	54.022	54.057	54.091	54.125	**1.340**
1.350	54.125	54.159	54.193	54.228	54.262	54.296	54.330	54.364	54.398	54.432	54.466	**1.350**
1.360	54.466	54.501	54.535	54.569	54.603	54.637	54.671	54.705	54.739	54.773	54.807	**1.360**
1.370	54.807	54.841	54.875									**1.370**

Termopar

S

Temperatura em 0°C - IPTS 68

Junta de referência a 0°C - ANSI. 96-1-1975

Graus °C	0	1	2	3	4	5	6	7	8	9	10	Graus °C
	TENSÃO TERMOELÉTRICA EM MILIVOLTS											
0	0.000	0.005	0.011	0.0016	0.022	0.027	0.033	0.038	0.044	0.050	0.055	**0**
10	0.055	0.061	0.067	0.0072	0.078	0.084	0.090	0.095	0.101	0.107	0.113	**10**
20	0.113	0.119	0.125	0.131	0.137	0.142	0.148	0.154	0.161	0.167	0.173	**20**
30	0.173	0.179	0.185	0.191	0.197	0.203	0.210	0.216	0.222	0.228	0.235	**30**
40	0.235	0.241	0.247	0.254	0.260	0.266	0.273	0.279	0.286	0.092	0.299	**40**
50	0.299	0.305	0.312	0.318	0.325	0.331	0.338	0.345	0.351	0.358	0.365	**50**
60	0.365	0.371	0.378	0.385	0.391	0.398	0.405	0.412	0.419	0.425	0.432	**60**
70	0.432	0.439	0.446	0.453	0.460	0.467	0.474	0.481	0.488	0.495	0.502	**70**
80	0.502	0.509	0.516	0.523	0.530	0.537	0.544	0.551	0.558	0.566	0.573	**80**
90	0.573	0.580	0.587	0.594	0.602	0.609	0.616	0.623	0.631	0.638	0.645	**90**

Graus °C	0	1	2	3	4	5	6	7	8	9	10	Graus °C
	TENSÃO TERMOELÉTRICA EM MILIVOLTS											
100	0.645	0.653	0.660	0.667	0.675	0.682	0.690	0.697	0.704	0.712	0.719	**100**
110	0.719	0.727	0.734	0.742	0.749	0.757	0.764	0.772	0.780	0.787	0.795	**110**
120	0.795	0.802	0.810	0.818	0.825	0.833	0.841	0.848	0.856	0.864	0.872	**120**
130	0.872	0.879	0.887	0.895	0.903	0.910	0.918	0.926	0.934	0.942	0.950	**130**
140	0.950	0.957	0.965	0.973	0.981	0.989	0.997	1.005	1.013	1.021	1.029	**140**
150	1.029	1.037	1.045	1.053	1.061	1.069	1.077	1.085	1.093	1.101	1.109	**150**
160	1.109	1.117	1.125	1.133	1.141	1.149	1.158	1.166	1.174	1.182	1.190	**160**
170	1.190	1.198	1.207	1.215	1.223	1.231	1.240	1.248	1.256	1.264	1.273	**170**
180	1.273	1.281	1.289	1.297	1.306	1.314	1.322	1.331	1.339	1.347	1.356	**180**
190	1.356	1.364	1.373	1.381	1.389	1.398	1.406	1.415	1.423	1.432	1.440	**190**
200	1.440	1.448	1.457	1.465	1.474	1.482	1.491	1.449	1.508	1.516	1.525	**200**
210	1.525	1.534	1.542	1.551	1.559	1.568	1.576	1.585	1.594	1.602	1.611	**210**
230	1.611	1.620	1.628	1.637	1.645	1.654	1.663	1.671	1.680	1.689	1.698	**230**
230	1.698	1.706	1.715	1.724	1.732	1.741	1.750	1.759	1.767	1.776	1.785	**230**
240	1.785	1.794	1.802	1.811	1.820	1.829	1.838	1.845	1.855	1.854	1.873	**240**
250	1.873	1.882	1.891	1.899	1.908	1.917	1.926	1.935	1.944	1.953	1.902	**250**
260	1.962	1.971	1.979	1.988	1.997	2.006	2.015	2.024	2.033	2.042	2.051	**260**
270	2.051	2.060	2.069	2.078	2.087	2.096	2.105	2.114	2.123	2.132	2.141	**270**
280	2.141	2.150	2.159	2.168	2.177	2.186	1.195	2.204	2.213	2.222	2.232	**280**
290	2.232	2.241	2.250	2.259	2.268	2.227	2.286	2.295	2.304	2.314	2.323	**290**
300	2.323	2.232	2.341	2.350	2.359	2.368	2.378	2.387	2.396	2.405	2.414	**300**
310	2.414	2.424	2.433	2.442	2.451	2.460	2.470	2.479	2.488	2.497	2.506	**310**
320	2.506	2.516	2.525	2.534	2.543	2.553	2.562	2.571	2.581	2.590	2.599	**320**
330	2.599	2.608	2.618	2.627	2.636	2.646	2.655	2.664	2.674	2.683	2.692	**330**
340	2.692	2.702	2.711	2.720	2.730	2.739	2.748	2.758	2.767	2.776	2.786	**340**
350	2.786	2.795	2.805	2.814	2.823	2.833	2.842	2.852	2.861	2.870	2.880	**350**
360	2.880	2.889	2.889	2.908	2.917	2.927	2.936	2.946	2.955	2.965	2.974	**360**
370	2.974	2.984	2.993	3.003	3.012	3.022	3.031	3.041	3.050	3.059	3.069	**370**
380	3.069	3.078	3.088	3.097	3.107	3.117	3.126	3.136	3.145	3.155	3.164	**380**
390	3.164	3.174	3.183	3.193	3.202	3.212	3.221	3.231	3.241	3.250	3.260	**390**
400	3.260	3.269	3.279	3.288	3.298	3.308	3.317	3.327	3.336	3.346	3.356	**400**
410	3.356	3.365	3.375	3.384	3.394	3.404	3.413	3.423	3.433	3.442	3.452	**410**
420	3.452	3.462	3.471	3.481	3.491	3.500	3.510	3.520	3.529	3.539	3.549	**420**
430	3.549	3.558	3.568	3.578	3.587	3.597	3.607	3.616	3.626	3.636	3.645	**430**
440	3.645	3.655	3.665	3.675	3.684	3.694	3.704	3.714	3.723	3.733	3.743	**440**
450	3.743	3.752	3.762	3.772	3.782	3.791	3.801	3.811	3.821	3.831	3.840	**450**
460	3.840	3.850	3.860	3.870	3.879	3.889	3.899	3.909	3.919	3.928	3.938	**460**
470	3.938	3.948	3.958	3.968	3.977	3.987	3.997	4.007	4.017	4.027	4.036	**470**
480	4.036	4.046	4.056	4.066	4.076	4.080	4.095	4.105	4.115	4.125	4.135	**480**
490	4.135	4.145	4.155	4.164	4.174	4.184	4.194	4.204	4.214	4.224	4.234	**490**
500	4.234	4.243	4.253	4.263	4.273	4.283	4.293	4.603	4.313	4.323	4.333	**500**
510	4.333	4.343	4.352	4.362	4.372	4.382	4.392	4.402	4.412	4.422	4.432	**510**
520	4.432	4.442	4.452	4.462	4.472	4.482	4.492	4.502	4.512	4.522	4.532	**520**
530	4.532	4.542	4.552	4.562	4.572	4.582	4.592	4.602	4.612	4.622	4.632	**530**
540	4.632	4.642	4.652	4.662	4.672	4.682	4.692	4.702	4.712	4.722	4.732	**540**
550	4.732	4.742	4.752	4.762	7.772	4.782	4.792	4.802	4.812	4.822	4.832	**550**
560	4.832	4.842	4.852	4.862	4.873	4.883	4.893	4.903	4.913	4.923	4.933	**560**
570	4.933	4.943	4.953	4.963	4.973	4.984	4.994	5.004	5.014	5.024	5.034	**570**
580	5.034	5.044	5.054	5.065	5.077	5.085	5.095	5.105	5.115	5.125	5.136	**580**
590	5.136	5.146	5.156	5.166	5.176	5.186	5.197	5.207	5.217	5.227	5.237	**590**

Graus °C	0	1	2	3	4	5	6	7	8	9	10	Graus °C
TENSÃO TERMOELÉTRICA EM MILIVOLTS												
600	5.237	5.247	5.258	6.268	5.278	5.288	5.298	5.309	5.319	5.329	5.339	**600**
610	5.339	5.350	5.360	5.370	5.280	5.391	5.401	5.411	5.421	5.431	5.442	**610**
620	5.442	5.452	5.452	5.473	5.483	5.493	5.503	5.514	5.524	5.534	5.544	**620**
630	5.544	5.555	5.565	5.575	5.586	5.596	5.606	5.617	5.627	5.637	5.648	**630**
640	5.648	5.658	5.668	5.679	5.689	5.700	5.710	5.720	5.731	5.741	5.751	**640**
650	5.751	5.762	5.772	5.782	5.793	5.803	5.814	5.824	5.834	5.845	5.855	**650**
660	8.855	5.866	5.876	5.887	5.897	5.907	5.918	5.928	5.939	5.949	5.960	**660**
670	5.960	5.970	5.980	5.991	6.001	6.012	6.022	6.033	6.043	6.054	6.064	**670**
680	6.064	6.075	6.085	6.096	6.106	6.117	6.127	6.138	6.148	6.159	6.169	**680**
690	6.169	6.180	6.190	6.201	6.211	6.222	6.232	6.243	6.253	6.264	6.274	**690**
700	6.274	6.285	6.295	6.306	6.316	6.327	6.338	6.348	6.459	6.369	6.380	**700**
710	6.380	6.390	6.401	6.412	6.422	6.433	6.443	6.454	6.465	60475	6.486	**710**
720	6.486	6.496	6.507	6.518	6.628	6.539	6.549	6.560	6.571	6.581	6.592	**720**
730	6.592	6.603	6.613	6.624	6.635	6.645	6.656	6.667	6.667	6.688	6.699	**730**
740	6.699	6.709	6.720	6.731	6.741	6.752	6.763	6.773	6.784	6.785	6.806	**740**
750	6.805	6.816	6.827	6.838	6.848	6.859	6.870	6.880	6.891	6.902	6.913	**750**
760	6.913	6.923	6.934	6.945	6.956	6.966	6.977	6.988	6.999	7.009	7.020	**760**
770	7.020	7.031	7.042	7.053	7.063	7.074	7.085	7.096	7.107	7.117	7.128	**770**
780	7.128	7.139	7.150	7.161	7.171	7.182	7.193	7.204	7.215	7.225	7.236	**780**
790	7.236	7.247	7.258	7.269	7.280	7.291	7.301	7.312	7.323	7.334	7.345	**790**
800	7.345	7.356	7.367	7.377	7.388	7.399	7.410	7.421	7.432	7.443	7.454	**800**
810	7.454	7.465	7.476	7.486	7.497	7.508	7.519	7.530	7.541	7.552	7.563	**810**
820	7.563	7.574	7.585	7.596	7.607	7.618	7.629	7.640	7.651	7.661	7.672	**820**
830	7.672	7.683	7.694	7.705	7.716	7.727	7.738	7.749	7.760	7.771	7.782	**830**
840	7.782	7.793	7.804	7.815	7.826	7.837	7.848	7.859	7.870	7.881	7.892	**840**
850	7.892	7.904	7.915	7.926	7.937	7.948	7.959	7.970	7.981	7.992	8.003	**850**
860	8.003	8.014	8.025	8.026	8.047	8.058	8.069	8.081	8.092	8.103	8.114	**860**
870	8.114	8.125	8.136	8.147	8.158	8.169	8.180	8.192	8.203	8.214	8.225	**870**
880	8.225	8.236	8.247	8.258	8.270	8.261	8.292	8.303	8.314	8.325	8.336	**880**
890	8.336	8.348	8.359	8.370	8.381	8.392	8.404	8.415	8.426	8.437	8.448	**890**
900	8.448	8.460	8.471	8.482	8.493	8.504	8.516	8.527	8.538	8.549	8.560	**900**
910	8.560	8.572	8.583	8.594	8.605	8.617	8.628	8.639	8.650	8.662	8.673	**910**
920	8.673	8.684	8.695	8.707	8.718	8.729	8.741	8.752	8.763	8.774	8.756	**920**
930	8.786	8.797	8.808	8.820	8.381	8.842	8.854	8.865	8.876	8.888	8.899	**930**
940	8.899	8.910	8.922	8.933	8.944	8.956	8.967	8.978	8.990	9.001	8.013	**940**
950	9.012	9.024	9.035	9.047	9.058	9.069	9.081	9.092	9.103	9.115	9.126	**950**
960	9.128	9.138	9.149	9.160	9.172	9.183	9.195	9.206	9.217	9.229	9.240	**960**
970	9.240	9.252	9.263	9.275	9.286	9.298	9.309	9.320	9.332	9.343	9.355	**970**
980	9.355	9.306	9.378	9.389	9.401	9.412	9.424	9.435	9.447	9.548	9.470	**980**
990	9.470	9.481	9.493	9.504	9.516	9.527	9.539	9.550	9.562	9.573	9.585	**990**
1000	9.585	9.596	9.608	9.619	9.631	9.642	9.654	9.665	9.677	9.689	9.700	**1000**
1010	9.700	9.712	9.723	9.735	9.746	9.758	9.770	9.781	9.793	9.804	9.816	**1010**
1020	9.816	9.828	9.839	9.851	9.862	9.874	9.886	9.897	9.909	9.920	9.932	**1020**
1030	9.932	9.944	9.955	9.967	9.979	9.990	10.002	10.013	10.025	10.037	10.048	**1030**
1040	10.048	10.060	10.072	10.083	10.095	10.107	10.118	10.130	10.142	10.154	10.165	**1040**
1050	10.165	10.177	10.189	10.200	10.212	10.224	10.135	10.247	10.259	10.271	10.828	**1050**
1060	10.282	10.294	10.306	10.318	10.329	10.341	10.353	10.364	10.376	10.388	10.500	**1060**
1070	10.400	10.411	10.423	10.435	10.447	10.459	10.470	10.482	10.494	10.506	10.517	**1070**
1080	10.517	10.529	10.591	10.553	10.505	10.576	10.588	10.600	10.612	10.624	10.635	**1080**
1090	10.635	10.647	10.659	10.671	10.683	10.594	10.706	10.718	10.730	10.742	10.754	**1090**
1100	10.754	10.765	10.777	10.789	10.801	10.813	10.825	10.836	10.848	10.860	10.872	**1100**
1110	10.872	10.884	10.896	10.908	10.919	10.931	10.943	10.955	10.967	10.979	10.991	**1110**
1120	10.991	11.003	11.014	11.026	11.038	11.050	11.062	11.074	11.086	11.098	11.110	**1120**

Graus °C	0	1	2	3	4	5	6	7	8	9	10	Graus °C
	TENSÃO TERMOELÉTRICA EM MILIVOLTS											
1130	11.110	11.121	11.133	11.145	11.157	11.169	11.181	11.193	11.205	11.217	11.229	**1130**
1140	11.229	11.241	11.152	11.264	11.276	11.228	11.300	11.312	11.324	11.336	11.348	**1140**
1150	11.348	11.360	11.372	11.384	11.396	11.408	11.420	11.432	11.443	11.455	11.567	**1150**
1160	11.467	11.479	11.491	11.503	11.515	11.527	11.539	11.551	11.563	11.575	11.587	**1160**
1170	11.587	11.599	11.611	11.623	11.635	11.647	11.659	11.671	11.683	11.695	11.707	**1170**
1180	11.707	11.719	11.731	11.743	11.755	11.767	11.779	11.791	11.803	11.815	11.827	**1180**
1190	11.827	11.839	11.851	11.863	11.875	11.887	11.899	11.911	11.923	11.935	11.497	**1190**
1200	11.947	11.959	11.971	11.983	11.995	12.007	12.019	12.031	12.043	12.055	15.067	**1200**
1210	12.067	12.079	12.091	13.103	12.116	12.128	12.140	12.152	12.164	12.176	12.188	**1210**
1220	12.188	12.200	12.212	12.224	12.236	12.248	12.260	12.272	12.284	12.296	12.308	**1220**
1230	12.308	12.320	12.332	12.345	12.357	12.369	12.381	12.293	12.405	12.417	12.249	**1230**
1240	12.429	12.441	12.453	12.465	12.477	12.489	12.501	12.514	12.526	12.538	12.550	**1240**
1250	12.550	12.562	12.574	12.586	12.598	12.610	12.622	12.634	12.647	12.659	12.671	**1250**
1260	12.671	12.683	12.695	12.707	12.719	12.731	12.743	12.755	12.767	12.780	12.792	**1260**
1270	12.792	12.804	12.816	12.828	12.840	12.852	12.864	12.876	12.888	12.901	12.913	**1270**
1280	12.913	12.925	12.937	12.949	12.961	12.973	12.985	12.997	13.010	13.022	13.034	**1280**
1290	13.034	13.046	13.058	13.070	13.082	13.094	13.107	13.119	13.131	13.143	13.155	**1290**
1300	13.155	13.167	13.179	13.191	13.203	13.216	13.228	13.240	13.252	13.264	13.276	**1300**
1310	13.276	13.288	13.300	13.313	13.325	13.337	13.349	13.361	13.373	13.385	13.387	**1310**
1320	13.397	13.410	13.422	13.434	13.446	13.458	13.470	13.482	13.495	13.507	13.519	**1320**
1330	13.519	13.231	13.543	13.555	13.567	13.579	13.592	13.604	16.616	13.628	13.640	**1330**
1340	13.640	13.652	13.664	13.677	13.689	13.701	13.713	13.725	13.737	13.749	13.781	**1340**
1350	13.761	13.774	13.789	13.798	13.810	13.822	13.834	13.846	13.859	13.871	13.883	**1350**
1360	13.883	13.895	13.907	13.919	13.931	13.943	13.956	13.968	13.980	13.992	14.004	**1360**
1370	14.004	14.016	14.028	14.040	14.053	14.065	14.077	14.089	14.101	14.113	11.125	**1370**
1380	14.125	14.138	14.150	140162	14.174	14.186	14.198	14.210	14.222	14.235	14.247	**1380**
1390	14.247	14.259	14.271	14.283	14.295	14.307	14.319	14.332	14.344	14.356	14.368	**1390**
1400	14.368	14.380	14.392	14.404	14.416	14.429	14.441	14.453	14.465	14.477	14.489	**1400**
1410	14.489	14.501	14.513	14.526	14.538	14.550	14.562	14.574	14.586	14.598	14.610	**1410**
1420	14.610	14.622	14.635	14.647	14.659	14.671	14.683	14.695	14.707	14.719	14.731	**1420**
1430	14.731	14.744	14.756	14.768	14.780	14.792	14.804	14.816	14.828	14.840	14.852	**1430**
1440	14.852	14.865	14.877	14.889	14.901	14.913	14.926	14.937	14.949	14.961	14.973	**1440**
1450	14.973	14.985	14.988	15.010	15.022	15.034	15.046	15.058	15.070	15.082	15.094	**1450**
1460	15.094	15.106	15.118	15.130	15.143	15.155	15.167	15.179	15.191	15.203	15.215	**1460**
1470	15.215	15.227	15.239	15.251	15.263	15.275	15.287	15.299	15.311	15.324	15.336	**1470**
1480	15.336	15.348	15.360	15.372	15.384	15.396	15.408	15.420	15.432	15.444	15.456	**1480**
1490	15.546	15.468	15.480	15.492	15.504	15.516	15.528	15.540	15.552	15.564	15.576	**1490**
1500	15.576	15.589	15.601	15.613	15.625	15.637	15.649	15.661	15.673	15.689	15.697	**1500**
1510	15.697	15.709	15.721	15.733	15.745	15.757	15.769	15.781	15.793	15.805	15.817	**1510**
1520	15.817	15.829	15.841	15.853	15.865	15.877	15.889	15.901	15.913	15.925	15.937	**1520**
1530	15.937	15.949	15.961	15.973	15.985	15.997	16.009	16.021	16.033	16.045	16.057	**1530**
1540	16.057	15.069	16.080	16.092	16.104	16.116	16.128	16.140	16.152	16.164	16.176	**1540**
1550	16.176	16.188	16.200	16.212	16.224	16.236	16.248	16.260	16.272	16.284	16.296	**1550**
1560	16.296	16.308	16.319	16.331	16.343	16.355	16.367	16.379	16.391	16.403	16.415	**1560**
1570	16.415	16.427	16.439	16.451	16.462	16.474	16.486	16.498	16.510	16.522	16.534	**1570**
1580	16.534	16.546	16.558	16.569	16.581	16.593	16.605	16.617	16.629	16.641	16.653	**1580**
1590	16.653	16.664	16.676	16.688	16.700	16.712	16.724	16.736	16.474	16.759	16.771	**1590**
1600	16.771	17.783	16.795	16.807	16.819	16.830	16.842	16.854	16.866	16.878	16.890	**1600**
1610	16.890	16.901	16.913	16.925	16.937	16.949	16.960	16.972	16.984	16.996	17.008	**1610**
1620	17.008	17.019	17.031	17.043	17.055	17.067	17.078	17.090	17.102	17.114	17.125	**1620**
1630	17.125	17.137	17.149	17.161	17.173	17.184	17.196	17.208	17.220	17.231	17.243	**1630**
1640	17.243	17.255	17.267	17.278	17.290	17.302	17.313	17.325	17.337	17.349	17.360	**1640**

Graus °C	0	1	2	3	4	5	6	7	8	9	10	Graus °C
	TENSÃO TERMOELÉTRICA EM MILIVOLTS											
1650	17.360	17.372	17.384	17.396	17.407	17.419	17.431	17.442	17.454	17.466	17.477	**1650**
1660	17.477	17.489	17.501	17.512	17.524	17.536	17.548	17.559	17.571	17.583	17.594	**1660**
1670	17.594	17.606	17.617	17.629	17.641	17.652	17.664	17.676	17.687	17.699	17.711	**1670**
1680	17.711	17.722	17.734	17.745	17.757	17.769	17.780	17.792	17.803	17.815	17.826	**1680**
1690	17.826	17.838	17.850	17.861	17.873	17.884	17.896	17.907	17.919	17.930	17.942	**1690**
1700	17.942	17.953	17.965	17.976	17.988	17.999	18.010	18.022	18.033	18.045	18.056	**1700**
1710	18.056	18.068	18.079	18.090	18.102	18.113	18.121	18.136	18.147	18.158	18.170	**1710**
1720	18.170	18.181	18.192	18.204	18.215	18.226	18.237	18.249	18.260	18.271	18.282	**1720**
1730	18.282	18.293	18.305	18.316	18.327	18.338	18.349	18.360	18.372	18.383	18.394	**1730**
1740	18.394	18.405	18.416	18.427	18.438	18.449	18.460	18.471	18.482	18.493	18.504	**1740**
1750	18.504	18.515	18.526	18.536	18.547	18.558	18.569	18.580	18.591	18.602	18.612	**1750**
1760	18.612	18.623	18.634	18.645	18.655	18.666	18.677	18.687	18.698			**1760**

Termopar

B

Temperatura em 0°C - IPTS 68

Junta de referência a 0°C - ANSI. 96-1-1975

Graus °C	0	1	2	3	4	5	6	7	8	9	10	Graus °C
	TENSÃO TERMOELÉTRICA EM MILIVOLTS											
0	0.000	-0.000	-0.000	-0.001	-0.001	-0.001	-0.001	-0.001	-0.002	-0.002	-0.002	**0**
10	-0.002	-0.002	-0.002	-0.002	-0.002	-0.002	-0.002	-0.002	-0.003	-0.003	-0.003	**10**
20	-0.003	-0.003	-0.003	-0.003	-0.003	-0.002	-0.002	-0.002	-0.002	-0.002	-0.002	**20**
30	-0.002	-0.002	-0.002	-0.002	-0.002	-0.001	-0.001	-0.001	-0.001	-0.001	-0.000	**30**
40	-0.000	-0.000	-0.000	-0.000	-0.000	-0.001	-0.001	-0.001	-0.002	-0.002	-0.002	**40**
50	0.002	0.003	0.003	0.003	0.004	0.004	0.004	0.005	0.005	0.006	0.006	**50**
60	0.006	0.007	0.007	0.008	0.008	0.009	0.009	0.010	0.010	0.011	0.011	**60**
70	0.011	0.012	0.012	0.013	0.014	0.014	0.015	0.015	0.016	0.017	0.017	**70**
80	0.017	0.018	0.019	0.020	0.020	0.021	0.022	0.022	0.023	0.024	0.025	**80**
90	0.025	0.026	0.026	0.027	0.028	0.029	0.030	0.031	0.031	0.032	0.033	**90**
100	0.033	0.034	0.035	0.036	0.037	0.038	0.039	0.040	0.041	0.042	0.043	**100**
110	0.043	0.044	0.045	0.046	0.047	0.048	0.049	0.050	0.051	0.052	0.053	**110**
120	0.053	0.055	0.056	0.057	0.058	0.059	0.060	0.062	0.063	0.064	0.065	**120**
130	0.065	0.066	0.068	0.069	0.070	0.071	0.073	0.074	0.075	0.077	0.078	**130**
140	0.078	0.079	0.081	0.082	0.083	0.085	0.086	0.088	0.089	0.091	0.092	**140**
150	0.092	0.093	0.095	0.096	0.098	0.099	0.101	0.102	0.104	0.106	0.107	**150**
160	0.107	0.109	0.110	0.112	0.113	0.115	0.117	0.118	0.120	0.122	0.123	**160**
170	0.123	0.125	0.127	0.128	0.130	0.132	0.133	0.135	0.137	0.139	0.140	**170**
180	0.140	0.142	0.144	0.146	0.148	0.149	0.151	0.153	0.155	0.157	0.159	**180**
190	0.159	0.161	0.163	0.164	0.166	0.168	0.170	0.172	0.174	0.176	0.178	**190**
200	0.178	0.180	0.182	0.184	0.186	0.188	0.190	0.192	0.194	0.197	0.199	**200**
210	0.199	0.201	0.203	0.205	0.207	0.209	0.211	0.214	0.216	0.218	0.220	**210**
220	0.220	0.222	0.225	0.227	0.229	0.231	0.234	0.236	0.238	0.240	0.243	**220**
230	0.243	0.245	0.247	0.250	0.252	0.254	0.257	0.259	0.262	0.264	0.266	**230**
240	0.266	0.269	0.271	0.274	0.276	0.279	0.281	0.284	0.286	0.289	0.291	**240**

Graus °C	0	1	2	3	4	5	6	7	8	9	10	Graus °C
TENSÃO TERMOELÉTRICA EM MILIVOLTS												
250	0.291	0.294	0.296	0.299	0.301	0.304	0.307	0.309	0.312	0.314	0.317	**250**
260	0.317	0.320	0.322	0.325	0.328	0.330	0.333	0.336	0.338	0.341	0.344	**360**
270	0.344	0.347	0.349	0.352	0.355	0.358	0.360	0.363	0.366	0.369	0.372	**270**
280	0.372	0.375	0.377	0.380	0.383	0.386	0.389	0.392	0.395	0.398	0.401	**280**
290	0.401	0.404	0.406	0.409	0.412	0.415	0.418	0.421	0.424	0.427	0.431	**290**
300	0.431	0.434	0.437	0.440	0.443	0.446	0.449	0.452	0.455	0.458	0.462	**300**
310	0.462	0.465	0.468	0.471	0.474	0.477	0.481	0.484	0.487	0.490	0.494	**310**
320	0.494	0.497	0.500	0.503	0.507	0.510	0.513	0.517	0.520	0.523	0.527	**320**
330	0.527	0.530	0.533	0.537	0.540	0.544	0.547	0.550	0.557	0.557	0.561	**330**
340	0.561	0.564	0.568	0.571	0.575	0.582	0.585	0.589	0.589	0.592	0.596	**340**
350	0.596	0.599	0.603	0.606	0.610	0.614	0.617	0.621	0.625	0.628	0.632	**350**
360	0.632	0.636	0.639	0.643	0.647	0.650	0.654	0.658	0.661	0.665	0.669	**360**
370	0.669	0.673	0.677	0.680	0.684	0.688	0.692	0.696	0.699	0.703	0.707	**370**
380	0.707	0.711	0.715	0.719	0.723	0.727	0.730	0.734	0.738	0.742	0.746	**380**
390	0.746	0.750	0.754	0.758	0.762	0.766	0.770	0.774	0.778	0.782	0.786	**390**
400	0.786	0.790	0.794	0.799	0.803	0.807	0.811	0.815	0.819	0.823	0.827	**400**
410	0.827	0.832	0.836	0.840	0.844	0.848	0.853	0.857	0.861	0.865	0.870	**410**
420	0.870	0.874	0.878	0.882	0.887	0.891	0.895	0.900	0.904	0.908	0.913	**420**
430	0.913	0.917	0.921	0.926	0.930	0.935	0.939	0.943	0.948	0.952	0.957	**430**
440	0.957	0.961	0.966	0.970	0.975	0.979	0.984	0.988	0.993	0.997	1.002	**440**
450	1.002	1.006	1.011	1.015	1.020	1.025	1.029	1.034	1.039	1.043	1.048	**450**
460	1.048	1.052	1.057	1.062	1.066	1.071	1.076	1.081	1.085	1.090	1.095	**460**
470	1.095	1.100	1.104	1.109	1.114	1.119	1.123	1.128	1.133	1.138	1.143	**470**
480	1.143	1.148	1.152	1.157	1.162	1.167	1.172	1.177	1.182	1.187	1.192	**480**
490	1.192	1.197	1.202	1.206	1.211	1.216	1.221	1.226	1.231	1.238	1.241	**490**
500	1.241	1.246	1.252	1.257	1.262	1.267	1.272	1.277	1.282	1.287	1.292	**500**
510	1.292	1.297	1.303	1.308	1.313	1.318	1.323	1.328	1.334	1.339	1.344	**510**
520	1.344	1.349	1.254	1.360	1.365	1.370	1.375	1.381	1.386	1.391	1.397	**520**
530	1.397	1.402	1.407	1.413	1.418	1.423	1.429	1.434	1.439	1.445	1.450	**530**
540	1.450	1.456	1.461	1.467	1.472	1.477	1.483	1.488	1.494	1.499	1.505	**540**
550	1.505	1.510	1.516	1.521	1.527	1.532	1.538	1.544	1.549	1.555	1.560	**550**
560	1.560	1.566	1.571	1.577	1.583	1.588	1.594	1.600	1.605	1.611	1.617	**560**
570	1.617	1.622	1.628	1.634	1.639	1.645	1.651	1.657	1.662	1.668	1.674	**570**
580	1.674	1.680	1.685	1.691	1.697	1.703	1.709	1.715	1.720	1.726	1.732	**580**
590	1.732	1.738	1.744	1.750	1.756	1.762	1.767	1.773	1.779	1.785	1.791	**590**
600	1.791	1.797	1.803	1.809	1.815	1.821	1.827	1.833	1.839	1.845	1.851	**600**
610	1.851	1.857	1.863	1.869	1.875	1.882	1.888	1.984	1.900	1.906	1.912	**610**
620	1.912	1.918	1.924	1.931	1.937	1.943	1.949	1.955	1.961	1.968	1.974	**620**
630	1.974	1.980	1.986	1.993	1.999	2.005	2.011	2.018	2.024	2.030	2.036	**630**
640	2.036	2.043	2.049	2.055	2.062	2.068	2.074	2.081	2.087	2.094	2.100	**640**
650	2.100	2.106	2.113	2.119	2.126	2.139	2.139	2.145	2.151	2.158	2.164	**650**
660	2.164	2.171	2.177	2.184	2.190	2.197	2.203	2.210	2.216	2.223	2.230	**660**
670	2.230	2.236	2.243	2.249	2.256	2.263	2.269	2.276	2.282	2.258	2.296	**670**
680	2.296	2.302	2.309	2.316	2.322	2.329	2.336	2.343	2.349	2.356	2.363	**680**
690	2.363	2.369	2.376	2.383	2.390	2.396	2.403	2.410	2.417	2.424	2.430	**690**
700	2.430	2.437	2444	2451	2.458	2.465	2.472	2.478	2.485	2.492	2.499	**700**
710	2.499	2.506	2.513	2.520	2.527	2.534	2.541	2.458	2.555	2.562	2.509	**710**
720	2.569	2.576	2.583	2.590	2.597	2.604	2.611	2.618	2.625	2.632	2.639	**720**
730	2.639	2.646	2.653	2.660	2.667	2.674	2.682	2.689	2.696	2.703	2.710	**730**
740	2.710	2.717	2.724	2.732	2.739	2.746	2.735	2.760	2.768	2.775	2.782	**740**

Graus °C	0	1	2	3	4	5	6	7	8	9	10	Graus °C
TENSÃO TERMOELÉTRICA EM MILIVOLTS												
750	2.782	2.789	2.797	2.604	2.811	2.818	2.826	2.833	2.840	2.848	2.855	**750**
760	2.055	2.862	2.869	2.877	2.884	2.892	2.899	2.906	2.914	2.921	2.928	**760**
770	2.928	2.936	2.943	2.951	2.958	2.966	2.973	2.980	2.988	2.995	3.003	**770**
780	3.003	3.010	3.018	3.025	3.033	3.040	3.048	3.065	3.063	3.070	3.078	**780**
790	3.078	3.086	3.093	3.101	3.108	3.116	3.124	3.131	3.139	3.145	3.154	**790**
800	3.154	3.162	3.169	3.177	3.185	3.192	3.200	3.208	3.215	3.223	3.231	**800**
810	3.231	3.239	3.246	3.254	3.262	3.269	3.277	3.285	3.293	3.301	3.308	**811**
820	3.308	3.316	3.324	3.332	3.340	3.347	3.355	3.363	3.371	3.379	3.387	**820**
830	3.387	3.395	3.402	3.410	3.418	3.426	3.434	3.442	3.450	3.458	3.466	**830**
840	3.446	3.474	3.482	3.490	3.498	3.506	3.514	3.522	3.530	3.638	3.646	**840**
850	3.546	3.554	3.562	3.570	3.578	3.586	3.594	3.602	3.610	3.618	3.626	**850**
860	3.626	3.634	3.643	3.651	3.659	3.667	3.675	3.683	3.691	3.700	3.708	**860**
870	3.708	3.716	3.724	3.732	3.741	3.749	3.757	3.765	3.773	3.782	3.790	**870**
880	3.790	3.798	3.806	3.815	3.823	3.831	3.840	3.848	3.856	3.865	3.873	**880**
890	3.154	3.162	3.169	3.177	3.185	3.192	3.200	3.208	3.215	3.223	3.231	**890**
900	3.957	3.965	3.973	3.982	3.990	3.999	4.007	4.018	4.024	4.032	4.041	**900**
910	4.041	4.049	4.058	4.066	4.075	4.083	4.092	4.100	4.109	4.117	4.126	**910**
920	4.126	4.135	4.143	4.152	4.160	4.169	4.177	4.186	4.195	4.203	4.212	**920**
930	4.212	4.220	4.229	4.238	4.246	4.235	4.264	4.272	4.281	4.290	4.298	**930**
940	4.298	4.307	4.316	4.325	4.333	4.342	4.351	4.359	4.368	4.377	4.386	**940**
950	4.386	4.394	4.403	4.412	4.421	4.430	4.438	4.447	4.456	4.465	4.474	**950**
960	4.474	4.483	4.491	4.500	4.509	4.518	4.527	4.536	4.545	4.553	4.562	**960**
970	4.562	4.571	4.580	4.589	4.598	4.607	4.616	4.625	4.634	4.645	4.652	**970**
980	4.652	4.661	4.670	4.679	4.688	4.697	4.706	4.715	4.724	4.733	4.742	**980**
990	4.742	4.751	4.760	4.769	4.778	4.787	4.796	4.805	4.814	4.824	4.833	**990**
1000	4.833	4.842	4.851	4.860	4.869	4.878	4.887	4.897	4.906	4.915	4.924	**1000**
1010	4.924	4.933	4.942	4.952	4.961	4.970	4.979	4.989	4.998	5.007	5.016	**1010**
1020	5.016	5.025	5.035	5.044	5.053	5.063	5.072	5.081	5.090	5.100	5.109	**1020**
1030	5.109	5.118	5.128	5.137	5.146	5.156	5.165	5.174	5.184	5.193	5.202	**1030**
1040	5.202	5.212	5.221	5.231	5.240	5.249	5.259	5.268	5.278	5.287	5.297	**1040**
1050	5.297	5.306	5.316	5.325	5.334	5.344	5.353	5.363	5.372	5.382	5.391	**1050**
1060	5.391	5.401	5.410	5.420	5.429	5.439	5.449	5.458	5.468	5.477	5.487	**1060**
1070	5.487	5.496	5.506	5.516	5.525	5.535	5.554	5.564	5.564	5.573	5.583	**1070**
1080	5.583	5.593	5.602	5.612	5.621	5.631	5.641	5.561	5.660	5.670	5.680	**1090**
1090	5.680	5.689	5.699	5.709	5.718	5.728	5.738	5.749	5.757	5.767	5.777	**1090**
1100	5.777	5.787	5.796	5.806	5.816	5.826	5.836	5.845	5.855	5.865	5.875	**1100**
1110	5.875	5.885	5.895	5.904	5.914	5.924	5.934	5.944	5.954	5.964	5.973	**1110**
1120	5.973	5.983	5.993	6.003	6.013	6.023	6.033	6.043	6.053	6.063	6.073	**1120**
1130	6.073	6.083	6.093	6.102	6.112	6.122	6.132	6.142	6.152	6.162	6.172	**1130**
1140	6.172	6.182	6.192	6.202	6.212	6.223	6.233	6.243	6.253	6.263	6.273	**1140**
1150	6.273	6.283	6.293	6.303	6.313	6.323	6.333	6.343	6.353	6.364	6.374	**1150**
1160	6.374	6.384	6.394	6.404	6.414	6.424	6.435	6.445	6.455	6.465	6.475	**1160**
1170	6.475	6.485	6.496	6.506	6.516	6.526	6.536	6.547	6.557	6.567	6.577	**1170**
1180	6.577	6.588	6.598	6.608	6.618	6.629	6.639	6.649	6.659	6.670	6.680	**1180**
1190	6.680	6.690	6.701	6.711	6.721	6.732	6.742	6.763	6.773	6.783	6.783	**1190**
1200	6.783	6.794	6.804	6.814	6.825	6.835	6.846	6.856	6.866	6.877	6.887	**1200**
1210	6.887	6.898	6.908	6.918	6.929	6.939	6.950	6.960	6.971	6.981	6.991	**1210**
1220	6.991	7.002	7.012	7.023	7.033	7.044	7.054	7.065	7.075	7.086	7.096	**1220**
1230	7.096	7.107	7.117	7.128	7.138	7.149	7.159	7.170	7.181	7.191	7.202	**1230**
1240	7.202	7.212	7.223	7.233	7.244	7.255	7.265	7.276	7.286	7.297	7.308	**1240**

Graus °C	0	1	2	3	4	5	6	7	8	9	10	Graus °C
TENSÃO TERMOELÉTRICA EM MILIVOLTS												
1250	7.308	7.318	7.329	7.339	7.350	7.361	7.371	7.382	7.393	7403	7414	**1250**
1260	7.414	7.425	7.435	7.446	7.457	7.467	7.478	7.489	7.500	7510	7521	**1260**
1270	7.521	7.532	7.542	7.553	7.564	7.575	7.585	7.596	7.607	7618	7628	**1270**
1280	7.628	7.639	7.650	7.661	7.671	7.682	7.693	7.704	7.715	7725	7736	**1280**
1290	7.736	7.747	7.758	7.769	7.807	7.790	7.801	7.812	7.823	7834	7845	**1290**
1300	7.845	7.855	7.866	7.877	7.888	7.899	7.910	7.921	7.932	7.943	7.953	**1300**
1310	7.953	7.964	7.975	7.986	7.997	8.008	8.019	8.030	8.041	8.052	8.053	**1310**
1320	8.063	8.074	8.085	8.096	8.107	8.118	8.128	8.139	8.150	8.161	8.172	**1320**
1330	8.172	8.183	8.194	8.205	8.216	8.227	8.238	8.249	8.261	8.272	8.283	**1330**
1340	8.283	8.294	8.305	8.316	8.327	8.338	8.349	8.360	8.371	8.382	8.393	**1340**
1350	8.393	8.404	8415	8426	8.437	8.449	8.460	8.471	8.482	8.493	8.504	**1350**
1360	8.504	8.515	8526	8538	8.549	8.560	8.571	8.582	8.593	8.604	8.616	**1360**
1370	8.616	8.627	8638	8649	8.660	8.671	8.683	8.694	8.705	8.716	8.727	**1370**
1380	8.727	8.738	8750	8761	8.772	8.783	8.795	8.806	8.817	8.828	8.839	**1380**
1390	8.839	8.851	8862	8873	8.884	8.896	8.907	8.918	8.929	8.941	8.952	**1390**
1400	8.952	8.963	8.974	8.986	8.997	9.008	9.020	9.031	9.042	9.053	9.065	**1400**
1410	9.065	9.076	9.087	9.099	9.110	9.121	9.133	9.144	9.155	9.167	9.178	**1410**
1420	9.178	9.189	9.201	9.212	9.223	9.235	9.246	9.257	9.269	9.280	9.291	**1420**
1430	9.291	9.303	9.314	9.326	9.337	9.348	9.360	9.371	9.382	9.394	9.405	**1430**
1440	9.405	9.417	9.428	9.439	9.451	9.462	9.474	9.485	9.497	9.508	9.519	**1440**
1450	9.519	9.531	9.542	9.554	9.565	9.577	9.588	9.599	9.611	9.622	9.634	**1450**
1460	9.634	9.645	9.657	9.668	9.680	9.691	9.703	9.714	9.726	9.737	9.748	**1460**
1470	9.748	9.760	9.771	9.783	9.974	9.806	9.817	9.829	9.840	9.852	9.863	**1470**
1480	9.863	9.875	9.886	9.898	9.909	9.921	9.933	9.944	9.956	9.967	9.979	**1480**
1490	9.979	9.990	10.002	10.013	10.025	10.036	10.048	10.059	10.071	10.082	10.094	**1490**
1500	10.094	10.106	10.117	10.129	10.140	10.152	10.163	10.175	10.187	10.198	10.210	**1500**
1510	10.210	10.221	10.233	10.244	10.256	10.268	10.279	10.291	10.302	10.314	10.325	**1510**
1520	10.325	10.337	10.349	10.360	10.372	10.383	10.395	10.407	10.418	10.430	10.441	**1520**
1530	10.441	10.453	10.465	10.476	10.488	10.500	10.511	10.523	10.534	10.546	10.558	**1530**
1540	10.558	10.569	10.581	10.593	10.604	10.616	10.627	10.639	10.651	10.662	10.674	**1540**
1550	10.674	10.686	10.697	10.709	10.721	10.732	10.744	10.756	10.767	10.779	10.790	**1550**
1560	10.790	10.802	10.814	10.825	10.837	10.849	10.860	10.872	10.884	10.895	10.907	**1560**
1570	10.907	10.919	10.930	10.942	10.954	10.965	10.977	10.989	11.000	11.012	11.024	**1570**
1580	11.024	11.035	11.047	11.059	11.070	11.082	11.094	11.105	11.117	11.129	11.141	**1580**
1590	11.141	11.152	11.164	11.176	11.187	11.199	11.211	11.222	11.234	11.246	11.257	**1590**
1600	11.257	11.269	11.281	11.292	11.304	11.316	11.328	11.339	11.351	11.363	11.374	**1600**
1610	11.374	11.386	11.398	11.409	11.421	11.433	11.444	11.456	14.468	11.480	11.491	**1610**
1620	11.491	11.503	11.515	11.526	11.538	11.550	11.561	11.573	11.585	11.597	11.608	**1620**
1630	11.608	11.620	11.632	11.643	11.655	11.667	11.678	11.690	11.702	11.714	11.725	**1630**
1640	11.725	11.737	11.749	11.760	11.772	11.784	11.795	11.807	11.819	11.830	11.842	**1640**
1650	11.482	11.854	11.866	11.877	11.889	11.901	11.912	11.924	11.936	11.947	11.959	**1650**
1660	11.959	11.971	11.989	11.994	12.006	12.018	12.029	12.041	12.053	12.064	12.076	**1660**
1670	12.076	12.088	12.099	12.111	12.123	12.134	12.146	12.158	12.170	12.181	12.193	**1670**
1680	12.193	12.205	12.216	12.228	12.240	12.251	12.263	12.275	12.286	12.298	12.310	**1680**
1690	12.310	12.321	12.333	12.345	12.356	12.368	12.280	12.391	12.403	12.415	12.426	**1690**
1700	12.426	12.438	12.450	12.461	12.473	12.485	12.496	12.508	12.520	12.531	12.543	**1700**
1710	12.543	12.555	12.566	12.578	12.590	12.601	12.613	12.624	12.636	12.648	12.659	**1710**
1720	12.659	12.671	12.683	12.694	12.706	12.718	12.729	12.741	12.752	12.764	12.776	**1720**
1730	12.776	12.787	12.799	12.811	12.822	12.834	12.845	12.857	12.869	12.880	12.892	**1730**
1740	12.892	12.903	12.915	12.927	12.938	12.950	12.961	12.973	12.985	12.996	13.008	**1740**

Graus °C	0	1	2	3	4	5	6	7	8	9	10	Graus °C
TENSÃO TERMOELÉTRICA EM MILIVOLTS												
1750	13.008	13.019	13.031	13.043	13.054	13.066	13.077	13.089	13.100	13.112	13.124	**1750**
1760	13.124	13.135	13.147	13.158	13.170	13.181	13.193	13.204	13.216	13.228	13.239	**1760**
1770	13.239	13.251	13.262	13.274	13.285	13.297	13.308	13.320	13.331	13.343	13.354	**1770**
1780	13.354	13.366	13.378	13.389	13.401	13.412	13.424	13.435	13.447	13.458	13.470	**1780**
1790	13.470	13.481	13.493	13.504	13.516	13.527	13.639	13.550	13.562	13.573	13.585	**1790**
1800	13.585	13.596	13.607	13.619	13.630	13.642	13.653	13.665	13.676	13.688	13.699	**1800**
1810	13.699	13.711	13.722	13.733	13.745	13.756	13.768	13.779	13.791	13.802	13.814	**1810**
1820	13.814											**1820**

Termopar

T

Temperatura em 0°C - IPTS 68

Junta de referência a 0°C - ANSI. 96-1-1975

Graus °C	0	-1	-2	-3	-4	-5	-6	-7	-8	-9	-10	Graus °C
TENSÃO TERMOELÉTRICA EM MILIVOLTS												
-270	-6.258											**-270**
-260	-6.232	-6.236	-6.239	-6.242	-6.245	-6.248	-6.351	-6.352	-6.255	-6.256	-6.258	**-260**
-250	-6.181	-6.187	-6.193	-6.198	-6.204	-6.209	-6.214	-6.219	-6.224	-6.228	-6.232	**-250**
-240	-6.105	-6.114	-6.122	-6.130	-6.138	-6.146	-6.153	-6.160	-6.174	-6.174	-6.181	**-240**
-230	-6.007	-6.018	-6.028	-6.039	-6.049	-6.059	-6.068	-6.078	-6.087	-6.096	-6.105	**-230**
-220	--5.889	-5.901	-5.914	-5.926	-5.938	-5.950	-5.962	-5.962	-5.985	-5.996	-6.007	**-220**
-210	-5.753	-5.767	-5.782	-5.795	-5.809	-5.823	-5.836	-5.836	-5.863	-5.876	-5.876	**-210**
-200	-5.603	-5.619	-5.634	-5.650	-5.665	-5.680	-5.695	-5.695	-5.724	-5.739	-5.739	**-200**
-190	-5.439	-5.456	-5.473	-5.489	-5.506	-5.522	-5.539	-5.555	-5.571	-5.587	-5.603	**-190**
-180	-5.261	-5.279	-5.297	-5.315	-5.333	-5.351	-5.369	-5.387	-5.404	-5.421	-5.439	**-180**
-170	-5.069	-5.089	-5.109	-5.128	-5.147	-5.167	-5.186	-5.205	-5.322	-5.242	-5.261	**-170**
-160	-4.865	--4.886	-4.907	-4.928	-4.948	-4.969	-4.989	-4.010	-4.030	-5.050	-4.069	**-160**
-150	-4.648	-4.670	-4.493	-4.4715	-4.737	-4.758	-4.780	-4.801	-4.823	-4.844	-4.865	**-150**
-140	-4.419	-4.442	-4.466	-4.489	-4.512	-4.535	-4.558	-4.581	-4.803	-4.626	-4.648	**-140**
-130	-4.177	-4.202	-4.226	-4.251	-4.275	-4.299	-4.323	-4.347	-4.371	-4.395	-4.419	**-130**
-120	-3.923	-3.949	-3.974	-4.000	-4.026	-4.051	-4.077	-4.102	4.127	-4.152	-4.177	**-120**
-110	-3.656	-3.684	-3.711	-3.737	-3.764	-3.791	-3.818	-3.844	-3.870	-3.897	-3.923	**-110**
-100	-3.378	-3.407	-3.435	-3.463	-3.491	-3.519	-3.547	-3.574	-3.602	-3.629	-3.656	**-100**
-90	-3.089	-3.118	-3.147	-3.177	-3.206	-3.235	-3.264	-3.293	-3.321	-3.350	-3.378	**-90**
-80	-2.788	-2.818	-2.849	-2.879	-2.909	-2.939	-2.970	-2.999	-3.028	-3.059	-3.089	**-80**
-70	-2.475	-2.507	-2.539	-2.570	-2.602	-2.633	-2.664	-2.695	-2.726	-2.757	-2.788	**-70**
-60	-2.152	-2.185	-2.218	-2.250	-2.283	-2.315	-2.348	-2.380	-2.412	-2.444	-2.475	**-60**
-50	-1.819	-1.853	-1.886	-1.920	-1.953	-1.987	-2.020	-2.053	2.087	-2.120	-2.152	**-50**

Graus °C	0	1	2	3	4	5	6	7	8	9	10	Graus °C
TENSÃO TERMOELÉTRICA EM MILIVOLTS												
0	0.000	0.039	0.078	0.117	0.153	0.195	0.234	0.273	0.312	0.351	0.391	**0**
10	0.391	0.430	0.470	0.510	0.549	0.589	0.629	0.669	0.709	0.749	0.789	**10**
20	0.789	0.830	0.870	0.911	0.951	0.992	1.032	1.073	1.114	1.155	1.196	**20**
30	1.196	1.237	1.279	1.320	1.361	1.403	1.444	1.486	1.528	1.569	1.611	**30**
40	1.611	1.653	1.695	1.738	1.780	1.822	1.865	1.907	1.950	1.992	2.035	**40**
50	2.035	2.078	2.121	2.164	2.207	2.250	2.294	2.337	2.380	2.424	2.167	**50**
60	2.467	2.511	2.555	2.599	2.643	2.687	2.731	2.775	2.819	2.864	2.908	**60**
70	2.908	2.953	2.997	3.042	3.087	3.131	3.176	3.221	3.266	3.312	3.357	**70**
80	3.357	3.402	3.447	3.493	3.538	3.584	3.630	3.676	3.721	3.767	3.813	**80**
90	3.813	3.859	3.906	3.952	3.998	4.044	4.091	4.137	4.184	4.231	4.277	**90**
100	4.277	4.324	4.371	4.418	4.465	4.512	4.559	4.607	4.654	7.701	4.749	**100**
110	4.749	4.796	4.844	4.891	4.939	4.987	5.035	5.083	5.131	5.179	5.227	**110**
120	5.227	5.275	5.324	5.372	5.420	5.469	5.0517	5.566	5.615	5.663	5.712	**120**
130	5.712	5.761	5.810	5.859	5.908	6.957	6.007	69.056	6.105	6.155	6.204	**130**
140	6.204	5.254	6.303	6.353	6.403	6.452	6.502	6.652	6.602	6.652	6.702	**140**
150	6.702	6.753	6.803	6.853	6.903	6.954	7.004	7.055	7.106	7.156	7.207	**150**
160	7.207	7.758	7.309	7.360	7.411	7.462	7.513	7.564	7.615	7.666	7.718	**160**
170	7.718	7.769	7.821	7.872	7.924	7.975	8.027	8.079	8.183	8.183	8.235	**170**
180	8.235	8.287	8.339	8.391	8.443	8.495	8.548	8.600	8.652	8.705	8.757	**180**
190	8.757	8.810	8.863	8.915	8.968	9.021	9.074	9.127	9.180	9.286	9.286	**190**
200	9.286	9.339	9.392	9.446	9.499	9.553	9.669	9.659	9.713	9.767	9.820	**200**
210	9.820	9.874	9.928	9.982	10.036	10.090	10.198	10.198	10.252	10.306	10.360	**210**
220	10.360	10.414	10.469	10.523	10.578	10.632	10.741	10.741	10.796	10.851	10.905	**220**
230	10.905	10.960	11.015	11.070	11.125	11.180	11.290	11.290	11.345	11.401	11.456	**230**
240	11.456	11.511	11.566	11.622	11.677	11.733	11.844	11.844	11.900	11.956	12.011	**240**
250	12.011	12.067	12.123	12.179	12.235	12.291	12.403	12.403	12.459	12.515	12.572	**250**
260	12.572	12.628	12.684	12.741	12.797	12.854	12.967	12.967	13.024	13.080	13.137	**260**
270	13.137	13.194	13.251	13.307	13.364	13.421	13.539	13.535	13.592	13.650	13.707	**270**
280	13.707	13.764	13.821	13.879	13.936	13.993	14.108	14.108	14.166	14.223	14.281	**280**
290	14.281	14.339	14.396	14.454	14.512	14.570	14.686	14.686	14.744	14.802	14.860	**290**
300	14.860	14.918	14.976	15.034	15.092	15.151	15.267	15.267	15.326	15.384	15.443	**300**
310	15.443	15.501	15.560	15.619	15.677	15.736	15.853	15.853	15.912	15.971	16.030	**310**
320	16.030	16.089	16.148	15.207	16.266	16.325	16.444	16.444	16.503	16.562	16.621	**320**
330	16.621	16.681	16.740	16.800	16.859	16.919	17.038	17.038	17.097	17.157	17.217	**330**
340	17.217	17.277	17.336	17.396	17.456	17.516	17.636	17.636	17.696	17.756	17.816	**340**
350	17.816	17.877	17.937	17.997	18.057	18.116	18.238	18.238	18.299	18.359	18.420	**350**
360	18.420	18.480	18.541	18.602	18.662	18.723	18.845	18.845	18.905	18.966	19.027	**360**
370	19.027	19.088	19.149	19.210	19.271	19.332	19.455	19.455	19.516	19.577	19.638	**370**
380	19.638	19.699	19.761	19.822	19.883	19.945	20.068	20.068	20.129	20.191	20.252	**380**
390	20.252	20.314	20.376	20.479	20.499	20.560	20.684	20.684	20.746	20.807	20.869	**390**
400	20.869											**400**

Conversão de Unidades

Unidades de Pressão					
	Pa=N/m²	Psi=lbf/in²	bar=atm	Kp/cm²	inH_2O
1Pa=1N/m²	1	$1{,}450\times10^{-4}$	1×10^{-5}	$1{,}02\times10^{-5}$	$4{,}018\times10^{-3}$
1Psi=1lbf/in²	6894,75	1	6,89475	$7{,}032\times10^{2}$	$2{,}826\times10^{-4}$
1bar=1atm	1×10^{5}	14,503	1	1,02	401,86
1Kp/cm²	98100	14,228	0,98099	1	394,229
$1inH_2O$	248,84	$3{,}609\times10^{-2}$	0,0024884	0,002538	1
Unidades de Força					
	N	KN	MN	Kp	dina
1N	1	10^{-3}	10^{-6}	0,102	10^{5}
1KN	10^{3}	1	10^{-3}	$0{,}102\times10^{3}$	10^{8}
1MN	10^{6}	10^{3}	1	$0{,}102\times10^{6}$	10^{11}
1Kp	9,81	$9{,}81\times10^{-3}$	$9{,}81\times10^{-6}$	1	$9{,}81\times10^{5}$
1dina	10^{-5}	10^{-8}	10^{-11}	$0{,}102\times10^{-5}$	1

Unidades de Densidade (ρ)		
	Kg/m³	lb/in³
1Kg/m³=	1	$3{,}6127\times10^{-5}$
lb/in³	$27{,}68\times10^{3}$	1
Unidades de Peso Específico (γ)		
	N/m³	1lbf/in³
1N/m³	1	$3{,}6845\times10^{-6}$
1lbf/in³	$271{,}4\times10^{3}$	1

Módulos de Elasticidade e Coeficientes de Poisson

$G = \frac{E}{2\cdot(1+v)} = \frac{\tau_t}{\gamma}$	$E = 2\cdot G\cdot(1+v) = \frac{\sigma máx}{\varepsilon}$	$v = \frac{E}{2\cdot G} - 1$

- G: Módulo de elasticidade tangencial
- E: Módulo de elasticidade longitudinal (módulo de Young)
- v: Coeficiente de Poisson

Material	E (N/m²)	G (N/m²)	v
Aço (valor médio)	$2{,}0685\times10^{11}$	$7{,}8603\times10^{10}$	0,316
Aço forjado	$1{,}9306\times10^{11}$	$7{,}5845\times10^{10}$	0,272
Aço para molas	$2{,}0685\times10^{11}$	$7{,}9292\times10^{10}$	0,304
Aço inoxidável	$1{,}9306\times10^{11}$	$7{,}3687\times10^{10}$	0,310

Material	E (N/m^2)	G (N/m^2)	ν
Alumínio	$6{,}8950x10^{10}$	$2{,}5727x10^{10}$	0,340
Bronze	$1{,}1034x10^{11}$	$4{,}1370x10^{10}$	0,333
Ferro fundido ASTM-20	$7{,}9982x10^{10}$	$3{,}1993x10^{10}$	0,250
Ferro fundido ASTM-25	$9{,}7909x10^{10}$	$3{,}9164x10^{10}$	0,250
Ferro fundido ASTM-30	$9{,}9977x10^{10}$	$3{,}9991x10^{10}$	0,250
Ferro fundido ASTM-35	$1{,}1032x10^{11}$	$4{,}4128x10^{10}$	0,250
Ferro fundido ASTM-40	$1{,}1721x10^{11}$	$4{,}6886x10^{10}$	0,250
Ferro fundido ASTM-50	$1{,}2411x10^{11}$	$4{,}9644x10^{10}$	0,250
Ferro fundido ASTM-60	$1{,}3721x10^{11}$	$5{,}4884x10^{10}$	0,250
Ferro fundido maleável	$1{,}7237x10^{11}$	$6{,}6298x10^{10}$	0,300
Ferro fundido nodular	$1{,}6000x10^{11}$	$6{,}1538x10^{10}$	0,300
Latão	$9{,}6530x10^{10}$	$3{,}6289x10^{10}$	0,330
Ligas de alumínio	$7{,}2470x10^{10}$	$2{,}7041x10^{10}$	0,340
Ligas de magnésio	$4{,}4817x10^{10}$	$1{,}6848x10^{10}$	0,330
Ligas de níquel para molas	$2{,}0685x10^{11}$	$7{,}9558x10^{10}$	0,300
Ligas zinco	$8{,}2700x10^{10}$	$3{,}1092x10^{10}$	0,330

Momentos de Inércia Axiais e Momentos Resistentes, Tensões ou Contrações de Flexão Máxima

Momento de Inércia I	Momento Resistente Wb	Tensão de Flexão Máxima σmax	Seção Transversal A
$\frac{a.b^3}{12}$	$\frac{a \cdot b^2}{6}$	$\frac{6 \cdot F \cdot L}{a \cdot b^2}$	a, b
$\frac{\pi \cdot D^2}{64}$	$\frac{\pi \cdot D^3}{32}$	$\frac{32 \cdot F \cdot L}{\pi \cdot D^3}$	D
$\frac{\pi \cdot (D^4 - d^4)}{64}$	$\frac{\pi \cdot (D^4 - d^4)}{32 \cdot D}$	$\frac{32 \cdot D \cdot F \cdot L}{\pi \cdot (D^4 - d^4)}$	d, D

Momentos de Inércia Polar de Superfície e Momentos de Resistência à Torção em Relação à Tensão Máxima

Momento de Inércia polar Ip	Momento Resistente Wt	Tensão de Torção Máxima τtmax	Seção Transversal A
$\frac{\pi \cdot D^4}{32}$	$\frac{\pi \cdot D^3}{16}$	$\frac{16}{\pi}\left(\frac{Mt}{D^3}\right)$	D
$\frac{\pi}{32}\left(D^4 - d^4\right)$	$\frac{\pi}{16}\left(\frac{D^4 - d^4}{D}\right)$	$\frac{16}{\pi}\left[\frac{Mt \cdot D}{D^4 - d^4}\right]$	d, D
———	Em 1: $\frac{2}{9} a \cdot b^2$	Em 1: $4{,}5\left(\frac{Mt}{a \cdot b^2}\right)$	1, 2, a, b
	Em 2: $\frac{2}{9} b \cdot a^2$	Em 2: $4{,}5\left(\frac{Mt}{a \cdot b^2}\right)$	

Constantes dielétricas relativas de algumas substâncias (ε_r)

Constante de referência Vácuo, Ar $\rightarrow \varepsilon_r = 1$	
Substância	ε_r
Amianto	4
Araldite	3,6
Baquelite	3,6
Borracha vulcanizada	2,7
Mármore	4
Mica	8
Micanite	5
Óleo de colza	2,2
Óleo de oliva	3
Óleo de parafina	2,2
Óleo de rícino	4,7
Óleo de terebintina	2,2
Óleo mineral	2,2

Constante de referência Vácuo, Ar $\rightarrow \varepsilon_r = 1$	
Óleo vegetal	2,5
Papel	2,3
Papel oleado	4
Papel impregnado	4,5
Parafina	2,2
Petróleo	2,2
Plexiglas	4
Poliestireno	5
Porcelana	4,4
Quartzo	4,5
Goma-laca	3,5
Xisto	4
Estealita	5
Teflon	2
Tecido impregnado	4
Vidro	5
Vidro especial (Zeiss)	1,6

Bibliografia

ALBUQUERQUE, R. O. **Circuitos em Corrente Alternada**. São Paulo: Érica, 1997.

BACKER. H. D. et al. **Temperature Measurement in Engineering.** Omega Press, 1975.

BECKWITH, B. **Mechanical Measurements**. New York: McGraw-Hill, 1992.

BOLTON, W. **Instrumentação e Controle**. São Paulo: Hemus, 1997.

BORCHSRDT, Z. M. A. **Instrumentação:** *Guia de Aulas Práticas.* Porto Alegre: UFRGS, 1982.

COELHO, M. S. **Dispositivos de Medição e Controle**. São Paulo: Senai.

COLEÇÃO TÉCNICA. **Montagens Eletrônicas:** *Técnicas e Componentes.* Portugal: Ediber, 1993.

COMETA, E. **Resistência dos Materiais.** 1969.

CONSIDINE, D. M. **Encyclopedia of Instrumentation and Control**. New York: McGraw-Hill, 1971.

DIKE, P. H. **Temperature Measurements with Rayotubes**. Philadelphia: Leeds & Northrup, 1953.

DOEBELIN, O . **Measurement Systems**. New York: McGraw-Hill, 1990.

ECKMAN, D. P. **Industrial Instrumentation**. New York: McGraw-Hill, 1996.

GIECK, K. **Manual de Fórmulas Técnicas**. São Paulo: Hemus, 1979.

GOMES, S. C. **Resistência dos Materiais**. São Leopoldo: UNISINOS, 1986.

GORDILLO, A. **Extensometria y Transdutores de fuerza**. Monografia.

GROEHS, A. G. **Mecânica Vibratória**. São Leopoldo: UNISINOS, 1999.

HALLIDAY, R.; RESNICK, R. **Fundamentos de Física**. v. 2 e 3. Rio de Janeiro: Livros Técnicos e Científicos, 1991.

HOLMAN, J. P. **Experimental Methods for Engineers**. New York: McGraw-Hill, 1966

LIPTAK, B. G. **Instruments Engineers Handbook**. v. I. 1995.

MARKUS, O. **Ensino Modular: Eletricidade**: *Circuitos em Corrente Alternada.* São Paulo: Érica, 2000.

______. **Circuitos Elétricos**: *Corrente Contínua e Corrente Alternada.* São Paulo: Érica, 2001.

MARKUS, O.; CIPELLI, M. **Ensino Modular**: *Eletricidade: Circuitos em Corrente Contínua.* São Paulo: Érica, 1999.

MELCONIAN, S. **Mecânica Técnica e Resistência dos Materiais**. São Paulo: Érica, 1999.

MILLER, J. T. **The Revised Course in Industrial Instrument Technology Instrument Pratise**. London: United Trade press, 1994.

NOLTINGK, B. E. **Instrument Technology**. Buttherworths, 1985.

NOTAS DE AULA. **Técnicas Experimentais**. Porto Alegre: PROMEC/ UFRGS, 1996.

STREETER, V.L; WYLIE, E. B. **Mecânica dos Fluidos**. São Paulo: McGraw--Hill, 1992

ZARO, M. A. et. al. **Termopares, Teoria e Prática**. Porto Alegre: Mercado Aberto, 1986.

Catálogos Técnicos

CCONSISTEC. **Termoelementos**: *Termorresistências*. Controles e Sistemas de Automação.

ECIL. **Termometria e Pirometria**. Catálogos Técnicos.

FESTO. **Festo Pneumatic**. São Paulo: 1982

IOPE. **Uso e Aplicação de Termossensores**.

JULIEN, H. **Manual de Instrumentos Medidores de Pressão**. Wika.

OMEGA. **The Temperature Handbook**, USA: Omega. Eng. Inc.

SMARL. **Smar Instrumentos**. São Paulo: 1990

YOKOGAWA. **Yokogawa Instrumentos**. São Paulo: 1997

Sites

http://arapaho.nsuok.edu/~bradfiel/advlab/strain/.

http://www.barretojunior.hpg.com.br/euler/ext_05.htm.

http://www.microanalise.com.br.

http://www.techni-measure.co.uk/

http://uhavax.hartford.edu/~biomed/gateway/ElectricalResistanceStrainGauge.html

http://usc.stcecilia.br/~mecanica/labmec/joaojose

Marcas Registradas

Índice Remissivo